Grundzüge der Technischen Mechanik des Maschineningenieurs

Ein Leitfaden für den Unterricht an maschinentechnischen Lehranstalten

Von

Dipl.-Ing. P. Stephan

Reg. Baumeister, Professor

Mit 283 Textabbildungen

Springer-Verlag Berlin Heidelberg GmbH

1923

ISBN 978-3-662-32103-4   ISBN 978-3-662-32930-6 (eBook)
DOI 10.1007/978-3-662-32930-6

Softcover reprint of the hardcover 1st edition 1923

Vorwort.

Immer mehr greift die Anschauung Platz, daß die Mechanik nicht nur die Grundlage der Maschinentechnik ist, sondern auch so betrieben werden muß, daß sie mit ihren Beispielrechnungen alle die Dinge erledigt, die im Unterricht über Maschinenteile, Kraftmaschinen, Hebemaschinen usw. einfach aus Mangel an Zeit nicht mehr so eingehend erörtert werden können wie früher, wo diese Gebiete bei weitem nicht den Umfang hatten wie heutzutage. Das ist aber nur dann möglich, wenn in dem Mechanikunterricht selbst hinreichend Zeit für alle diese Berechnungen bleibt, die naturgemäß der eine Lehrer mehr nach der einen, der andere mehr nach einer anderen Seite ausbauen wird. Das Nächstgelegene ist also, alle nun einmal feststehenden Hauptsätze, -Formeln und auch Zahlenwerte, die der Schüler einer maschinentechnischen Fachschule braucht und bereithaben muß, ihm gedruckt in übersichtlicher Form und möglichst eindeutiger Fassung in die Hand zu geben, während der weitere Ausbau der Anwendungen stets etwas von dem betreffenden Lehrer und auch der Gesamtheit der Schüler abhängig sein wird.

Mehrfachen Anregungen folgend hat deshalb der Verfasser die hauptsächlichsten „theoretischen" Abschnitte seiner „Technischen Mechanik des Maschineningenieurs" hier gesondert zusammengestellt. Hinzugekommen sind noch die Grundzüge der Hydraulik. Das Heft enthält absichtlich nur das unbedingt Nötige in knappester Darstellung, da sein einziger Zweck ist, die eingehende schulmäßige Durcharbeitung des Stoffes von allem Ballast zu befreien. Für den Selbstunterricht — falls er überhaupt in der technischen Mechanik von Erfolg sein kann — ist es nicht bestimmt.

Altona, im März 1923.

P. Stephan.

Inhaltsverzeichnis.

A. Die Statik.

B. Die Bewegungslehre und Dynamik.

C. Die Festigkeitslehre.

D. Die Flüssigkeiten.

A. Die Statik.

I. Die Grundbegriffe der Statik.

Die technische Mechanik ist die Lehre von den Kräften und den Zusammenhängen zwischen den Kräften und den Bewegungen bzw. Formänderungen der Körper, die nach Maß und Zahl angegeben werden.

Sie beruht, wie jede Naturwissenschaft, auf den Erfahrungen, die an den Erscheinungen in der Natur und Technik gewonnen sind, und auf Versuchen, die zur Erforschung bestimmter Einzelheiten mit entsprechend vorbereiteten Einrichtungen angestellt werden.

1. Die Körper.

Als Körper bezeichnet die Stereometrie ein beliebiges Raumgebilde von gewisser Form und festgelegten Abmessungen.

Das Längenmaß der technischen Praxis des europäischen Festlandes ist das Meter. Es ist der Abstand zweier Striche auf dem in Breteuil aufbewahrten Urmaßstab bei der Temperatur 0° Celsius.

Der auf einem Meridian in Höhe des Meeresspiegels gemessene Umfang der Erde beträgt 40 000 905 m.

$$1 \text{ m} = 10 \text{ dm} = 100 \text{ cm} = 1000 \text{ mm},$$
$$1 \text{ m} = 0,1 \text{ Dm} = 0,001 \text{ km}.$$

Das Flächenmaß ist das Quadratmeter, ein Quadrat von 1 m Kantenlänge.

$$1 \text{ m}^2 = 100 \text{ dm}^2 = 10\,000 \text{ cm}^2.$$

Das Raummaß ist das Kubikmeter, ein Würfel von 1 m Kantenlänge.

$$1 \text{ m}^3 = 1000 \text{ dm}^3 = 1\,000\,000 \text{ cm}^3.$$

Im Sinne der Mechanik ist ein Körper ein allseitig geschlossenes Raumgebilde, das durchweg mit Masse, dem Träger aller physikalischen Eigenschaften des Körpers, angefüllt ist.

Poröse Körper enthalten demnach mindestens zwei Massen, die eigentliche Körpersubstanz und die die Poren ausfüllende.

Die wichtigste Unterscheidung der Körper liefert ihr Aggregatzustand, der als fest, flüssig, gasförmig unterschieden wird. Übergänge bilden der teigförmige und der dampfförmige Zustand.

Die festen Körper werden ihrerseits unterschieden als starre bzw. nachgiebige.

Starre Körper sind solche, die unter dem Einfluß von Kräften ihre Form nicht ändern. Vollkommen starre Körper gibt es nicht, doch können die hauptsächlichen Konstruktionsteile in erster Annäherung als starr angesehen werden.

Nachgiebige Körper erleiden unter dem Einfluß von Kräften mehr oder weniger große Formänderungen, die elastisch oder unelastisch sein können.

Elastische Körper machen eine unter der Einwirkung von Kräften angenommene Formänderung nach Aufhören der Kraftwirkung wieder **vollständig** rückgängig.

Unelastische Körper behalten die einmal erlittene Formänderung bei.

Ändert der Körper während der Beobachtungzeit sowohl als Ganzes als auch in allen einzelnen Teilen seine Lage zu der Umgebung nicht, so befindet er sich der Umgebung gegenüber in **Ruhe,** andernfalls in **Bewegung.**

2. Die Einteilung der Mechanik.

Die **Statik** untersucht ausschließlich den Zusammenhang der auf ruhende oder auch bewegte Körper einwirkenden Kräfte.

Die **Bewegungslehre** untersucht ausschließlich die Bewegungen.

Die **Dynamik** untersucht den Zusammenhang zwischen den Kräften und den Bewegungen der Körper. Sie erklärt die Kräfte einfach als Ursachen einer Bewegung oder Bewegungsänderung.

3. Die Kräfte.

Die allgemeine Erfahrung lehrt: **Kraft ist ein durch Muskelanstrengung bewirkter oder sie ersetzender Zug oder Druck.** Der Ersatz kann durch Gewichte, Gas- oder Flüssigkeitsdruck, magnetische oder elektrische Anziehungskräfte usw. erfolgen.

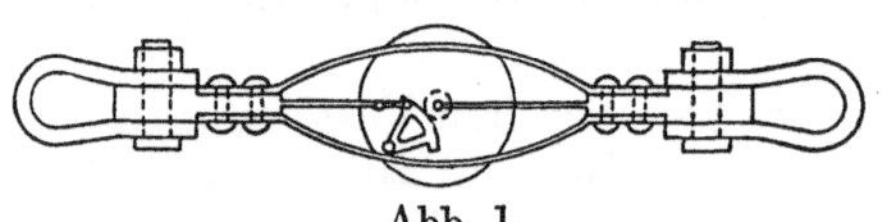

Abb. 1.

An einer gegebenen Kraft wird unterschieden ihre **Größe,** die **Wirkungslinie,** die **Richtung** in der Wirkungslinie und die **Angriffsstelle.**

Ein Maß der **Größe** wird erhalten durch den Vergleich der Wirkung der untersuchten Kraft mit derjenigen einer bekannten Kraft auf den gleichen Körper.

Ein technisches Instrument zum zahlenmäßigen Vergleich von Zugkräften ist das **Dynamometer,** das im wesentlichen aus zwei kräftigen Blattfedern besteht (Abb. 1).

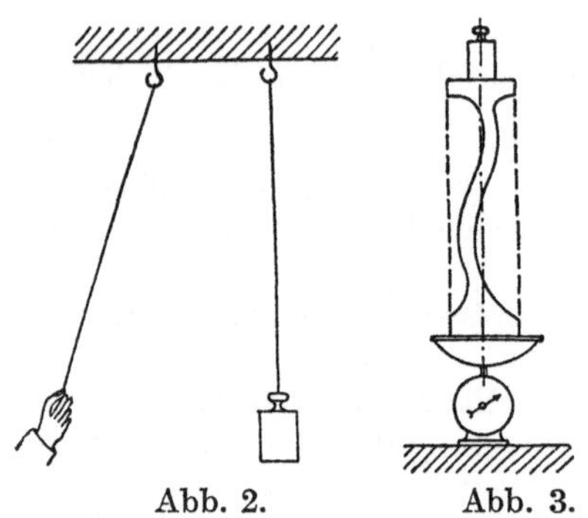

Abb. 2.   Abb. 3.

Die Gewichts- und Krafteinheit ist in der technischen Praxis des europäischen Festlandes **das Kilogramm,** das Gewicht des in Breteuil aufbewahrten Urkilogrammstückes. Es ist gleich dem Gewicht von 1,0000028 dm³ chemisch reinen Wassers bei 4° C, gemessen auf dem 45. Breitengrad in Höhe des Meeresspiegels und umgerechnet auf den luftleeren Raum.

$$1\;\mathrm{kg} = 1000\;\mathrm{g}, \quad 1000\;\mathrm{kg} = 1\;\mathrm{t}.$$

Die Wirkungslinie einer Kraft, das ist die **Linie, in der ihre Wirkung erfolgt, ist stets eine Gerade** (Abb. 2), gleichgültig, welche Form das Übertragungsglied hat (Abb. 3 und 4).

Auf Grund aller Erfahrungen kann ausgesagt werden: **Die Angriffsstelle einer Kraft kann in ihrer Wirkungslinie beliebig verschoben werden,** ohne daß die Kraftwirkung eine Änderung erleidet, **sofern nur die neue Angriffsstelle mit der alten unveränderlich verbunden ist.** Die Notwendigkeit des Zusatzes zeigen die Abb. 5 und 6.

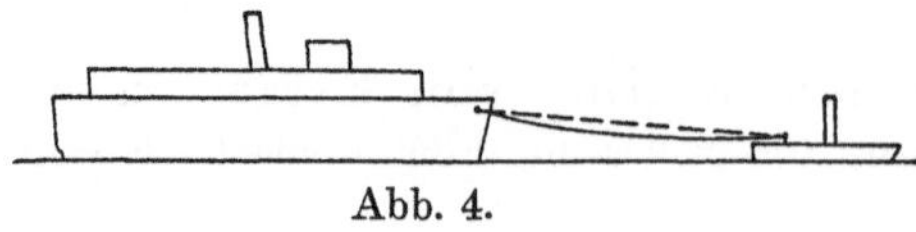

Abb. 4.

In der Wirkungslinie kann die Kraft die eine oder die andere **Richtung** haben. Gewöhnlich wird die in der lotrechten Wirkungslinie nach dem Erdmittelpunkt gehende Richtung als **positiv** bezeichnet, in der wagerechten Wirkungslinie meistens die vom Beschauer aus nach rechts gehende Richtung. Die entgegengesetzte Richtung gilt denn beidemal als **negativ**.

Eine Kraft kann auf einen Körper nur von einem anderen Körper ausgeübt werden, meistens durch unmittelbare Berührung, aber auch durch Fernübertragung. Beide Körper sind nur durch ihre Bezeichnung als erster und zweiter, A und B unterschieden, tatsächlich aber einander völlig gleichwertig. **Infolgedessen muß an der gegenseitigen Einwirkungsstelle jeder Körper auf den anderen in derselben Wirkungslinie die gleiche Kraft, nur von entgegengesetzter Richtung ausüben.**

Von der **Druckkraft** ist zu unterscheiden der **Druck**, der sich als **Flächendruck** zwischen festen Körpern, **Flüssigkeits- oder Gasdruck auf Kolben** und Wandungen bemerkbar macht. Er wird erhalten, indem man die Größe der Kraft P durch die Druckfläche F dividiert:

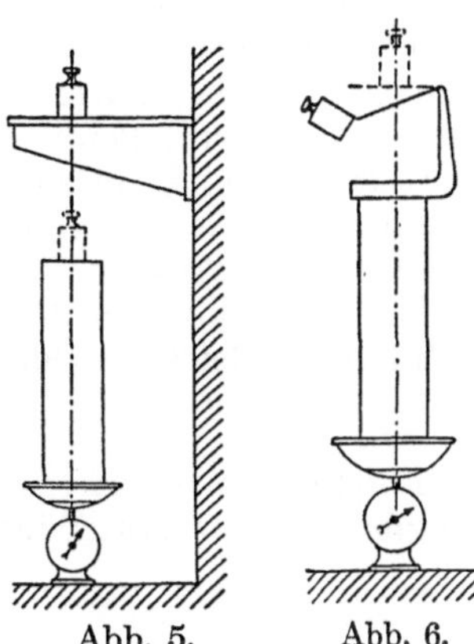

Abb. 5.　　Abb. 6.

$$p = \frac{P}{F} \ \frac{\text{kg}}{\text{cm}^2}.$$

Häufig wird abkürzungsweise $1 \ \text{kg/cm}^2 = 1$ at, eine Atmosphäre, geschrieben.

Der mittlere Druck der die Erde umgebenden Luftatmosphäre beträgt in der Höhe des Meeresspiegels $1,033 \ \text{kg/cm}^2$.

Druck in Kraftmaschinen.

Maschinenart	Gebräuchlicher Höchstdruck	mittlerer Druck bei Regelleistung
Dampfmaschine	$10 \div 15$ at	3,0　at
Dampflokomotive	$12 \div 15$ „	3,6　„
Leuchtgasmaschine	$23 \div 25$ „	5,0　„
Kraftgasmaschine	$21 \div 23$ „	$4,5 \div 5,0$„
Benzindampfmotor	$16 \div 22$ „	$5,0 \div 6,5$„
Öl-(Diesel-)Motor	$35 \div 40$ „	7,0　„

Winddruck auf ebene lotrechte Flächen

(in Preußen für statische Berechnungen vorgeschrieben).

Wandteile bis zu 15 m Höhe	$0,100 \ \text{t/m}^2$
Wandteile von 15 bis 25 m Höhe	0,125　„
Dächer bis zu 25 m Höhe	0,125　„
Wandteile und Dächer über 25 m Höhe	0,150　„
Eisengitterwerke, Holzgerüste, Masten	0,150　„
Mit einem Zug besetzte Eisenbahnbrücken	0,150　„
Leere Brücken	0,250　„

Auf nach außen gewölbte lotrechte Flächen $^2/_3$ davon.

Auf ebene Flächen, die unter dem Winkel α gegen die Wagerechte geneigt sind, übt der Winddruck die Kraft aus

$$P = F \cdot p \cdot \sin^2 \alpha.$$

Schneelast.

Vorgeschrieben ist in Deutschland die Rechnung mit $q = 75 \ \text{kg/m}^2$ auf wagerechter Fläche,

bei der Neigung	$\alpha = 20°$	$25°$	$30°$	$35°$	$40°$	$45°$	$> 45°$
ist zu setzen	$q' = 75$	70	65	60	55	50	$0 \ \text{kg/m}^2$

$$q' \backsim q \cdot \cos \alpha.$$

Das gilt annähernd bis zur Höhe $h = 200$ m des Ortes über dem Meeresspiegel.

Bei $h = 200 \div 500$ m rechnet man besser mit $q = 120 \ \text{kg/m}^2$, bei $h = 500 \div 1000$ m ist $q = 340 \ \text{kg/m}^2$.

II. Die Grundlehren der Statik.

1. Die Kräfte.

Greifen an einem Körper A zwei Kräfte P_1 und P_2 nach entgegengesetzter Richtung in derselben Wirkungslinie an (Abb. 7), so bleibt der Körper nur dann in Ruhe, wenn beide Kräfte einander gleich sind. Schon ein kleines Übergewicht auf einer Seite ruft Bewegung hervor, die stets nach der Seite der größeren Kraft erfolgt und um so schneller vor sich geht, je größer der Unterschied R beider Kräfte ist. Daran wird nichts geändert, wenn jede der beiden Kräfte aus mehreren Einzelkräften besteht (Abb. 7).

Unterscheidet man die Richtungen der Kräfte durch das Vorzeichen, so ist im Falle des Gleichgewichtes der Kräfte in derselben Wirkungslinie

$$\Sigma P = 0.$$

Besteht kein Gleichgewicht zwischen den Kräften in derselben Wirkungslinie, so ergibt sich die Mittelkraft durch algebraische Addition:

$$R = \Sigma P.$$

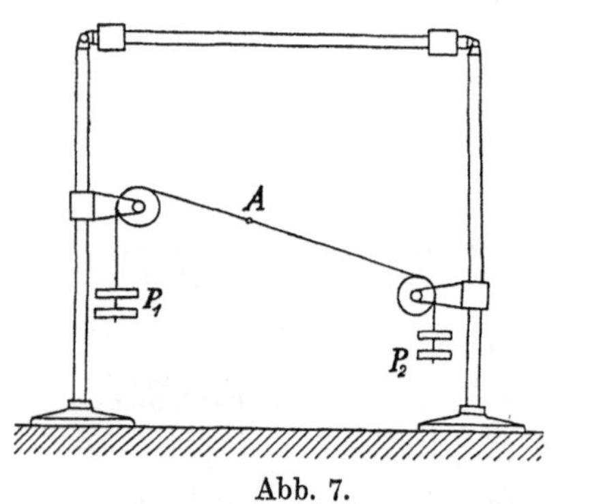

Abb. 7.

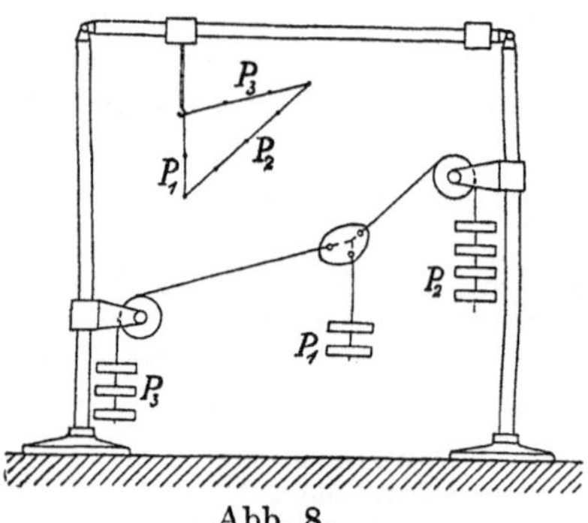

Abb. 8.

Wirken drei Kräfte, deren Wirkungslinien in derselben Ebene liegen, auf einen Körper ein, so zeigt ein Versuch nach Abb. 8, daß es nur eine Gleichgewichtslage gibt, in die der Körper immer wieder zurückkehrt. In dieser Gleichgewichtslage schneiden sich die drei Wirkungslinien in einem Punkt. Eine Schnur mit in gleichen Abständen aufgesetzten Perlen ergibt im Gleichgewichtsfall und nur dann das veranschaulichte geschlossene Dreieck mit zu den Wirkungslinien der Kräfte parallelen Seiten:

Drei in derselben Ebene wirkende Kräfte sind im Gleichgewicht, wenn ihre Wirkungslinien durch denselben Punkt gehen und sie in einem beliebigen Längenmaßstab nach Größe und Richtung hintereinander abgetragen ein geschlossenes Dreieck bilden.

Aus dem Grunde pflegt man allgemein eine Kraft durch eine Gerade darzustellen, deren Richtung ein angesetzter Pfeil anzeigt. Die Anzahl kg, die ein mm Länge veranschaulicht, ergeben den Kräftemaßstab der Zeichnung.

Man kommt oft mit einem überschlägig gezeichneten Kräftedreieck aus, wenn man bei gegebenen Längenabmessungen die Ähnlichkeitssätze benutzt.

Für die Anordnung der Abb. 9, die der der Abb. 8 entspricht, gilt das Gleichgewichts-Kräftedreieck der Abb. 10, dessen Pfeile die Abbildung im gleichen Sinne umlaufen. Umgekehrt kann man nach dem Satz von der Wirkung und

Gegenwirkung P und Q als die Gegenkräfte auffassen, mit denen die Last R am gemeinsamen Gelenk in beiden Stangen nach unten zieht. Das Kräftedreieck der Abb. 11 gibt dann mit den umgekehrten Pfeilen die beiden Seitenkräfte P und Q an, in die die Mittelkraft R zerlegt worden ist:

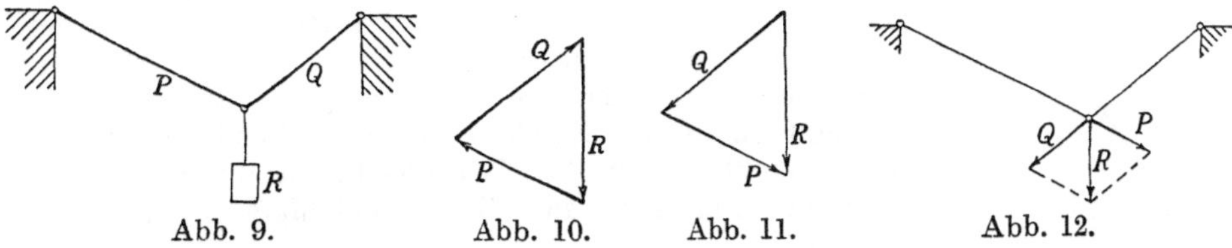

Abb. 9. Abb. 10. Abb. 11. Abb. 12.

Die Mittelkraft ist die Schlußlinie des aus den beiden Seitenkräften gebildeten Dreiecks (Abb. 12).

Wird die Mittelkraft R in zwei aufeinander senkrechte Seitenkräfte P und Q zerlegt, von denen P mit R den Winkel α einschließt (Abb. 13), so gilt

$$\boldsymbol{P = R \cdot \cos \alpha}, \qquad \boldsymbol{Q = R \cdot \sin \alpha},$$

und der Winkel α wird bei bekannten Seitenkräften bestimmt aus

$$\operatorname{tg} \alpha = \frac{Q}{P}.$$

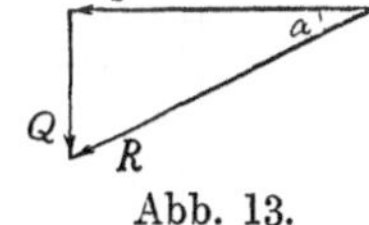

Abb. 13.

Schließen die beiden Seitenkräfte S_1 und S_2 einen beliebigen Winkel α ein (Abb. 14), so ist

$$\boldsymbol{R^2 = S_1^2 + S_2^2 - 2 \cdot S_1 \cdot S_2 \cdot \cos \alpha}.$$

also

$$R = S_1 \cdot \sqrt{1 + \left(\frac{S_2}{S_1}\right)^2 - 2 \cdot \frac{S_2}{S_1} \cdot \cos \alpha},$$

oder, wenn lieber mit dem spitzen Winkel $\pi - \alpha$ gerechnet wird, den die Tafeln der Kreisfunktionen enthalten,

$$R = S_1 \cdot \sqrt{1 + \left(\frac{S_2}{S_1}\right)^2 + 2 \cdot \frac{S_2}{S_1} \cdot \cos (\pi - \alpha)}.$$

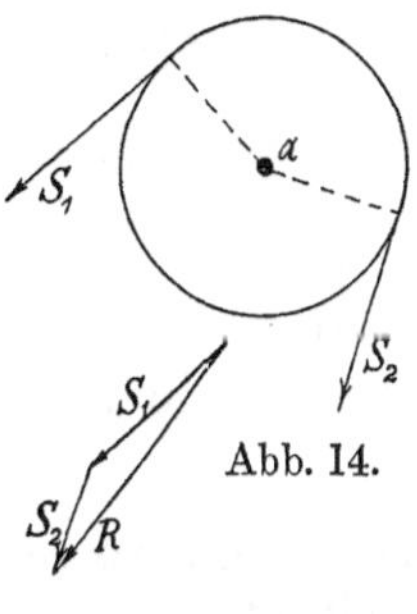

Abb. 14.

Berühren sich zwei Körper I und II in der Fläche F (Abb. 15) und wird Körper I von der Kraft P, die senkrecht zur Fläche F steht, angepreßt, so ist die von Körper II auf I ausgeübte Gegenkraft $N = P$ und fällt mit P in dieselbe Wirkungslinie. Ist die Kraft P um den Winkel α gegen die Normale zur Fläche F geneigt (Abb. 16), so zerlegt man sie in die Seitenkräfte

$$P_1 = P \cdot \cos \alpha \quad \text{und} \quad P_2 = P \cdot \sin \alpha.$$

Die Gegenkraft N ist dann mit P_1 im Gleichgewicht, und die Seitenkraft P_2, zu der in der glatten Fläche keine Gegenkraft vorhanden ist, wirkt auf Verschieben des Körpers I hin:

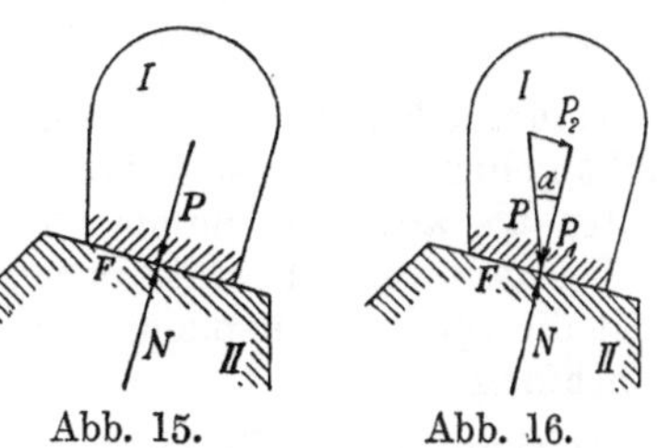

Abb. 15. Abb. 16.

Zwei sich in einer Fläche berührende Körper wirken stets so aufeinander ein, daß die Stützkräfte senkrecht zur Berührungsfläche stehen.

Hiermit wird die Wirkungslinie von Stützkräften mindestens der Richtung nach bestimmt.

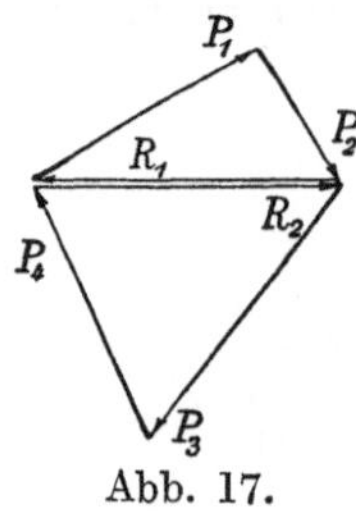

Abb. 17.

Liegen die Wirkungslinien von v i e r Kräften in derselben Ebene und gehen sie durch denselben Punkt, so kann man je zwei zu einer Mittelkraft vereinigen. Soll Gleichgewicht bestehen, so müssen die beiden Mittelkräfte gleich groß sein und entgegengesetzte Richtung haben. Nach Abb. 17 kann man den Gleichgewichtsfall ausdrücken durch den Satz:

Vier und mehr in derselben Ebene wirkende Kräfte sind im Gleichgewicht, wenn ihre Wirkungslinien durch denselben Punkt gehen und das aus ihnen gebildete Krafteck geschlossen ist.

Eine unmittelbare Nachprüfung gibt die Versuchsanordnung der Abb. 18.

Rechnerisch löst man die Aufgabe, bei einer beliebigen Anzahl von Kräften, deren Wirkungslinien in derselben Ebene liegen und durch denselben Punkt gehen, diejenige Kraft zu bestimmen, die zur Erhaltung des Gleichgewichtes noch er-

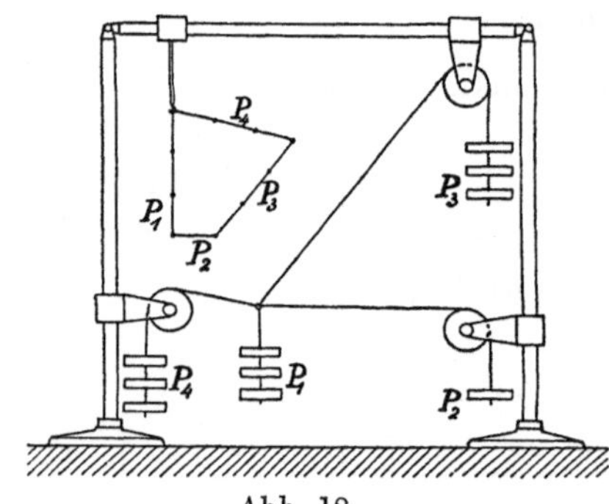

Abb. 18.

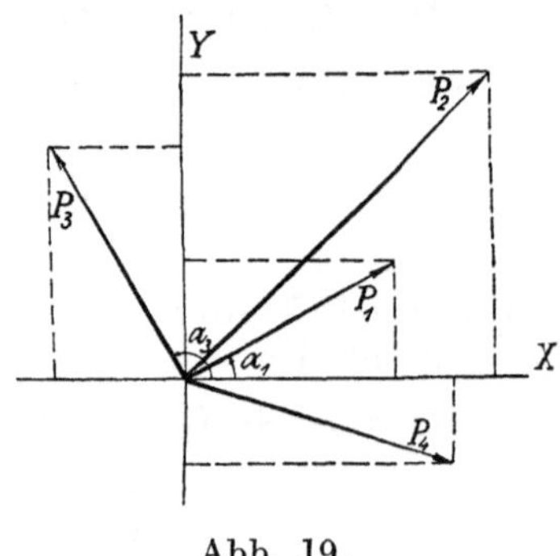

Abb. 19.

forderlich ist, indem man alle gegebenen Kräfte nach zwei aufeinander senkrecht stehenden, im übrigen beliebig gewählten Richtungen zerlegt in

$$X_i = P_i \cdot \cos \alpha_i, \qquad Y_i \cdot P_i \cdot \sin \alpha_i,$$

wie die Abb. 19 veranschaulicht. In jeder Reihe besteht nun Gleichgewicht, wenn erfüllt ist

$$\Sigma X = 0 \quad \text{und} \quad \Sigma Y = 0,$$

woraus sich die letzten Kräfte X_n bzw. Y_n bestimmen. Dann wird

$$P_n = \sqrt{X_n^2 + Y_n^2} \quad \text{und} \quad \operatorname{tg} \alpha_n = \frac{Y_n}{X_n}.$$

In derselben Ebene angreifende Kräfte, deren Wirkungslinien durch denselben Punkt gehen, halten sich das Gleichgewicht, wenn sowohl die Summe der wagerechten als auch die Summe der lotrechten Seitenkräfte Null ergibt.

Ist gelegentlich statt der wagerechten Richtung eine andere vorteilhafter, so ist die im vorstehenden als lotrecht bezeichnete s e n k r e c h t zu der ersteren zu nehmen.

Wirken die Kräfte nicht in derselben Ebene, sondern verlaufen sie von einem Punkt aus nach verschiedenen Richtungen des Raumes, so wird die Aufgabe in zwei oder auch drei Einzelaufgaben für in derselben Ebene wirkende Kräfte zerlegt.

Wählt man die drei Bezugsachsen X, Y, Z senkrecht zueinander, so erhält man als rechnerische Gleichgewichtsbedingungen entsprechend den obigen:

$$\Sigma X = 0, \quad \Sigma Y = 0, \quad \Sigma Z = 0.$$

Beliebige Kräfte, deren Wirkungslinien sich in einem Punkt schneiden, sind nur dann im Gleichgewicht, wenn die Summen aller Seitenkräfte nach drei aufeinander senkrecht stehenden Richtungen je Null ergeben.

2. Die Kräftepaare und Drehmomente.

Für die Aufgabe, **zu zwei parallelen Kräften die ihnen das Gleichgewicht haltende dritte zu finden,** versagen die vorstehenden Angaben, weil der gemeinsame Schnittpunkt in unendlicher Ferne liegt. Man gelangt zu einer Lösung, wenn man an die gegebenen Kräfte P_1 und P_2 (Abb. 20) zwei gleiche, aber entgegengesetzt gerichtete Kräfte P' in derselben Wirkungslinie ansetzt, die

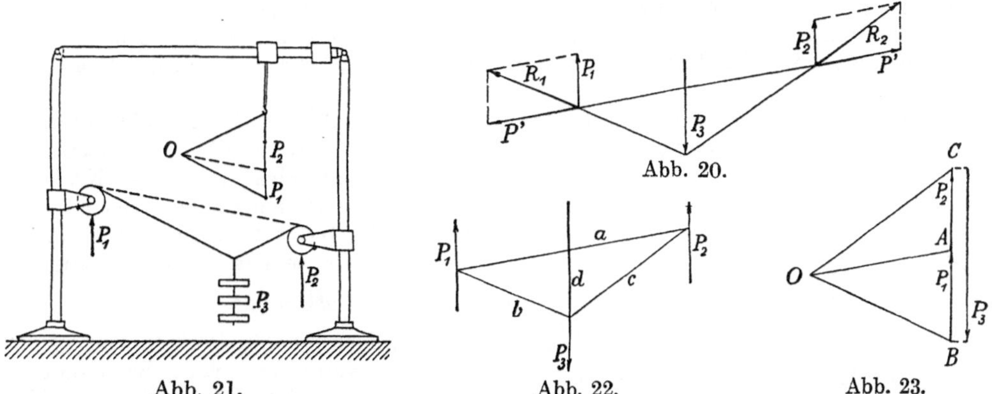

Abb. 21.   Abb. 20.   Abb. 22.   Abb. 23.

sich ja gegenseitig aufheben, und nun jede Zusatzkraft mit P_1 bzw. P_2 zu einer Mittelkraft R_1 bzw. R_2 vereinigt. Die beiden Mittelkräfte schneiden sich jetzt in einem Punkt, durch den auch die dritte Kraft $P_3 = P_1 + P_2$ gehen muß.

Den Vorgang veranschaulicht ein Versuch nach Abb. 21: Eine längere Schnur, die gerade ausgespannt nach der gestrichelten Linie verlaufen würde, wird an ihren Enden durch Stifte unter den seitlichen Tragrollen festgehalten und durch die Kraft P_3 vermittels eines Gleithakens belastet. Der Haken gleitet unter sonst gleichen Verhältnissen immer in eine ganz bestimmte Stellung, und zwar derart, daß, wenn die Größen von P_1 und P_2 wieder durch eine Perlenschnur dargestellt werden, die drei von den Endpunkten der Kräfte parallel zu den drei Schnurrichtungen gezogenen Fäden sich in einem Punkt O schneiden. Das von dem Tragseil der Kraft P_3 gebildete Dreieck ist das Seileck, der Schnittpunkt der dazu parallelen Linien der Pol, die von dem Pol nach den Ecken des Krafteckes gehenden Linien sind die Polstrahlen. Das Seileck bzw. die Lage des Pols ist ganz beliebig.

Um also Größe und Lage der Kraft P_3 zu finden, die mit den parallelen Kräften P_1 und P_2 im Gleichgewicht ist (Abb. 22), trägt man P_1 und P_2 hintereinander in einem beliebigen Kräftemaßstab auf (Abb. 23) und erhält sogleich die Größe von P_3 als die Schlußlinie des Krafteckes. Man wählt jetzt den Pol O beliebig und zieht in dem gegebenen Kräfteplan der Abb. 22 irgendwo zwischen den Wirkungslinien von P_1 und P_2 die Seillinie a parallel zu dem Polstrahl OA, der in Abb. 23 nach dem Stoßpunkt von P_1 und P_2 geht. Von dem Endpunkt dieser Strecke a auf der Wirkungslinie von P_1 wird die Seillinie b parallel zum Polstrahl OB gezogen und ebenso von dem Endpunkt der Seilstrecke a auf der Wirkungslinie von P_2 die Seillinie c parallel zum Polstrahl OC. Der Schnittpunkt von b und c ist ein Punkt der Wirkungslinie von P_3.

Bezeichnet man die Länge der von dem Seileck auf der Wirkungslinie von P_3 herausgeschnittenen Strecke mit d und die von P_3 gebildeten Abschnitte der Strecke a mit a_1 bzw. a_2, so folgt aus den ähnlichen Dreiecken der Abb. 22 und 23

$$\frac{a_1}{d} = \frac{\overline{OA}}{P_1} \quad \text{und} \quad \frac{a_2}{d} = \frac{\overline{OA}}{P_2}$$

und durch Division beider Gleichungen

$$\frac{a_1}{a_2} = \frac{P_2}{P_1}:$$

Wenn Gleichgewicht besteht, teilt die dritte Kraft den Abstand der beiden anderen im umgekehrten Verhältnis ihrer Größen.

Gewöhnlich wird der Abstand ja nicht in einer beliebigen Schrägen gemessen, sondern man mißt den kürzesten, senkrecht den den Wirkungslinien der Kräfte stehenden.

Man bezeichnet das Produkt aus der Größe einer Kraft und ihrem senkrechten Abstand von einem bestimmten Punkt oder einer bestimmten Geraden oder Ebene, die parallel zur Wirkungslinie der Kraft verläuft, **als Drehmoment oder kurz Moment der Kraft in bezug auf diesen Punkt** bzw. diese Gerade oder Ebene:

$$\boldsymbol{M = P \cdot a}.$$

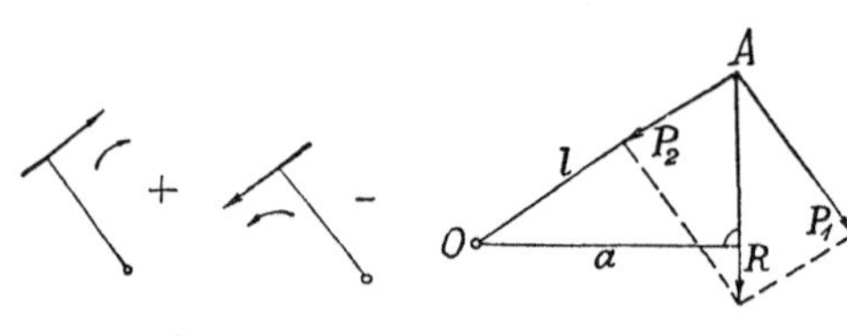

Abb. 24.   Abb. 25.

Man rechnet das Drehmoment als positiv, wenn es, vom Beschauer aus gesehen, rechtsdrehend ist, und als negativ, wenn es linksdrehend ist (Abb. 24). Maß des Drehmomentes ist das Meterkilogramm (mkg), bisweilen die Metertonne (mt) oder das Zentimeterkilogramm (cmkg):

$$1 \text{ cmkg} = 0,01 \text{ mkg}, \qquad 1 \text{ mt} = 1000 \text{ mkg}.$$

Aus den ähnlichen Dreiecken der Abb. 25 folgt

$$R : P_1 = l : a \qquad \text{oder} \qquad R \cdot a = P_1 \cdot l.$$

Das Drehmoment einer Kraft in bezug auf einen bestimmten Punkt ihrer Ebene kann ersetzt werden durch das Produkt aus der Entfernung des Angriffspunktes der Kraft von dem gegebenen Punkt und ihrer Seitenkraft senkrecht zu dieser Entfernung.

Schreibt man die obige Grundformel als Produktengleichung:

$$\boldsymbol{P_1 \cdot a_1 = P_2 \cdot a_2},$$

so geht sie nach dem Vorstehenden über in

$$\boldsymbol{M_1 - M_2 = 0}.$$

Im Fall des Gleichgewichtes dreier paralleler Kräfte ist die algebraische Summe der Momente von zwei Kräften in bezug auf die Wirkungslinie der dritten gleich Null.

Eine Nachprüfung des Satzes ermöglichen die Versuchsanordnungen der Abb. 26 und 27.

Auch hier ist wieder die Gegenkraft der dritten Gleichgewichtskraft die Mittelkraft der beiden anderen. Damit ergeben die Abb. 25 und 28 leicht den Satz:

Das Drehmoment der Mittelkraft durch denselben Punkt gehender oder paralleler Kräfte ist gleich der algebraischen Summe der Drehmomente der Einzelkräfte in bezug auf denselben Punkt bzw. dieselbe Gerade in der Ebene der Wirkungslinien der Kräfte.

Der Satz gilt auch für mehr als zwei Kräfte.

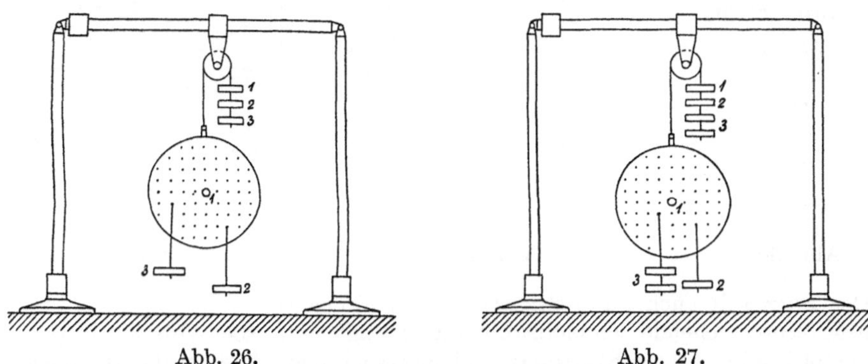

Abb. 26.   Abb. 27.

Zwei gleich große, aber entgegengesetzt gerichtete parallele Kräfte ergeben keine Mittelkraft, haben aber ein ganz bestimmtes Drehmoment M. Sie werden bezeichnet als Kräftepaar.

Das Kräftepaar bildet neben den Einzelkräften, die eine Bewegung des angegriffenen Körpers in ihrer Wirkungslinie hervorzurufen oder zu hindern suchen, ein zweites Element der Statik. Es hat das Bestreben, eine Drehung des betreffenden Körpers hervorzurufen oder zu hindern. Das Maß der Drehbestrebung ist das Drehmoment

$$M = P \cdot a,$$

das in bezug auf jeden beliebigen Punkt der Ebene des Kräftepaares denselben Wert hat.

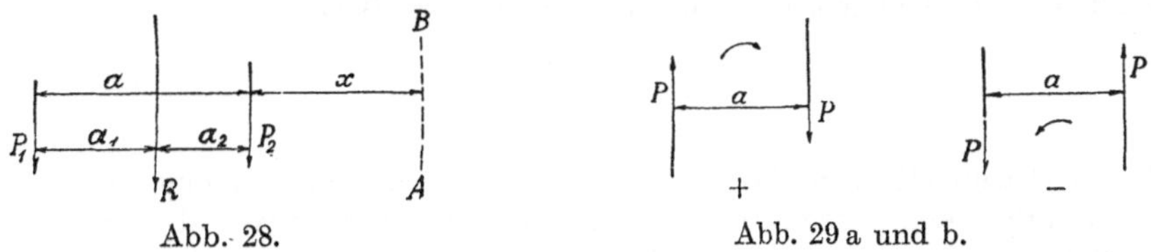

Abb. 28.   Abb. 29 a und b.

Je nach dem Drehsinn unterscheidet man rechtsdrehende und linksdrehende Kräftepaare (Abb. 29) durch das positive bzw. negative Vorzeichen.

Man kann ansetzen

$$M = P \cdot a = \left(\frac{P}{n}\right) \cdot (a \cdot n) = (P \cdot n) \cdot \left(\frac{a}{n}\right),$$

worin n eine beliebige Zahl ist:

Ein Kräftepaar kann in seiner Wirkung durch ein beliebiges andere von demselben Drehsinn und dem gleichen Drehmoment ersetzt werden.

Die Wirkung eines Kräftepaares auf einen starren Körper bleibt ungeändert, da das Drehmoment dasselbe ist, welche Lage auch das **Kräftepaar zur Drehachse in der eigenen Ebene (Abb. 30) oder in einer parallelen Ebene hat (Abb. 31).**

Zwei verschiedene in derselben oder in parallelen Ebenen auf einen Körper wirkende **Kräftepaare sind im Gleichgewicht,** wenn die algebraische Summe ihrer Drehmomente Null ergibt:

$$\Sigma M = 0.$$

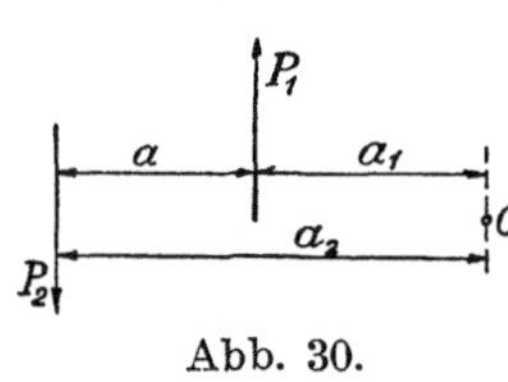

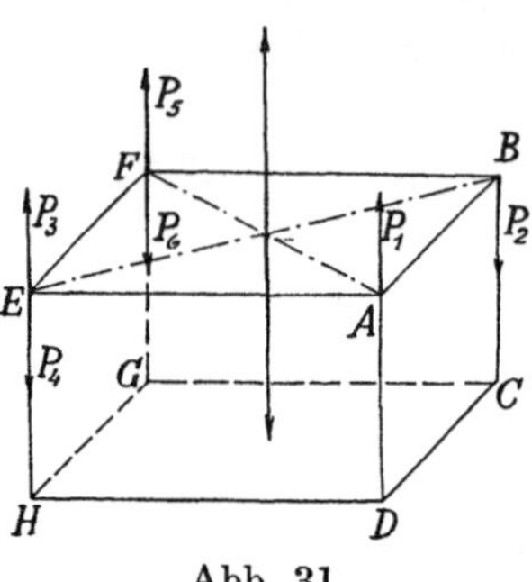

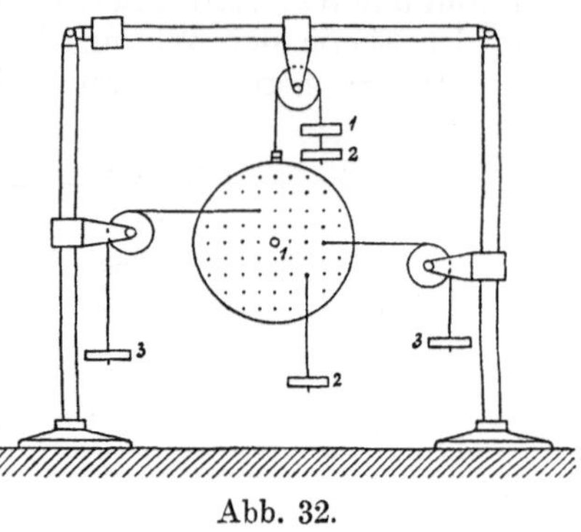

Abb. 30.   Abb. 31.   Abb. 32.

Der Satz gilt auch für mehr als zwei Kräftepaare.

Eine entsprechende Versuchsanordnung zeigt z. B. die Abb. 32.

Besteht bei mehreren Kräftepaaren kein Gleichgewicht, so ist das Drehmoment des **Gesamtkräftepaares** gleich der algebraischen Summe der Drehmomente der einzelnen Kräftepaare:

$$M = M_1 + M_2 + \ldots$$

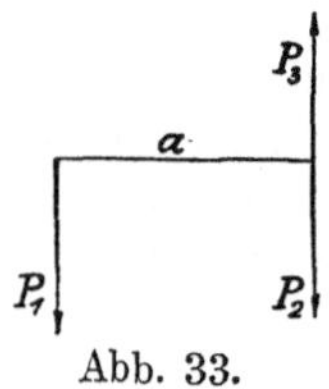

Abb. 33.

Die Abb. **33** lehrt:

Eine Kraft (P_1) kann parallel zu sich selbst beliebig verschoben werden (in die Lage P_2), wenn nur ein in der Verschiebungsebene wirkendes Kräftepaar (P_1, P_3) hinzugefügt wird. dessen Moment aus der Größe der Kraft und dem Verschiebungsweg gebildet ist.

Ein Kräftepaar (P_1, P_3) vom Drehmoment M kann mit einer Einzelkraft (P_2) zusammengesetzt werden; man erhält die Einzelkraft P parallel zu sich selbst in der Ebene des Kräftepaares verschoben um den Betrag

$$a = \frac{M}{P}.$$

Bei **unbeweglichen Körpern** bezeichnet man das an einer bestimmten Stelle wirkende Gesamtdrehmoment oft als **Biegungsmoment**, da es den Körper mindestens zu verbiegen sucht, und die dorthin verschobene Gesamteinzelkraft als **Querkraft**.

Der Abb. 32 sind als **rechnerische Gleichgewichtsbedingungen für Kräfte in derselben Ebene** zu entnehmen:

1. **Die Summe der wagerechten Kräfte muß Null ergeben,**
2. **die Summe der lotrechten Kräfte muß Null ergeben,**
3. **die Summe der Drehmomente in bezug auf einen beliebigen Punkt der Ebene muß Null ergeben.**

Die **zeichnerische Gleichgewichtsbedingung** für beliebige Kräfte in derselben Ebene lautet: **Sowohl das Krafteck als auch das Seileck müssen geschlossen sein** (Abb. 22 und 23).

Bilden die Ebenen zweier Kräftepaare $M_1 = P \cdot a$ und $M_2 = Q \cdot a$ miteinander den Winkel γ (Abb. 34), so verschiebt man die Kräftepaare in ihrer Ebene in die gezeichnete Stellung und setzt die Kräfte P und Q zur Mittelkraft R zusammen. Nach Multiplikation mit dem Abstand a erhält man so:

$$M_R = R \cdot a = \sqrt{(P \cdot a)^2 + (Q \cdot a)^2 + 2 \cdot (P \cdot a) \cdot (Q \cdot a) \cdot \cos\gamma}$$
$$= \sqrt{M_1^2 + M_2^2 + 2 \cdot M_1 \cdot M_2 \cdot \cos\gamma}.$$

In sich schneidenden Ebenen wirkende Drehmomente werden so zu einem Gesamtdrehmoment zusammengesetzt wie Kräfte, die sich in einem Punkt schneiden.

Die Winkel der Ebene des Gesamtkräftepaares mit den gegebenen Ebenen ergibt den Sinussatz:

$$\sin\alpha = \frac{M_2}{M_R} \cdot \sin\gamma, \qquad \sin\beta = \frac{M_1}{M_R} \cdot \sin\gamma.$$

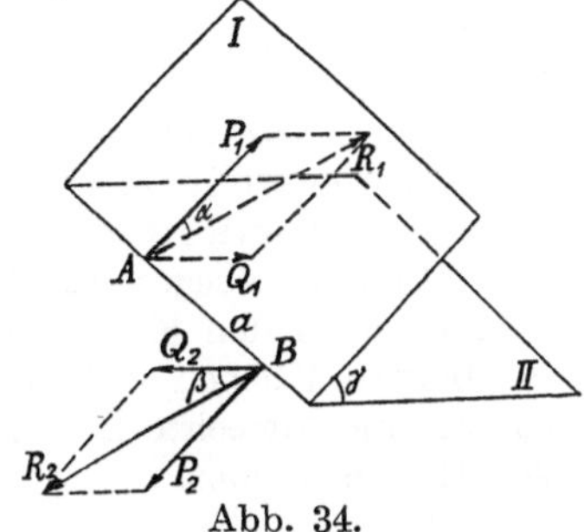

Abb. 34.

Beliebig im Raum wirkende Kräfte zerlegt man je nach denselben drei aufeinander senkrecht stehenden Richtungen. Die Seitenkräfte verschiebt man nach dem gemeinsamen Schnittpunkt der drei Grundrichtungen. Im Gleichgewichtsfall müssen die Summen der Seitenkräfte nach jeder Achse für sich Null ergeben und ferner die Summen der bei der Verschiebung entstandenen Drehmomente in bzw. parallel zu jeder der drei Bezugsebenen ebenfalls je Null ergeben. Man erhält so insgesamt 6 Gleichgewichtsgleichungen.

Besteht kein Gleichgewicht, so ergibt sich bei der beschriebenen Zerlegung und darauffolgenden Zusammensetzung eine Mittelkraft und ein Gesamtdrehmoment, dessen Ebene senkrecht zur Wirkungslinie der Mittelkraft steht.

III. Das Gleichgewicht.

1. Der Schwerpunkt.

Die allgemeine Erfahrung ergibt das Naturgesetz: **Alle Körper auf der Erde werden nach dem lotrecht darunter befindlichen Teil der Erdoberfläche angezogen.**

Die auf jedes einzelne Teilchen eines Körpers wirkende Kraft, welche die Anziehung hervorruft, ist die **Schwerkraft.**

Da alle technischen Bauwerke im Verhältnis so klein sind, daß die Krümmung der Erdoberfläche völlig vernachlässigt werden kann, so sind die auf jedes Teilchen eines Körpers in demselben Sinne wirkenden Schwerkräfte einander **parallel.**

Die **Mittelkraft** aller Schwerkräfte desselben Körpers oder eines Körpersystems ist das **Gewicht** des Körpers oder Körpersystems. Es ist gleich der Summe aller Einzelgewichte der verschiedenen Körperteilchen.

Da jede das Gewicht bildende Einzelkraft eine ganz bestimmte Angriffsstelle hat, das zugehörige kleine Teilchen des Körpers, so muß auch die Mittelkraft einen bestimmten Angriffspunkt haben, den **Schwerpunkt** des Körpers.

Der **rechnerischen Bestimmung des Schwerpunktes** wird der Satz vom Drehmoment der Mittelkraft (S. 9 u. 10) zugrunde gelegt.

Haben die Einzelteile eines Körpers die Gewichte G_1, G_2, G_3 ... und die Abstände von einer lotrechten Bezugsebene x_1, x_2, x_3 ..., so folgt der Abstand x_0 der Mittelkraft ΣG von derselben Ebene aus

$$x_0 \cdot \Sigma G = \Sigma (x \cdot G)$$

zu

$$x_0 = \frac{\Sigma (x \cdot G)}{\Sigma G}.$$

Sind die Abstände derselben Einzelgewichte von einer zur ersten senkrechten, aber ebenfalls lotrechten Bezugsebene y_1, y_2, y_3 ..., so gilt entsprechend

$$y_0 = \frac{\Sigma (y \cdot G)}{\Sigma G}.$$

Die Schnittgerade der beiden in den Abständen x_0 bzw. y_0 zu den betreffenden Bezugsebenen parallel gelegten Schwerebenen enthält den Schwerpunkt, ist eine sog. Schwerlinie.

Die Einzelgewichte und ihre Angriffspunkte erfahren keine Änderung, wenn der als starr vorausgesetzte Körper gedreht wird.

Dreht man den Körper mit den beiden Bezugsebenen so, daß jetzt eine die ersten beiden Ebenen senkrecht schneidende, also in der ersten Lage wagerechte Ebene in eine lotrechte Lage kommt, so gilt für die Abstände z_1, z_2, z_3 ... z_0 von dieser Ebene wieder

$$z_0 = \frac{\Sigma (z \cdot G)}{\Sigma G}.$$

Die im Abstande z_0 zur ursprünglich wagerechten Bezugsebene gelegte Schwerebene schneidet die Schwerlinie im Schwerpunkt S.

Ist etwa die letztere Bezugsebene eine Schwerebene, so wird $z_0 = 0$, also auch $\Sigma (z \cdot G) = 0$. Sind alle Schwerkräfte des betreffenden Körpers in bezug auf eine durch ihn gelegte Ebene im Gleichgewicht, so enthält sie den Schwerpunkt.

Ebenso ergibt sich, daß, wenn alle Schwerkräfte eines Körpers in derselben Geraden, der **Mittelachse des Körpers**, angreifen, auch der Schwerpunkt in dieser Geraden liegt.

Die vorstehenden Darlegungen erfahren eine erhebliche Vereinfachung bei **homogenen Körpern,** deren Masse gleichförmig über den ganzen vom Körper eingenommenen Raum verteilt ist.

Für denselben homogenen Körper ist das Verhältnis von Gewicht und Raum unveränderlich:

$$\frac{dG}{dV} = \frac{G}{V} = \gamma.$$

Hierin ist γ das **Einheitsgewicht** des Körpers, das bei festen und flüssigen Körpern gewöhnlich in kg/dm³, bei gasförmigen in kg/m³ angegeben wird.

Zu unterscheiden ist davon das spezifische Gewicht, das angibt, wieviel mal schwerer ein Stoff ist als die gleiche Raummenge reinen Wassers von $+ 4°$ C., das also eine unbenannte Zahl ist. Zahlenmäßig stimmen Einheitsgewicht und spezifisches Gewicht überein, solange das kg als Krafteinheit und das dm als Längeneinheit gewählt wird.

Der Rauminhalt 1 dm³ wird dargestellt durch einen Stab von 1 Dm Länge und 1 cm² Querschnitt, einen Draht von 1 km Länge und 1 mm² Querschnitt, eine Blechtafel von 1 mm Stärke und 1 m² Fläche.

Einheitsgewichte γ
bei gewöhnlicher Temperatur.

	kg/dm³		kg/dm³
Aluminium, gegossen	2,56	Kupfer, gegossen	8,8
„ gehämmert . . .	2,75	„ gewalzt	8,9
Aluminiumbronze	2,7	Lager-(Weiß-)metall	7,1
Anthrazit	1,4 ÷ 1,7	Messing, gegossen	8,4 ÷ 8,7
Antimon	6,7	„ gezogen	8,43 ÷ 8,73
Asphalt.	1,1 ÷ 1,5	„ gewalzt	8,52 ÷ 8,62
Blei	11,3	Nickel	8,9 ÷ 9,2
Braunkohle	1,2 ÷ 1,5	Platin, gegossen	21,15
Bronze	7,4 ÷ 8,9	„ gehämmert	21,3 ÷ 21,5
Deltametall	8,6	Porzellan	2,3
Eis.	0,9	Schamottesteine	1,85
Flußeisen	7,85	Silber, gehämmert	10,5 ÷ 10,6
Flußstahl	7,86	Ziegel, gewöhnliche	1,4 ÷ 1,55
Schweißeisen	7,80	Zink, gewalzt	7,13 ÷ 7,20
Gußeisen	7,20 ÷ 7,25	Zinn, gegossen.	7,2
Glas (für Flaschen)	2,6	Eichenholz, lufttrocken	0,69 ÷ 1,03
Gold, gehämmert	19,30	Erlenholz, „	0,42 ÷ 0,66
Granit	2,5 ÷ 3,05	Eschenholz, „	0,57 ÷ 0,94
Graphit.	1,9 ÷ 2,3	Fichtenholz, „	0,35 ÷ 0,60
Grobkohle	1,2 ÷ 1,5	Kiefernholz, „	0,31 ÷ 0,76
Kalkmörtel, trocken	1,65	Pechkiefernholz, „	0,83 ÷ 0,85
„ frisch	1,78	Rotbuchenholz, „	0,66 ÷ 0,83
Koks	1,4	Weißbuchenholz, „	0,62 ÷ 0,82
Kork	0,24	Tannenholz, „	0,37 ÷ 0,75

Mittlere Eintrittsgewichte γ' von Schüttgütern.

	t/m³		t/m³
Braunkohlen, lufttrocken . . .	0,65 ÷ 0,78	Beton	2,2 ÷ 2,3
Steinkohlen, „		Mauerwerk	1,8
oberschlesische	0,76 ÷ 0,80	Sand, Lehm, Erde, trocken . .	1,6
niederschlesische	0,82 ÷ 0,87	„ „ „ naß . . .	2,0
Zwickauer	0,76 ÷ 0,80	Formsand, geschüttet.	1,20
Saarkohlen.	0,72 ÷ 0,80	„ gestampft	1,65
Ruhrkohlen	0,80 ÷ 0,86	Schnee, trocken	0,12
Gaskoks	0,30 ÷ 0,47	„ feucht	0,45
Zechenkoks	0,38 ÷ 0,53	„ naß	0,79

Für **homogene Körper** kann gesetzt werden:

$$x_0 = \frac{\Sigma\,(x\cdot G)}{\Sigma\,V} = \frac{\Sigma\,(x\cdot V\cdot \gamma)}{\Sigma\,(V\cdot \gamma)} = \frac{\gamma\cdot \Sigma\,(x\cdot V)}{\gamma\cdot \Sigma\,V} = \frac{\Sigma\,(x\cdot V)}{\Sigma\,V}$$

und entsprechend

$$y_0 = \frac{\Sigma\,(y\cdot V)}{\Sigma\,V}, \qquad z_0 = \frac{\Sigma\,(z\cdot V)}{\Sigma\,V}.$$

Bei **homogenen Blechen** von der Fläche F und der überall gleichen Dicke δ in der Richtung der z-Achse ist $V = F\cdot \delta$, und es hebt sich, wie oben γ, hier δ heraus:

$$x_0 = \frac{\Sigma\,(x\cdot F)}{\Sigma\,F}, \qquad y_0 = \frac{\Sigma\,(y\cdot F)}{\Sigma\,F}.$$

Dieselben Formeln finden Anwendung bei mathematischen Flächen von der Dicke $\delta = 0$.

Entsprechend erhält man für **homogene Liniengebilde**, die man sich zuerst als Drähte vorstellen kann,

$$x_0 = \frac{\Sigma\,(x\cdot l)}{\Sigma\,l}, \qquad y_0 = \frac{\Sigma\,(y\cdot l)}{\Sigma\,l}.$$

Symmetrieebenen oder -achsen homogener Gebilde enthalten stets den Schwerpunkt (Abb. 35).

Hiernach ist der Schwerpunkt der geraden Linie, der Kreisfläche, der Kugel ihr Mittelpunkt, der Schwerpunkt der Rechteckfläche und des Rechteckumfanges der Schnittpunkt der beiden zu den Seiten parallelen Mittelachsen bzw. der beiden Diagonalen.

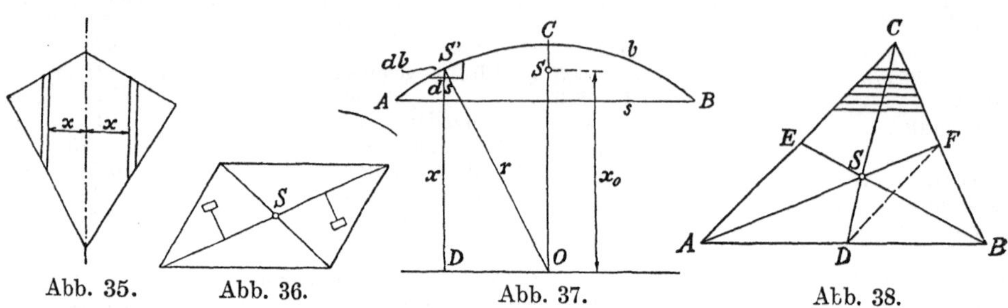

Abb. 35.   Abb. 36.   Abb. 37.   Abb. 38.

Der Schwerpunkt der Parallelogrammfläche und des Parallelogrammumfanges ist ebenfalls der Schnittpunkt der beiden Diagonalen (Abb. 36), obwohl die Diagonalen nicht eigentliche Symmetrieachsen sind.

Der Schwerpunkt des Kreisbogens liegt auf der Symmetrieachse im Abstande

$$x_0 = r \cdot \frac{s}{b}$$

vom Mittelpunkt (Abb. 37).

Der Schwerpunkt der Dreieckfläche teilt die Mitteltransversalen im Verhältnis 2 : 1 (Abb. 38), er liegt um $^1/_3$ der zugehörigen Höhe von einer Dreieckseite entfernt.

Das Moment der Fläche in bezug auf die Grundlinie ist

$$M = \tfrac{1}{6} \cdot a \cdot h_1^2.$$

Der Schwerpunkt eines Paralleltrapezes teilt die Mitteltransversale im Verhältnis

$$\frac{y_a}{y_b} = \frac{\tfrac{1}{2} a + b}{\tfrac{1}{2} b + a},$$

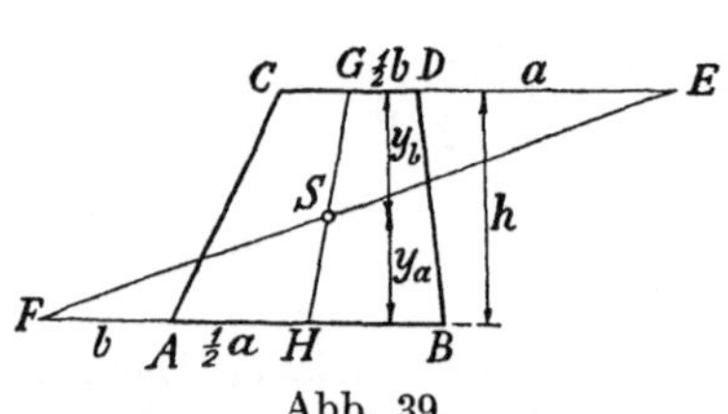

Abb. 39.

ferner gilt (Abb. 39)

$$y_a = \frac{h}{3} \cdot \frac{a + 2b}{a + b}, \qquad y_b = \frac{h}{3} \cdot \frac{b + 2a}{b + a}.$$

Das Moment der Fläche in bezug auf die Seite a ist

$$M = \tfrac{1}{6} \cdot h^2 \cdot (a + 2b).$$

Den Schwerpunkt eines beliebigen Vierecks findet man durch zweimalige Zerlegung in je zwei Dreiecke als Schnittpunkt der Schwerlinien KH und LN (Abb. 40) durch Zeichnung innerhalb der Fläche oder auch durch Drittelung aller Seiten nach Abb. 41.

Für den Kreisausschnitt ergibt Abb. 42 den Abstand des Schwerpunktes vom Mittelpunkt zu

$$x_0 = \frac{2}{3} \cdot r \cdot \frac{s}{b}.$$

Das Moment der Fläche in bezug auf den Kreismittelpunkt ist

$$M = \tfrac{1}{3} \cdot r^2 \cdot s .$$

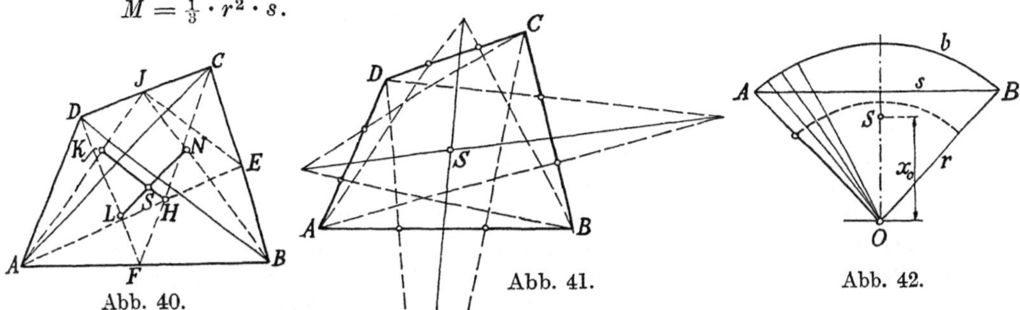

Abb. 40.

Abb. 41.

Abb. 42.

Für den Halbkreis ergibt sich hieraus

$$x_0 = \frac{4}{3 \cdot \pi} \cdot r = 0,4244 \cdot r ,$$

$$M = \frac{2}{3} \cdot r^3 \ = \frac{d^3}{12} \cdot$$

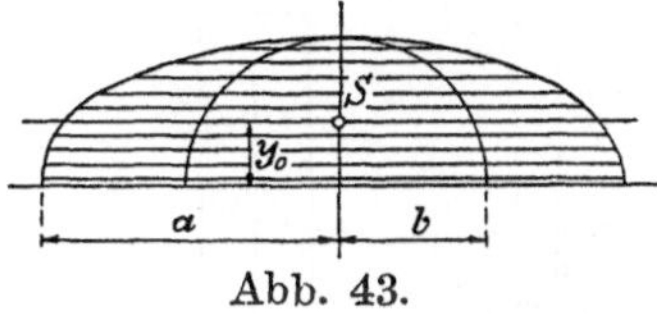

Abb. 43.

Für die Ellipsenhälfte ist ebenfalls (Abb. 43 und 44)

$$y_0 = \frac{4}{3\,\pi} \cdot b , \qquad x_0 = \frac{4}{3\,\pi} \cdot a .$$

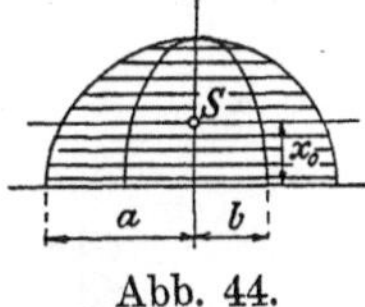

Abb. 44.

Der Schwerpunkt eines Prismas mit parallelen Endflächen halbiert die Verbindungslinie der Schwerpunkte der Endflächen.

Der Schwerpunkt einer Pyramide ist um $^1/_4$ der Höhe von der Grundfläche entfernt (Abb. 45).

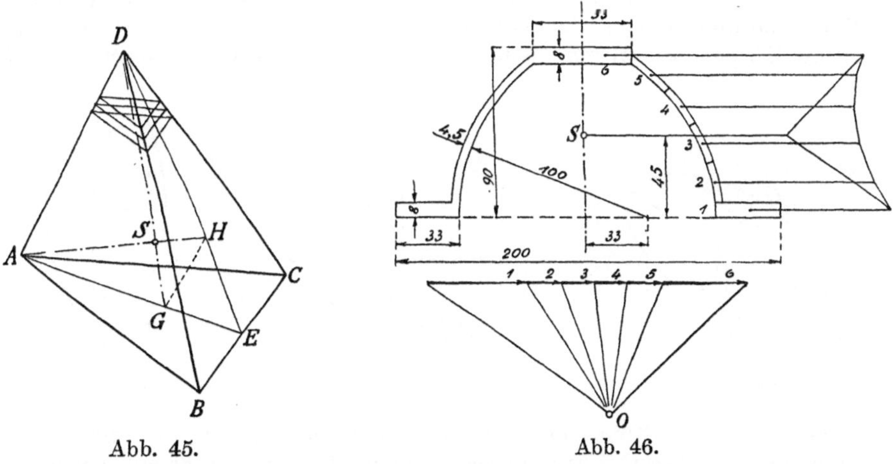

Abb. 45.

Abb. 46.

Zur **zeichnerischen Ermittlung** des Schwerpunktes einer Fläche wird sie in einzelne Teilstücke zerlegt, deren Schwerpunktslage leicht angegeben werden kann. Den Flächeninhalt jedes Teilstückes betrachtet man als Kraft, die in seinem Schwerpunkt angreift. Der Gesamtschwerpunkt findet sich dann mit Hilfe des Seilecks (Abb. 46).

Hat die Fläche keine Symmetrieachse, so ist das Kraft- und Seileck zweimal nach verschiedenen Richtungen zu zeichnen. Der Schwerpunkt ist dann der Kreuzungspunkt der beiden so erhaltenen Schwerlinien.

2. Die Formen des Gleichgewichtes.

Man unterscheidet

    sicheres (stabiles) Gleichgewicht,
    unsicheres (labiles) Gleichgewicht,
    unentschiedenes (indifferentes) Gleichgewicht.

Das erstere findet statt, wenn bei irgendeiner Drehung des Körpers ein Kräftepaar (NG') entsteht, das ihn wieder in die Gleichgewichtslage zurückführen will (Abb. 47), das zweite, wenn in dem Fall ein Kräftepaar entsteht, das bestrebt ist, ihn noch weiter aus der Gleichgewichtslage zu drehen (Abb. 48), das letztere, wenn sich bei der Drehung überhaupt kein Kräftepaar bildet (Abb. 49).

Bei frei drehbar aufgehängten Körpern liegt demnach der Schwerpunkt im

    sicheren Gleichgewicht
        unter der Aufhängungsstelle,
    unsicheren Gleichgewicht
        über der Aufhängungsstelle,
    unentschiedenen Gleichgewicht
        in der Aufhängungsstelle.

Bei Unterstützung einer beliebig gekrümmten Körperoberfläche durch eine wagerechte Ebene sucht der Körper durch eine Rollbewegung in eine Gleichgewichtslage zu kommen (Abb. 50). Das Rollen eines Rades oder einer Kugel ist nun eine Drehung um den Mittelpunkt des Radkreises oder der Kugelkrümmung; das Rollen eines beliebig gekrümmten Körpers ist entsprechend eine Drehung um den Krümmungsmittel-

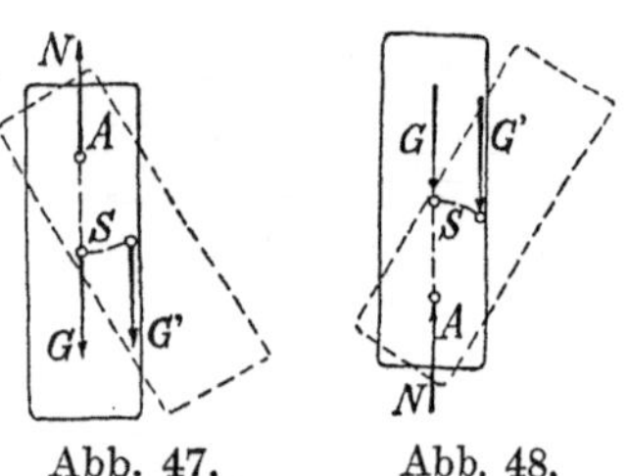

Abb. 47.   Abb. 48.

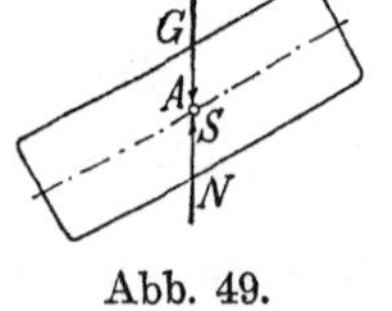

Abb. 49.

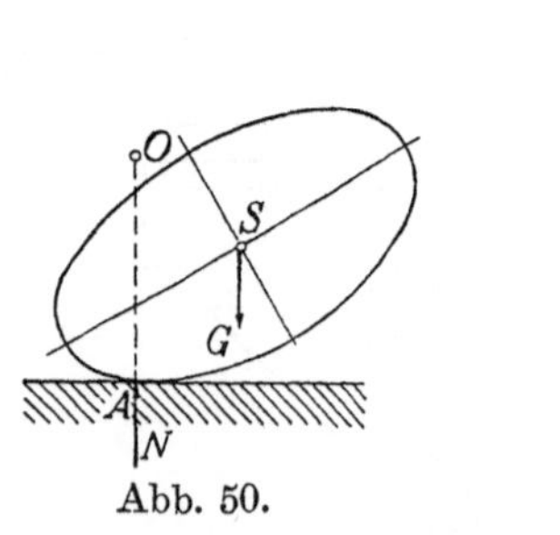

Abb. 50.

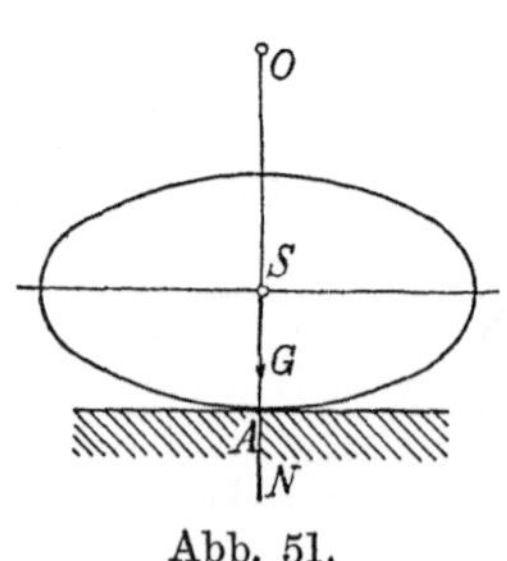

Abb. 51.

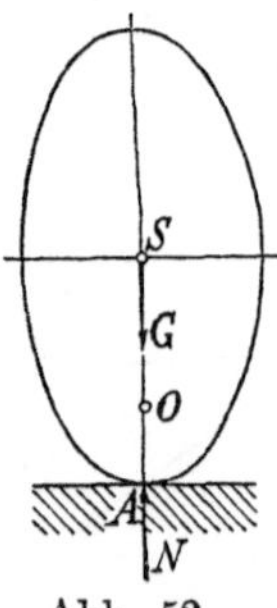

Abb. 52.

punkt des mit der Stützebene in Berührung befindlichen Oberflächenteiles. Hiernach ersetzt dieser Krümmungsmittelpunkt den Aufhängungspunkt der obigen Angaben: Es liegt der Schwerpunkt bei

    sicherem   Gleichgewicht unter dem Krümmungsmittelpunkt (Abb. 51),
    unsicherem   „   über   „   „   (Abb. 52),
    unentschiedenem „   in   „   „

Ist auch die **Unterstützungsfläche gekrümmt** (Abb. 53), so gilt für das Abrollen bei kleinem Ausschlag

$$a \cdot \gamma = r \cdot \beta = R \cdot \alpha,$$

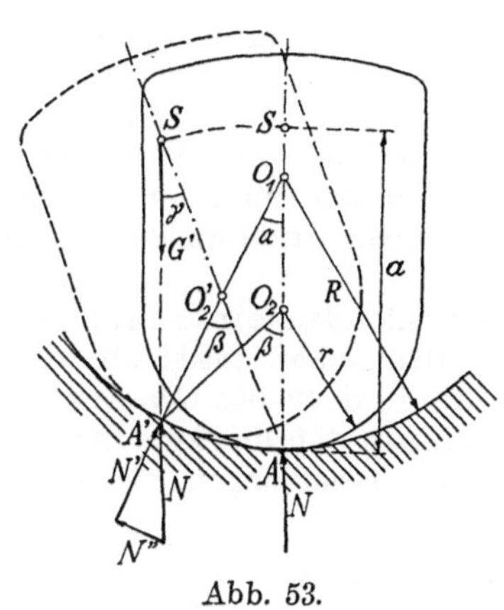

Abb. 53.

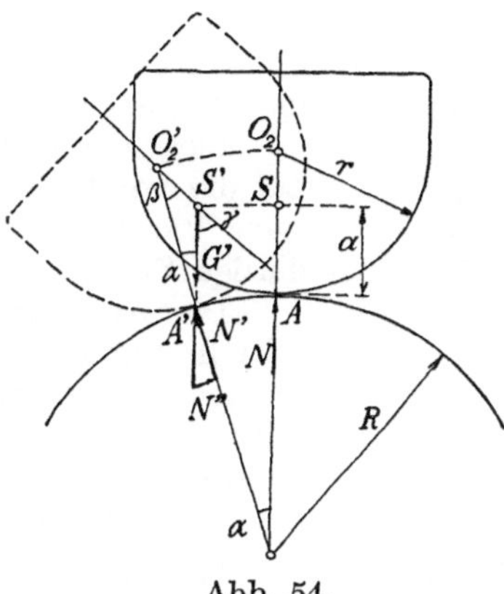

Abb. 54.

ferner ist nach dem Satz von dem Außenwinkel des Dreiecks

$$\gamma = \beta - \alpha,$$

also

$$a = \frac{r \cdot \beta}{\beta - \alpha} = r \cdot \frac{1}{1 - \dfrac{\alpha}{\beta}} = r \cdot \frac{1}{1 - \dfrac{r}{R}}$$

oder

$$a = \frac{r \cdot R}{R - r}.$$

als Höchstwert des Abstandes $\overline{AS} = a$ bei unentschiedenem Gleichgewicht und gleichsinnig gekrümmten Flächen. Bei entgegengesetzt gekrümmten Flächen ergibt sich entsprechend aus Abb. 54

$$a = \frac{R \cdot r}{R + r}.$$

Wird $\mathfrak{S}$ fache Sicherheit für sicheres Gleichgewicht verlangt, so ist anzusetzen

$$a' = \frac{a}{\mathfrak{S}}.$$

3. Die Standsicherheit.

Bei einem auf **zwei Stützen** liegenden Körper (Abb. 55) wird die zweite Auflagerkraft $N_2 = 0$, d. h. der Träger beginnt zu kippen, wenn die Momentengleichung besteht in bezug auf die andere Auflagerstelle N_1, um die er gegebenenfalls kippt,

$$P \cdot a = G \cdot b,$$

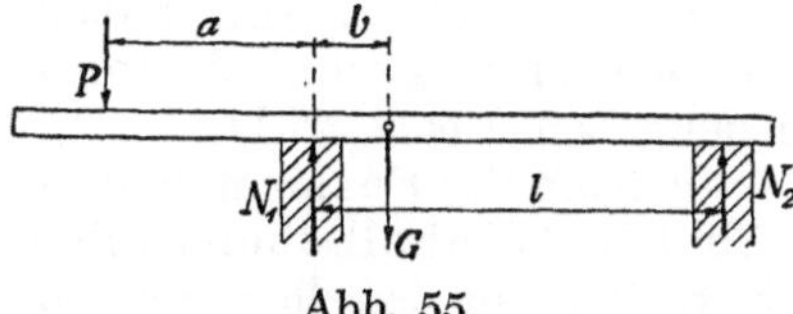

Abb. 55.

bzw. wenn mehrere Kippkräfte P und mehrere Gegengewichte G vorhanden sind,

$$\Sigma (P \cdot a) = \Sigma (G \cdot b).$$

Wird die $\mathfrak{S}$fache Sicherheit gegen Kippen verlangt, so gilt

$$\mathfrak{S} = \frac{\Sigma\,(G \cdot b)}{\Sigma\,(P \cdot a)} = \frac{M_s}{M_k}\,.$$

Das Gesamtmoment der auf der Außenseite des Kipplagers angreifenden Kräfte ist das **Kippmoment** M_k, das Gesamtmoment der auf der Innenseite des Kipplagers wirkenden Gegengewichte das **Standsicherheitsmoment** M_s.

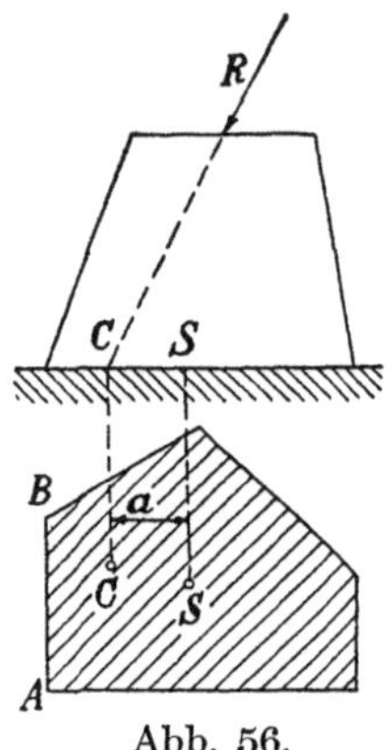

Abb. 56.

Liegt der Körper auf **drei Stützen**, so wird die Aufgabe auf die vorstehende zurückgeführt, indem man für die Rechnung die Verbindungsgerade von zwei Stützpunkten als eine einzige Stütze auffaßt.

Die Aufgabe ist nicht mehr mit den **einfachen Hilfsmitteln der Statik** lösbar, heißt demgemäß **statisch unbestimmt**, wenn die drei Stützpunkte in derselben Geraden liegen oder wenn bei mehr als drei Stützpunkten die Anordnung sowohl der Stützpunkte als auch der Belastungen nicht genau symmetrisch ist.

Wird ein starrer Körper von einer ebenen, ebenfalls starren Fläche unterstützt, so verteilt sich die Stützkraft gleichmäßig über die Stützfläche, wenn alle anderen auf den Körper einwirkenden Kräfte eine Mittelkraft ergeben, deren Wirkungslinie durch den Schwerpunkt der Stützfläche geht.

Schneidet die Wirkungslinie dieser Mittelkraft R die Stützfläche in einem anderen Punkt C (Abb. 56), so legt sich der Körper an der dem Punkt C zunächst gelegenen Kante AB mit einem größeren Flächendruck an und auf der entgegengesetzten Seite mit einem geringeren.

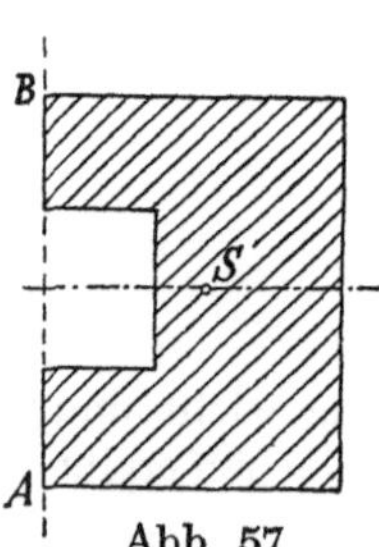

Abb. 57.

Rückt der Kraftangriffspunkt C bis auf die Kante AB, so wird die Belastung ausschließlich von der Kante selbst aufgenommen; die Grenze der Standsicherheit ist damit erreicht.

Die **Kippkante** ist die äußerste Begrenzungsgerade der Stützfläche, die in der Richtung SC erreicht wird (Abb. 56). Sie kann beliebig unterbrochen sein (Abb. 57) oder wird bei nach außen gekrümmter Begrenzung der Fläche durch die senkrecht zu SC stehende Tangente der Begrenzung gebildet. Die Berechnung der Standsicherheit erfolgt auch hier nach der oben angegebenen Formel.

IV. Die Statik der Maschinenteile.

1. Der Hebel.

Ein Hebel ist ein fester, um eine Achse drehbarer Körper, der zum Angriff verschiedener Kräfte eingerichtet ist, die im allgemeinen in derselben Ebene wirken.

Je nach der Form unterscheidet man **gerade** (Abb. 58 und 59), **gekrümmte** (Abb. 60), **Winkelhebel** (Abb. 61). Der gerade Hebel heißt **einarmig**, wenn alle Kräfte auf derselben Seite der Drehachse angreifen (Abb. 58), **zweiarmig**, wenn sich die Drehachse zwischen den Kräften befindet (Abb. 59). Auf das Verhältnis der eigentlichen Hebelkräfte P zueinander hat die Form des Hebels keinen Einfluß.

Wirken auf den Hebel, dessen Eigengewicht G im Abstande a von der Drehachse O angreift, die ebenfalls lotrechten Kräfte P_1 und P_2 in den Entfernungen l_1 bzw. l_2 von der Drehachse, so ergibt die Gleichgewichtsbedingung für die Drehmomente in bezug auf die Drehachse O (Abb. 58 und 59):

$$+ P_2 \cdot l_2 - P_1 \cdot l_1 + G \cdot a = 0.$$

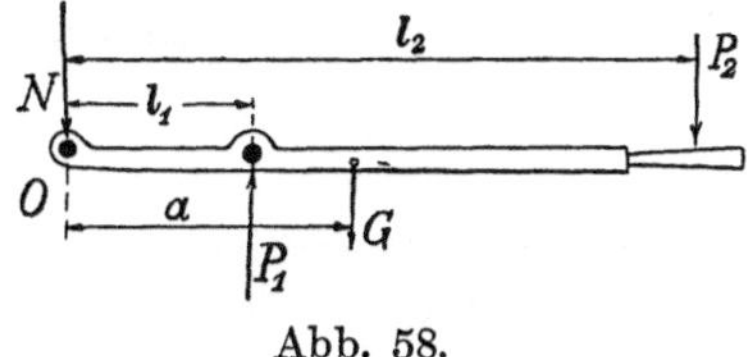

Abb. 58.

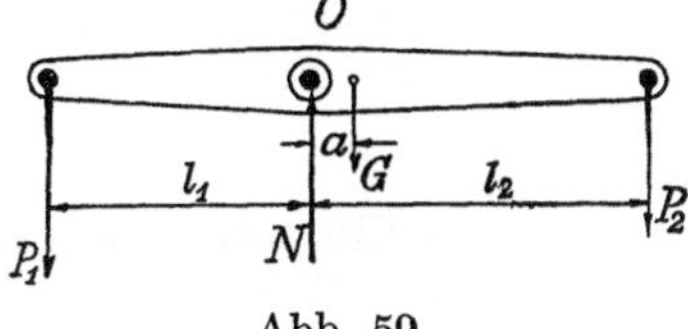

Abb. 59.

Ist G im Verhältnis zu den P klein, so kann es oft außer acht gelassen werden:

$$P_1 \cdot l_1 = P_2 \cdot l_2 \qquad \text{oder} \qquad \frac{P_1}{P_2} = \frac{l_2}{l_1}:$$

Die Kräfte am Hebel verhalten sich umgekehrt wie die Hebelarme.

Der einarmige Hebel ist anzuwenden, wenn die beiden Hebelkräfte P entgegengesetzte Richtung haben müssen; er hat einen verhältnismäßig kleinen Achsdruck:

$$- N = - P_1 + P_2 + G.$$

Der zweiarmige Hebel findet Anwendung bei gleichgerichteten Hebelkräften; sein Achsdruck ist verhältnismäßig groß:

$$+ N = + P_1 + P_2 + G.$$

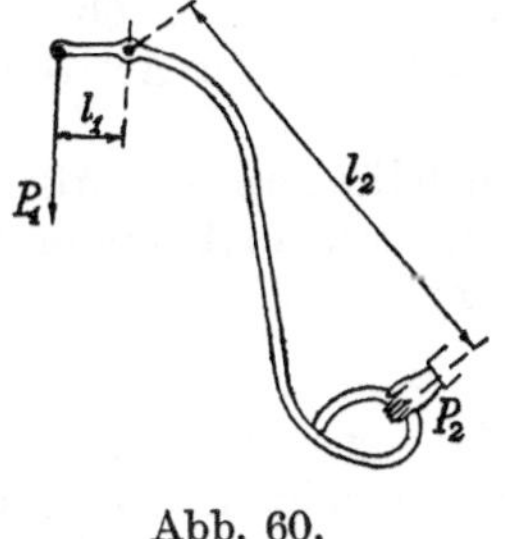

Abb. 60.

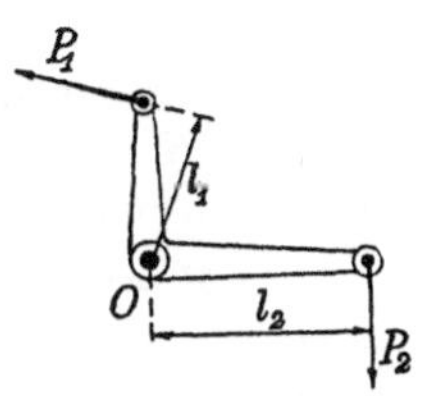

Abb. 61.

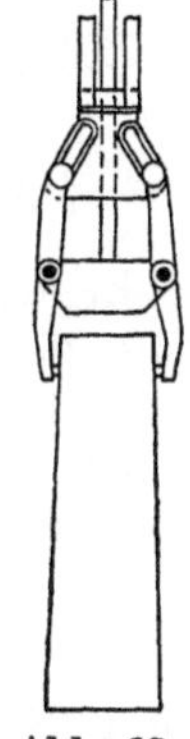

Abb. 62.

Sind die auf den Hebel einwirkenden Kräfte nicht alle parallel, so sind die zur Kraftrichtung senkrecht stehenden Längen l (Abb. 60 und 61) als Hebelarme einzusetzen.

Wird die Kraft durch den Hebel verringert, so vergrößert sich der **Ausschlag** in demselben Verhältnis.

Hebel ohne festliegende Drehachse sind die Kulissen der Schiebersteuerungen von Dampfmaschinen und die Wälzhebel der Dampfmaschinenventile. Die letzteren ergeben die für die Einleitung der Bewegung erforderliche große Kraft und die für die Vollendung verlangte große Geschwindigkeit.

Soll der Hebel bequem zu handhaben sein und leicht von einem Ort zum anderen bewegt werden können, so bildet man ihn als **Doppelhebel** aus, indem zwei gleiche Hebel an demselben Drehzapfen befestigt werden (Zange, Schere). Bei großer Ausladung bzw. Greifweite wird jeder Hebel an einem besonderen Zapfen eines Zwischenstückes angebracht (Blockzange Abb. 62).

2*

Sehr häufig erscheinen die Doppelhebel als Kniehebel. An demselben Zapfen greifen drei Arme an, von denen gewöhnlich zwei einander gleich sind und mit dem dritten in jeder Lage gleiche Winkel α einschließen (Abb. 63). Es ist dann

$$P = \frac{R}{2 \cdot \cos\alpha} \, ,$$

und bei großem α genügt schon eine kleine Kraft R, um große Kräfte P zu erzeugen.

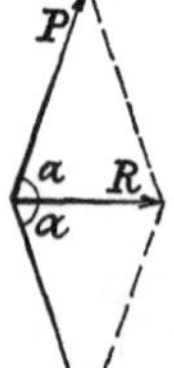

Abb. 63.

2. Die Reibung.

Ein fester Körper werde von der Kraft Q mit seiner ebenen Grundfläche F senkrecht auf eine gleichfalls ebene feste Auflagerfläche aufgedrückt, die auf den Körper mit der Gegenkraft $N = Q$ zurückwirkt (Abb. 64). Außerdem stehe der Körper noch unter dem Einfluß einer parallel zur Fläche F wirkenden Kraft P. Die Erfahrung lehrt nun, daß P eine bestimmte, oft recht bedeutende Größe haben muß, ehe Bewegung eintritt, oder daß die vorhandene Bewegung schnell einschläft, wenn die Zugkraft P nicht mehr wirkt.

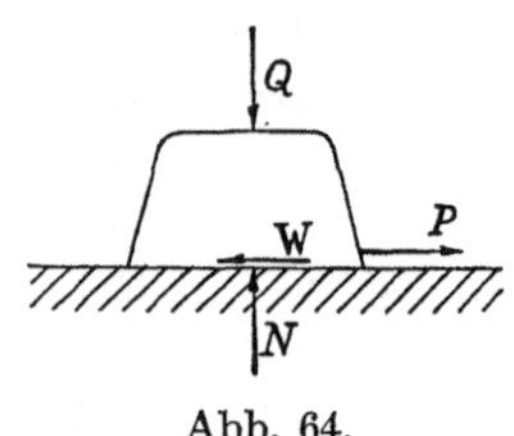

In der Fläche F muß demnach zwischen beiden Körpern eine gewisse Kraft W wirken, der Reibungswiderstand.

Er erklärt sich dadurch, daß sich kleine oder auch größere Unebenheiten der sich berührenden, nie ganz starren Flächen mehr oder weniger ineinander drücken und so die Verschiebung hindern. Auch scheinbar glatt geschliffene Flächen erweisen sich bei genauer Unter-

Abb. 64.

suchung noch immer als etwas rauh. Der Grad der Rauhigkeit und damit der Reibungswiderstand ist natürlich von der Art der betreffenden Körper abhängig.

Der Reibungswiderstand zwischen ungeschmierten Flächen ist, außer bei ganz geringen Flächendrücken $p = N : F$, wo er etwas ansteigt, unabhängig vom Flächendruck und allein von der Druckkraft N abhängig:

$$W = \mu \cdot N.$$

Er ist auch innerhalb weiter Grenzen nahezu unabhängig von der Geschwindigkeit v (S. 59), mit der sich die beiden Berührungsflächen gegeneinander bewegen. Bei rauhen Metallen sinkt allerdings die Reibungsziffer μ mit steigender Geschwindigkeit.

Für gußeiserne Bremsklötze auf stählernen Radreifen hat sich ergeben

$$\mu = \mu_0 \cdot \frac{1 + 0{,}0312 \cdot v}{1 + 0{,}167 \cdot v} \, ,$$

worin einzusetzen ist v in m/sk,

$$\mu_0 = 0{,}45 \text{ für trockene Reibungsflächen,}$$
$$0{,}35 \text{ für etwas feuchte Reibungsflächen,}$$
$$0{,}25 \text{ für nasse Reibungsflächen.}$$

Flußeisen mit Walzhaut hat in einschnittigen Vernietungen die Reibungsziffer $\mu_0 = 0{,}50$, in zweischnittigen Vernietungen $\mu_0 = 0{,}35$.

Für bearbeitete Metallflächen gilt

ziemlich rauh, ungeschmiert (Gußeisen) . . . . $\mu = 0{,}22$
einigermaßen glatt bearbeitet (Flußeisen, Stahl) . . . $\mu = 0{,}16$
mit Wasser benetzt oder nur eben gefettet . . . . . $\mu = 0{,}14$
wenig gefettet . . . . $\mu = 0{,}12$
glatt bearbeitet und geölt . . . . $\mu = 0{,}10$
glatt geschliffen und sorgfältig geschmiert . . . . . $\mu = 0{,}02 \div 0{,}016$.

Für Bronze und Pockholz auf Pockholz ist

gut gefettet . . . . $\mu = 0,06$
in Wasser . . . . $\mu = 0,10$.

In Stopfbüchsen ist je nach der Fettung bei

Baumwolle oder Hanf . . . . $\mu = 0,06 \div 0,11$
weichem Leder . . . . $\mu = 0,03 \div 0,07$
hartem Leder . . . . $\mu = 0,10 \div 0,13$.

Für Holz auf Eisen, wenn die Holzfasern in der Reibungsfläche parallel zur Bewegungsrichtung liegen, gilt i. M.

Bremsscheibe		Holzbremse (lufttrocken)				
aus	Zustand	Eiche	Ulme	Buche	Pappel	Weide
Gußeisen, sauber bearbeitet	ganz trocken	0,31	0,37	0,37	0,40	0,47
	nur sauber abgewischt	0,30	0,36	0,29	0,35	0,46
Flußeisen, sauber bearbeitet	ganz trocken	0,40	0,49	0,54	0.60	0,60
	nur sauber abgewischt	0,51	0,60	0,54	0,65	0,47
	Klotz mit Öl getränkt	0,50	0,41	0,35	0,63	0,38
Flußeisen, unbearbeitet	sauber abgewischt	0,47	0,14	0,39	0,18	0,14
	wenig geölt	0,15	0,21	0,23	0,23	0,17
	Klotz mit Öl getränkt	0,13	0,12	0,12	0,11	0,15

Für bautechnische Anwendungen ist anzunehmen:

Eichenholz auf Eichenholz . . . . $\mu = 0,48$
desgl. (Fasern parallel zueinander und zur Bewegungsrichtung) $\mu_0 = 0,62$
Glatt bearbeitete Steine auf Ziegelmauerwerk . . . . . . $\mu_0 = 0,53$
Steine und Kies auf Holz . . . . $\mu_0 = 0,46$
Steine und Kies auf unbearbeitetem Walzeisen . . . . . $\mu_0 = 0,42$
Mauerwerk auf Beton . . . . $\mu_0 = 0,76$
Mauerwerk und rohe Steine auf gewachsenem Boden
bei trockenem und hartem Tonboden . . . . $\mu_0 = 0,65$
bei feuchtem Tonboden . . . . $\mu_0 = 0,60$
bei nassem, lettigem Boden sinkend bis . . . . $\mu_0 = 0,30$.

Wird Fett als Schmiermittel dazwischen gegeben, so hat der Flächendruck auf die Größe der Reibungsziffer erheblichen Einfluß; sie nimmt ab, wenn der Flächendruck steigt:

Flächendruck	100 at	200 at	300 at	400 at	500 at	600 at
Paraffin	0,0062	0,0051	0,0036	0,0027	0,0026	0,0025
Talg	0,0150	0,0075	0,0064	0,0048	0,0046	0,0039
Stearin	0,0220	0,0130	0,0100	0,0075	0,0060	0,0050
Staufferfett	0,171	0,162	0,148	—	—	—

Wird ein prismatischer Körper mit der Kraft Q in eine **Keilnute** vom Spitzenwinkel 2δ gepreßt (Abb. 65 a u. c), so müssen die beiden, einander gleichen Gegendrücke N der Seitenflächen der Kraft Q das Gleichgewicht halten, so daß das in Abb. 65 b gezeichnete Kräftedreieck entsteht. Man entnimmt ihm

$$N = \frac{Q}{2 \cdot \sin \delta}.$$

Der Bewegung senkrecht zur Zeichenebene wirkt an jeder Seitenfläche der Reibungswiderstand $\mu \cdot N$ entgegen. Also ist der Gesamtwiderstand

$$W = \frac{\mu}{\sin \delta} \cdot Q:$$

Die Keilnute vergrößert die Reibungsziffer auf

$$\mu' = \frac{\mu}{\sin \delta}.$$

Werden die beiden in der Berührungsfläche F auf den bewegten Körper wir-
kenden Kräfte N und $W = \mu \cdot N$ zu einer Mittelkraft von der Größe $R = N \cdot \sqrt{1 + \mu^2}$
vereinigt (Abb. 66), so bildet diese mit N den **Reibungswinkel** ϱ, für den gilt

$$\operatorname{tg} \varrho = \frac{W}{N} = \mu.$$

Wird ein Körper, der sich mit der Kraft N auf eine Unterlage legt, durch eine
Zugschnur, in die eine Schraubenfeder eingeschaltet ist, mit einer Kraft P_1 gezogen,

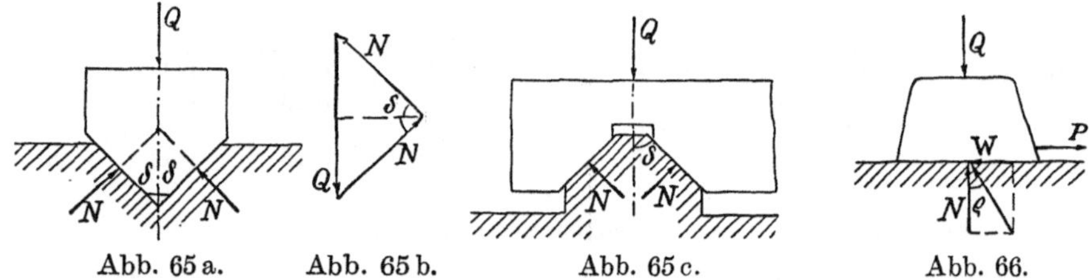

Abb. 65 a.   Abb. 65 b.   Abb. 65 c.   Abb. 66.

so tritt Bewegung mit einer gewissen Geschwindigkeit v_1 ein, sobald $P_1 > \mu \cdot N$
ist, und die Feder zeigt eine ziemlich bedeutende Verlängerung, die als Maß von P_1

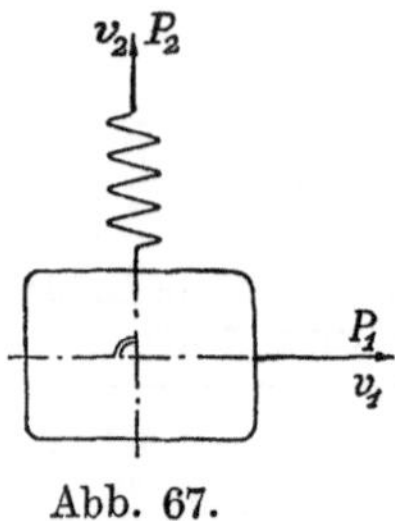

Abb. 67.

angesehen werden kann. Zieht man jetzt den Körper an einer
zweiten Zugschnur ohne Feder mit der so bestimmten Kraft P_1
und dann gleichzeitig senkrecht dazu mit eingeschalteter Feder
durch eine zweite Kraft P_2 (Abb. 67), so dehnt sich die Feder
nur wenig, selbst wenn die Geschwindigkeit v_2 der zweiten Bewegung verhältnismäßig groß ist.

Der nach einer Richtung bewegte Körper, in der er
einen bestimmten, unter Umständen ziemlich hohen Reibungswiderstand findet, ist während der Bewegung in der
dazu senkrechten Richtung im ersten Augenblick nahezu
reibungslos.

Zum Betrieb eines beliebigen Getriebes sei eine bewegende Kraft P_0 erforderlich, wenn man die Reibungswiderstände zwischen den einzelnen Teilen des Getriebes außer Ansatz läßt. Werden diese Reibungswiderstände in Rechnung ge-
stellt, so ist eine Kraft $P = P_0 + W$ für den tatsächlichen Betrieb nötig. Ein
Getriebe ist nun um so vorteilhafter, je geringer die Reibungswiderstände darin
sind, denn ein um so größerer Anteil der bewegenden Kraft wird darauf verwendet,
die verlangte Arbeit zu leisten, und ein um so kleinerer Anteil wird in der Maschine
selbst, im allgemeinen nutzlos, verzehrt.

Das **Güteverhältnis** der Vorrichtung wird durch das Verhältnis der zum Antrieb
erforderlichen Kraft P_0 ohne Berücksichtigung der Reibungswiderstände W zu

der tatsächlich mit Einrechnung aller Reibungswiderstände erforderlichen Kraft P bestimmt:

$$\eta = \frac{P_0}{P} = \frac{P_0}{P_0 + W} = \frac{1}{1 + \dfrac{P_0}{W}},$$

das auch als **Wirkungsgrad** bezeichnet wird.

In manchen Fällen ist es zweckmäßiger, mit den bewegenden Drehmomenten M_0 bezw. M zu rechnen, und es gilt entsprechend

$$\eta = \frac{M_0}{M} = \frac{M_0}{M_0 + M_r} = \frac{1}{1 + \dfrac{M_0}{M_r}}.$$

Der größte, praktisch nicht erreichbare Wert des Wirkungsgrades ist demnach $\eta = 1$ für W bzw. $M_r = 0$.

Ist dagegen P_0 gegenüber W nicht besonders groß oder gar klein, so ergeben sich sehr niedrige Werte des Wirkungsgrades. Das trifft z. B. bei allen gering belasteten Maschinen oder Getrieben zu; im Fall des Leerlaufs wird $\eta = 0$.

Sind mehrere Getriebe hintereinander zu einer Maschine vereinigt und hat das erste den Wirkungsgrad η_1, so kommt von der Antriebskraft P nur noch der Betrag $\eta_1 \cdot P$ auf das zweite Getriebe. Dort sinkt die weitergeleitete Kraft infolge des Wirkungsgrades η_2 des zweiten Getriebes auf den Betrag $\eta_2 \cdot (\eta_1 \cdot P)$ usw.:

Der Gesamtwirkungsgrad einer Maschine ist gleich dem Produkt der Wirkungsgrade der hintereinander arbeitenden Einzelgetriebe.

$$\eta = \eta_1 \cdot \eta_2 \cdot \eta_3 \cdots$$

3. Der Keil.

Ein zur Mittelebene symmetrischer Keil mit dem Spitzenwinkel 2α soll durch die auf den Rücken einwirkende Kraft P_0 gleichmäßig vorwärtsgeschoben werden (Abb. 68). Seine Seitenflächen erfahren hierbei von den anliegenden Druckflächen senkrechte Gegendrücke N, die aus Symmetriegründen einander gleich sind. Das aus den drei Kräften gebildete Gleichgewichtsdreieck liefert sofort den Zusammenhang

$$\tfrac{1}{2} \cdot P_0 = N \cdot \sin\alpha .$$

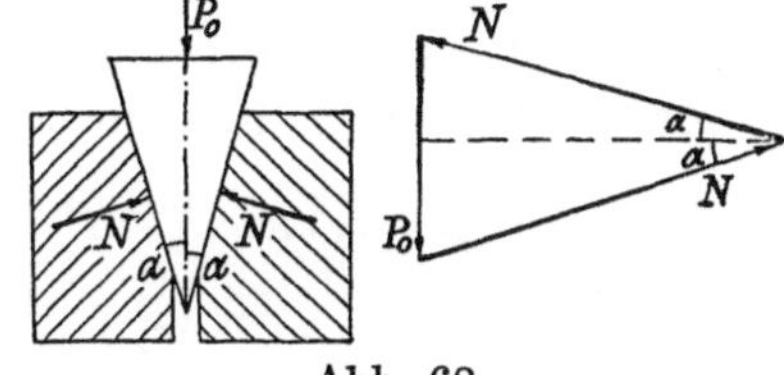

Abb. 68.

Wird die Reibung $\mu \cdot N$ in den Seitenflächen berücksichtigt (Abb. 69), so ergibt die Gleichgewichtsbedingung für die senkrechten Kräfte nach der eingetragenen Zerlegung

$$-2 \cdot N \cdot \sin\alpha - 2 \cdot \mu \cdot N \cdot \cos\alpha + P = 0 ,$$

also

$$P = 2 \cdot N \cdot \cos\alpha \cdot (\operatorname{tg}\alpha + \mu).$$

Somit ist der Wirkungsgrad des Keiles

$$\eta = \frac{P_0}{P} = \frac{\operatorname{tg}\alpha}{\operatorname{tg}\alpha + \mu} = \frac{1}{1 + \mu \cdot \operatorname{cotg}\alpha}.$$

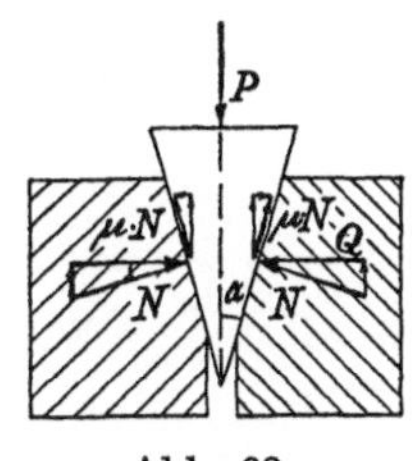

Abb. 69.

Ist die Kraft P im Verhältnis zu den senkrechten Seitenkräften der Gegendrücke N zu klein, so bewegt sich der Keil unter Umständen rückwärts, wobei die

Reibungskräfte $\mu \cdot N$ umgekehrt zu den Angaben der Abb. 69 gerichtet sind. Man erhält dann, wenn gerade noch Gleichgewicht besteht,

$$- 2 \cdot N \cdot \sin\alpha + 2 \cdot \mu \cdot N \cdot \cos\alpha + P_1 = 0,$$

also
$$P_1 = 2 \cdot N \cdot \cos\alpha \cdot (\operatorname{tg}\alpha - \mu).$$

Diese Kraft wird 0, d. h. der Keil bleibt stecken, ohne daß eine Druckkraft auf die Rückseite ausgeübt wird, wenn der Klammerausdruck 0 ist, also für

$$\operatorname{tg}\alpha = \mu = \operatorname{tg}\varrho,$$

wenn die Neigung gleich dem Reibungswinkel ist.

In dem Fall ist der Wirkungsgrad beim Eintreiben

$$\eta = \frac{1}{1+1} = 0{,}50.$$

Der Keil wird selbstsperrend, d. h. zum Herausziehen ist eine bestimmte Kraft $- P_1$ nötig, für $\alpha < \varrho$, also $\eta < \tfrac{1}{2}$.

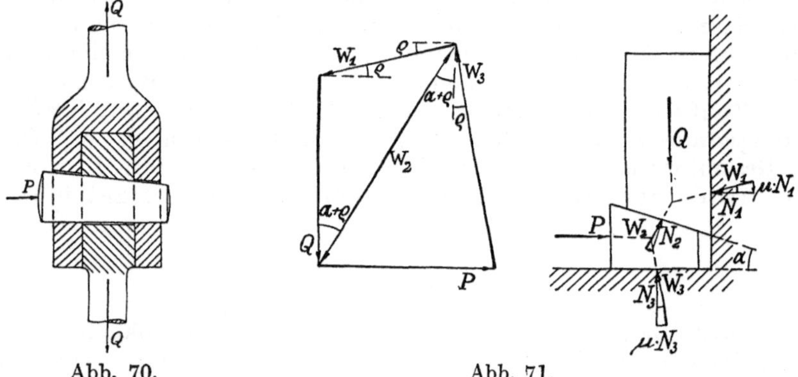

Abb. 70.   Abb. 71.

Die im Maschinenbau gebräuchliche Keilverbindung nach Abb. 70 wird schematisch durch die Abb. 71 mit den daran wirkenden Kräften dargestellt. Den zugehörigen beiden Kräftedreiecken entnimmt man

$$W_1 = Q \cdot \frac{\sin(\alpha + \varrho)}{\sin\left(\dfrac{\pi}{2} - \alpha - 2\varrho\right)} = Q \cdot \frac{\sin(\alpha + \varrho),}{\cos(\alpha + 2\varrho)},$$

$$W_2 = Q \cdot \frac{\sin\left(\dfrac{\pi}{2} + \varrho\right)}{\sin\left(\dfrac{\pi}{2} - \alpha - 2\varrho\right)} = Q \cdot \frac{\cos\varrho}{\cos(\alpha + 2\varrho)},$$

$$W_3 = W_2 \cdot \frac{\sin\left(\dfrac{\pi}{2} - \alpha - \varrho\right)}{\sin\left(\dfrac{\pi}{2} - \varrho\right)} = Q \cdot \frac{\cos(\alpha + \varrho)}{\cos(\alpha + 2\varrho)},$$

$$P = W_2 \cdot \frac{\sin(\alpha + 2\varrho)}{\sin\left(\dfrac{\pi}{2} - \varrho\right)} = Q \cdot \operatorname{tg}(\alpha + 2\varrho).$$

Soll der Keil gelöst werden, so wirken die Reibungskräfte nach der entgegengesetzten Richtung, so daß der Reibungswinkel ϱ das negative Vorzeichen erhält. Die zum Lösen nötige Kraft ist also

$$P_1 = Q \cdot \mathrm{tg}\,(\alpha - 2\,\varrho).$$

Der Keil ist selbstsperrend für $\alpha < 2\,\varrho$. Soll eine $\mathfrak{S}$ fache Sicherheit gegen selbsttätiges Lösen bestehen, so gilt

$$\mathfrak{S} \cdot \alpha = 2\,\varrho.$$

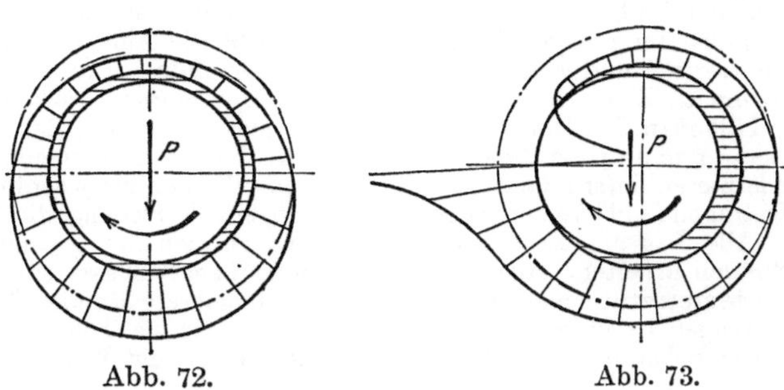

Abb. 72.　　　　Abb. 73.

4. Die Traglager.

Bei den Traglagern umfassen die die Belastung aufnehmenden Lagerschalen den zylindrischen Mantel des Zapfens ganz oder teilweise.

Um den Reibungswiderstand und die durch die Reibung verursachte Erwärmung möglichst klein zu halten, sind nur gut geglättete Flächen unter Benutzung eines Schmiermittels zu verwenden. Die Schmierfähigkeit des Öles beruht darauf, daß es infolge seiner Kapillarität das Bestreben hat, sich dorthin zu drängen, wo die Gleitflächen, die durch die dünne Ölschicht voneinander getrennt gehalten werden, sich am nächsten kommen. Für die Schmierwirkung und die Größe der Reibungsziffer ist seine Zähigkeit allein maßgebend.

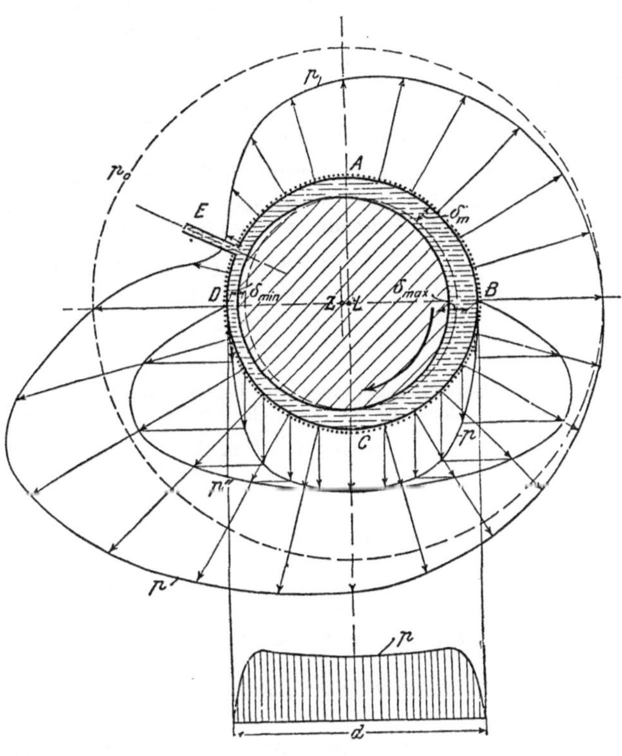

Abb. 74.

Bei größerem Flächendruck ist ein entsprechend zäheres Öl zu nehmen, damit die Schmierschicht nicht zu dünn wird und etwa zerreißt, denn die metallische Berührung erhöht sofort die Reibung und Erwärmung sehr beträchtlich.

Der mittlere Flächendruck, der bei der Belastung P kg im Lager von der Länge l cm und der Bohrung d cm herrscht, wird stets berechnet aus

$$p = \frac{P}{l \cdot d}\ \frac{\mathrm{kg}}{\mathrm{cm}^2}\,.$$

Nur bei kleiner Belastung P und großer Umlaufgeschwindigkeit v m/sk liegt der Zapfen so im Lager, daß die dünne Ölschicht überall gleiche Stärke hat. Die zugehörige Druckverteilung zeigt die Abb. 72. Bei großer Belastung und kleiner Umlaufgeschwindigkeit legt sich der Zapfen im Sinne der Drehbewegung verschoben an die Lagerschale an, und die zugehörige Druckverteilung zeigt Abb. 73. Genauer gibt die Abb. 74 den Verlauf des Lagerdruckes p' für mittlere P und v an, wenn die drucklose Ölzufuhr gerade an der dünnsten Stelle der Ölschicht stattfindet. Zieht man die auf demselben Durchmesser wirkende Drücke p' voneinander ab, so erhält man den Überdruck p'', der auf jede Mantellinie der tragenden Lagerschale kommt. Er kann nun an jeder Stelle in einen wagerechten und senkrechten Seitendruck zerlegt werden. Die letzteren liefern dann den Linienzug p. Werden die p senkrecht über dem Durchmesser d aufgetragen (Abb. 74 unten), so ergibt sich eine Verteilung, die die obige Formel rechtfertigt.

Alle Lager müssen erst **einlaufen**, ehe sie mit geringer Reibung und kleinem Ölverbrauch arbeiten. Auch gut eingelaufene Lager müssen sich jedesmal erst wieder auf die Dauertemperatur einlaufen, wozu gewöhnlich mehrere Stunden Zeit nötig sind. Bei den meisten Hebezeugen ist hiernach die Reibung immer sehr viel höher als bei dauernd mit annähernd gleicher Belastung umlaufenden Wellenleitungen und Kraftmaschinen.

Die **Reibungsziffer** μ eines **eingelaufenen Traglagers** sinkt mit zunehmendem Flächendruck p und mit steigender Temperatur t, sie wächst mit steigender Umfangsgeschwindigkeit v des Zapfens und ist naturgemäß auch abhängig von der Art des Öles, wenn auch bei richtiger Wahl des Öles dieser Einfluß von geringster Bedeutung ist, denn bei höheren Temperaturen nähern sich die Zähigkeitswerte aller Öle. Die Abhängigkeit vom Metall des Zapfens und Lagers ist nur ganz geringfügig und verschwindet häufig ganz.

Für Weißmetall- oder Bronzelager mit Ringschmierung von dem Zapfenverhältnis $l : d = 1 \div 1{,}5$ ist bei Verwendung von „Gasmotorenöl" innerhalb der Grenzen

$$4 > v > 0{,}4 \text{ m/sk}, \qquad 45° > t > 25°,$$

$$3 < p < 12 + 2 \cdot \sqrt{10 \cdot v} \text{ at} \quad \text{bzw.} \quad 12 + 2 \cdot \sqrt{10 \cdot v} > p > 50 \text{ at}$$

$$\mu = \frac{1{,}23 \cdot v^{0{,}45}}{p^{0{,}65} \cdot t^{1{,}04}} \quad \text{bzw.} \quad \mu = \frac{0{,}45 \cdot v^{0{,}45}}{p^{0{,}30} \cdot t^{1{,}04}}.$$

Für ein Sellers-Gußeisenlager mit Ringschmierung von dem Zapfenverhältnis $l : d = 3{,}3$ ist, ebenfalls bei Verwendung von „Gasmotorenöl", innerhalb der Grenzen

$$4 > v > 0{,}1 \text{ m/sk}, \qquad 8 > p > 1 \text{ at}$$

$$\mu = \frac{1{,}36 \cdot v^{0{,}605}}{p^{0{,}58} \cdot t^{1{,}29}}.$$

Ringschmierung ist brauchbar bis etwa $v = 12$ m/sk. Darüber hinaus ist Spülschmierung anzuwenden.

Für ein Weißmetall- oder Bronzelager war bei 0,8 dm³/min Mineralöl Verbrauch an innerhalb der Grenzen

$$30° < t < 60°, \quad 4 < p < 15 \text{ at} \quad \text{bzw.} \quad 60° < t < 100°, \quad 3 < p < 15 \text{ at}$$

$$\mu = \frac{1{,}34}{p^{1{,}11} \cdot t^{0{,}82}} \quad \text{bzw.} \quad \mu = \frac{0{,}89}{p^{0{,}91} \cdot t^{0{,}82}}$$

unabhängig von v.

In den Lagern von Eisenbahnwagen ist bei Schmierung mit Rüböl oder einem entsprechenden Mineralöl unabhängig von p und v i. M.

$$\mu = 0{,}0095$$

im Beharrungszustand. Nach längerem Stillstand ist $\mu = 0{,}054$.

Die **mittlere Lagertemperatur** beträgt nach mehrstündigem Einlaufen für sachgemäß geschmierte

Hauptkurbellager von Dampfmaschinen . . . . $t \backsim 35°$
Kurbelzapfenlager von Dampfmaschinen . . . . $\backsim 40°$
Lager von Dynamomaschinen und Elektromotoren . . . . $\backsim 35°$
Dampfturbinenlager . . . . $\backsim 70°$
Sellers-Ringschmierlager . . . . $t = 28 \cdot v^{0{,}50} \cdot p^{0{,}12}.$

Der zulässige **Lagerdruck** beträgt bei Geschwindigkeiten bis $v \backsim 2{,}5$ m/sk an gleichmäßig umlaufenden Zapfen bis $p = 50$ at; an Zapfen, die unter der wechselnden Belastung atmen, augenblicksweise bis $p = 120$ at, dagegen im Gesamtdurchschnitt nur $p = 20$ at. Grenzwerte sind

$$\text{bei } v = \quad 9 \qquad 12 \qquad 18 \qquad 22{,}5 \text{ m/sk}$$
$$p = 13 \qquad 14{,}5 \quad 16 \qquad 16{,}5 \text{ at.}$$

Das **Reibungsmoment** eines Tragzapfens von der Stärke d cm beträgt unter der Belastung P kg

$$M = \tfrac{1}{2} \cdot \mu \cdot P \cdot d \text{ cmkg.}$$

5. Die Spurlager.

Bei den Spurlagern fällt die Wirkungslinie der belastenden Kraft P mit der Drehachse der Welle zusammen, so daß die Stützfläche die ebene, senkrecht zur Drehachse stehende Endfläche des Zapfens ist (Abb. 75).

Zerlegt man die Stützfläche der Abb. 75 in kleine Flächenteilchen dF, so greift die zugehörige Belastung

$$\frac{P}{F} \cdot dF$$

bei ebenen und parallelen Zapfen- und Spurplattenflächen im Schwerpunkt der Fläche an. Sie erzeugt dort den der Bewegung entgegengesetzten Reibungswiderstand

$$dW = \mu \cdot \frac{P}{F} \cdot dF.$$

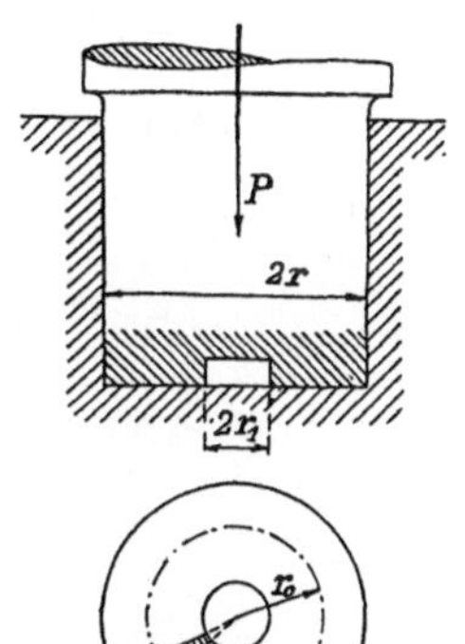

Abb. 75.

Damit ist das Reibungsmoment der ganzen Fläche

$$M = \int dW \cdot r_0 = \int \mu \cdot \frac{P}{F} \cdot dF \cdot r_0 = \mu \cdot P \cdot r_0.$$

Den Schwerpunktshalbmesser r_0 erhält man nach S. 14 zu

$$r_0 = \frac{\frac{1}{2} \cdot (r \cdot d\alpha) \cdot r \cdot \frac{2}{3} r - \frac{1}{2} \cdot (r_1 \cdot d\alpha) \cdot r_1 \cdot \frac{2}{3} r_1}{\frac{1}{2} \cdot (r \cdot d\alpha) \cdot r - \frac{1}{2} (r_1 \cdot d\alpha) \cdot r_1} = \frac{2}{3} \cdot r \frac{1 - \left(\frac{r_1}{r}\right)^3}{1 - \left(\frac{r_1}{r}\right)^2}.$$

Damit wird im Fall völlig ebener Gleitflächen das **Reibungsmoment**

$$M = \frac{1}{3} \cdot \mu \cdot P \cdot d \cdot \frac{1 - \left(\frac{d_1}{d}\right)^3}{1 - \left(\frac{d_1}{d}\right)^2}.$$

Da jedoch die äußeren Flächenteilchen des Zapfens wesentlich schneller umlaufen als die inneren, so nutzt sich dort das weichere Metall entsprechend mehr ab als innen, so daß die Flächendrucke innen höher sind als außen. Ein Ausgleich hat stattgefunden, wenn die beiden gleich breiten Flächenteilchen dF und dF_1 der Abb. 76 den gleichen Anteil der Druckkraft P aufnehmen:

$$dP = dF \cdot p = dF_1 \cdot p_1$$

oder mit

$$dF : dF_1 = r : r_1$$
$$p : p_1 = r_1 : r.$$

Die Flächendrucke verhalten sich beim eingelaufenen Spurzapfen umgekehrt
wie die Abstände von der Drehachse.

Die Mittelkraft der beiden gleichen Druckkräfte $dF \cdot p$ bzw. $dF_1 \cdot p_1$, die auf
die beiden äußersten Teilchen der Gesamtfläche einwirken, geht durch die Mitte
ihres Abstandes, ebenso die Mittelkraft der auf die beiden nächsten Streifen ent-
fallenden, ebenfalls einander gleichen Kräfte und so fort.

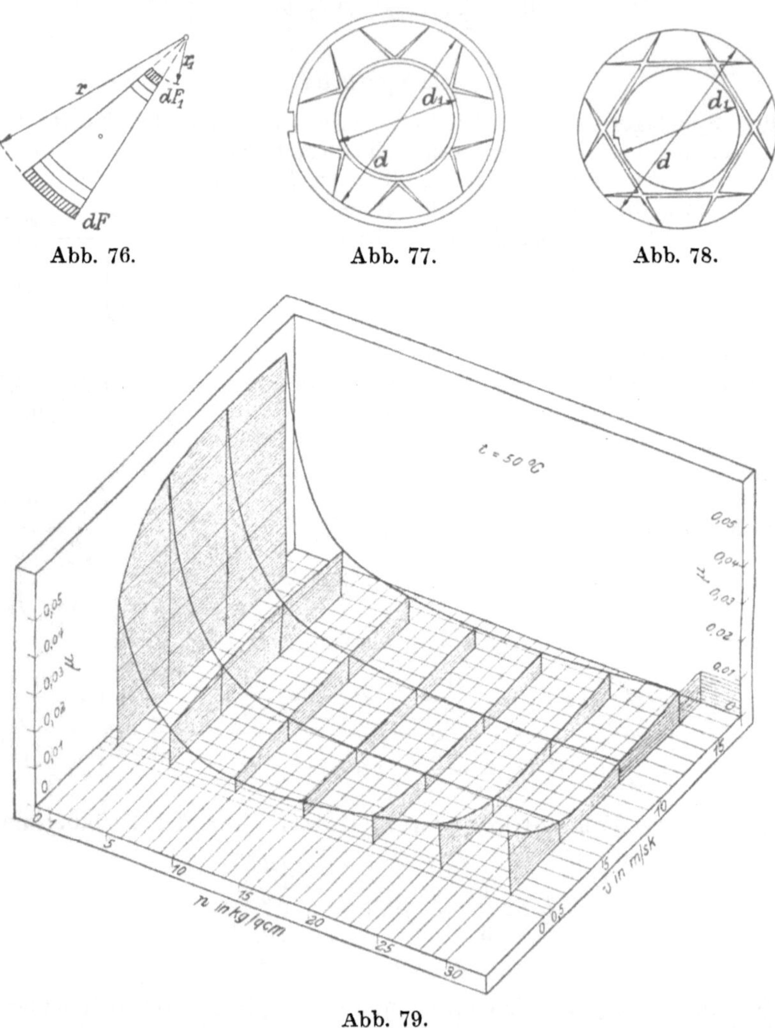

Abb. 76.   Abb. 77.   Abb. 78.

Abb. 79.

Demnach greift die gesamte, auf die Fläche F' der Abb. 76 kommende Druckkraft $\dfrac{P}{F'}$ an in der Entfernung

$$r' = r_1 + \tfrac{1}{2}(r - r_1) = \tfrac{1}{2} \cdot (r + r_1)$$

von der Drehachse an. Das **Reibungsmoment** wird wie oben

$$M = \Sigma \mu \cdot \frac{P}{F'} \cdot F' \cdot r' = \frac{1}{4} \cdot \mu \cdot P \cdot d \cdot \left(1 + \frac{d_1}{d}\right).$$

Die Reibungsziffer von Stahlzapfen auf Bronze mit den Schmiernuten nach Abb. 77 in der Bronzespurplatte bei Schmierung mit Rüböl gibt die Abb. 79 für die günstigste Temperatur $t = 50°$ wieder.

Bei Wasserkühlung und Valvoline als Schmiermittel ergaben sich bei Stahllaufringen auf mit Weißmetall ausgegossenen Bronzedruckringen nach Abb. 77 die Kurven b der Abb. 80 für μ und t, bei Schmiernuten nach Abb. 78 in den Stahllaufringen und glatten Bronzedruckringen die entsprechenden Kurven c der Abb. 80.

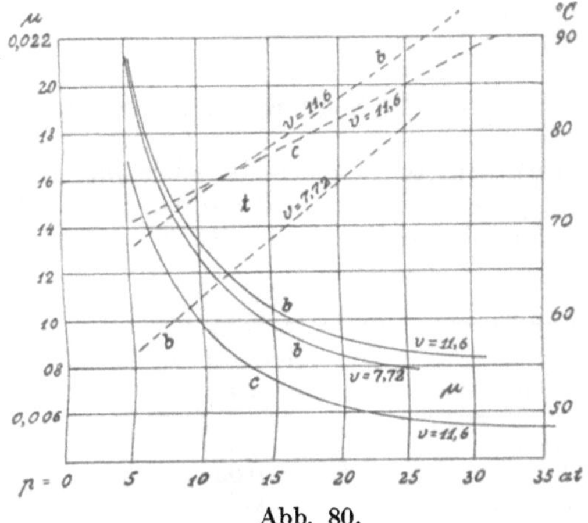

Abb. 80.

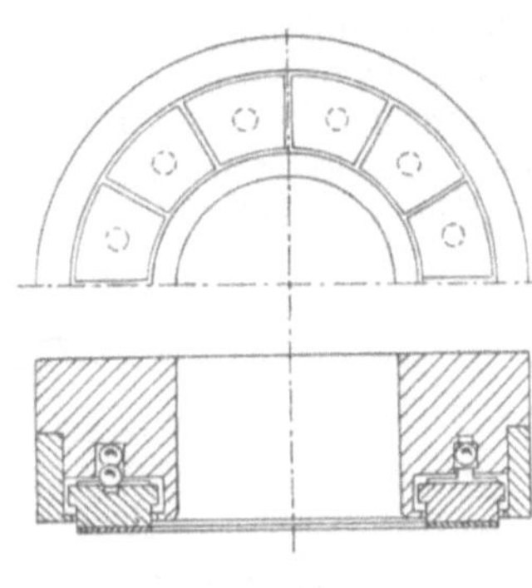

Abb. 81.

Für große Kräfte P ist das Michell-Spurlager zu verwenden, das nur einen einzigen Tragring braucht, der auf einer Anzahl von annähernd quadratischen Segmenten läuft, die durch Kugeln so gestützt werden, daß sie sich ein wenig geneigt zur Lauffläche einstellen (Abb. 81). Es kann bis $p \sim 100$ at benutzt werden.

6. Der Rollwiderstand.

Rollt eine vollkommen starre Walze auf einer ebenfalls starren, wagerechten Unterlage (Abb. 82), so genügt der geringste äußere Einfluß, um die Rollbewegung einzuleiten.

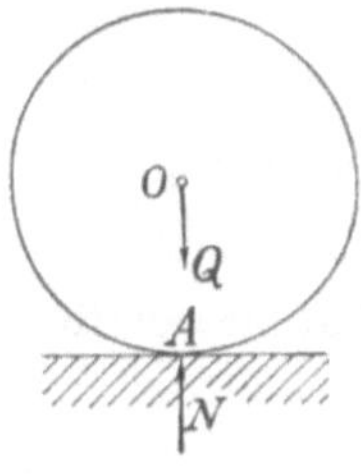

Abb. 82.

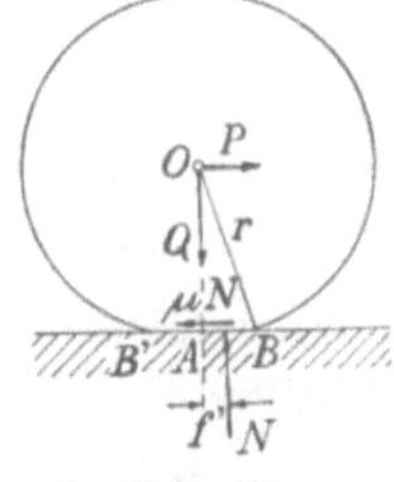

Abb. 83.

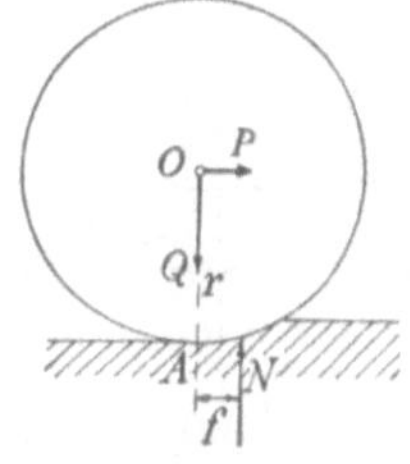

Abb. 84.

Tatsächlich ist mindestens einer der beiden Körper nachgiebig. Bei nachgiebiger Rolle liegt die Angriffstelle A der Gegenkraft $N = Q$ in der Mitte der Abplattung, solange die Rolle ruht. Beim Rollen verschiebt sich N um f' nach vorn (Abb. 83), weil die Mantellinie B' sich von der Fahrbahn abhebt und B sich entsprechend fester anlegt. Die Momentengleichung in bezug auf Punkt A liefert, da die Abplattung immer klein im Verhältnis zum Halbmesser r ist,

$$P = Q \cdot \frac{f'}{r} \, .$$

Da im allgemeinen stets $\mu > \dfrac{P}{N} = \dfrac{f'}{r}$ ist, so gleitet die Rolle nicht unter der Zug-kraft P. Jedoch findet ein geringer Schlupf beim Rollen statt, weil der Halbmesser sich an der Berührungsstelle etwas verkürzt.

Ist die Unterlage nachgiebig (Abb. 84), so ergibt sich ebenso

$$P = Q \cdot \frac{f}{r},$$

da die Berührungsfläche immer so klein bleibt, daß die Neigung von N außer acht gelassen werden kann.

Sind Rolle und Lauffläche nachgiebig, so gilt dieselbe Gleichung mit einem entsprechend größeren Hebelarm f des Rollwiderstandes.

Die Zugkraft P kann gelegentlich am oberen Rand der Rolle angreifen. Dann gilt

$$P' \cdot 2\,r = Q \cdot f.$$

| Material der | | Hebelarm f |
Walze	Unterlage	mm
Gußeisen	Gußeisen	0,05
Stahl	Stahl	0,05
Pockholz	Pockholz	0,5
Ulmenholz	Pockholz	0,8
weiches Holz . . .	weiches Holz . . .	1,5
weiches Holz . . .	Stein	1,3

Für eisenbereifte Räder von Straßenfuhrwerken ist auf

glatten Granitplatten . . . . $f = 1{,}5$ mm
Gleisen der Straßenbahn . . . . $f = 2{,}5$ „
guter Asphaltstraße . . . . $f = 6{,}0$ „
gutem Holzpflaster . . . . $f = 1{,}5$ „
sehr guten Erdwegen . . . . $f = 4{,}5$ „
losem Sand . . . . $f = 15 \div 30$ mm

Für Vollgummibereifung von Lastkraftwagen ist auf guter harter Chaussee $f = 2{,}4$ mm.

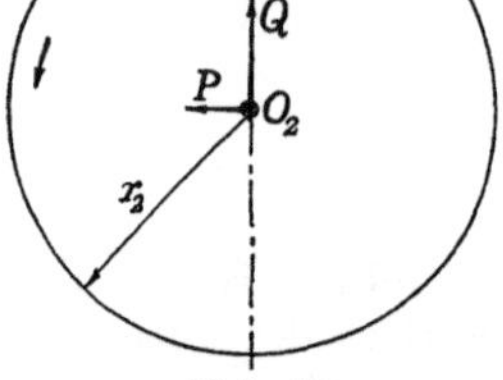

Drehen sich zwei Rollen nach Abb. 85 aufeinander, so gilt für das Drehmoment, das zur Bewegung der Rolle 1 nötig ist,

$$+ M_1 - Q \cdot f + P \cdot r_1 = 0$$

und für die mitlaufende Rolle 2 entsprechend

$$+ Q \cdot f + P \cdot r_2 = 0.$$

Wird der hieraus folgende Wert von P in die vorstehende Gleichung eingesetzt, so folgt

$$M_1 = Q \cdot f \cdot \left(1 + \frac{r_1}{r_2}\right).$$

Abb. 85.

7. Die Kugel- und Rollenlager.

Die **Kugeltraglager** enthalten zwischen zwei sorg-fältig geschliffenen und gehärteten Laufringen eine An-zahl gehärteter Kugeln, deren Durchmesser bis auf $\frac{1}{500}$ mm übereinstimmen.

Ist z die Gesamtzahl der Kugeln, so gilt nach Abb. 86 für die Lagerdruckkraft

$$P = N_0 + 2\,N_1 \cdot \cos \alpha + 2\,N_2 \cdot \cos 2\,\alpha + \ldots + 2\,N_n \cdot \cos n\,\alpha,$$

worin $n < \dfrac{z}{4}$ ist.

Die Zusammendrückung δ_0 der von N_0 beanspruchten Kugel ist am größten, sie wird nahezu 0 für $n \cdot \alpha \sim \dfrac{\pi}{2}$. Der einfachste formelmäßige Zusammenhang, der diese Beziehung ausdrückt, lautet

$$\delta_1 = \delta_0 \cdot \cos \alpha, \qquad \delta_2 = \delta_0 \cdot \cos 2\,\alpha, \ldots$$

Ferner gilt, wie die genaue Berechnung der elastischen Formänderungen lehrt,

$$\frac{N^2}{\delta^3} = \frac{N_0^2}{\delta_0^3} = c.$$

Mithin läßt sich schreiben

$$N_1 = N_0 \cdot \cos^{\frac{3}{2}} \alpha, \; N_2 = N_0 \cdot \cos^{\frac{3}{2}} 2\,\alpha, \; \ldots$$

also

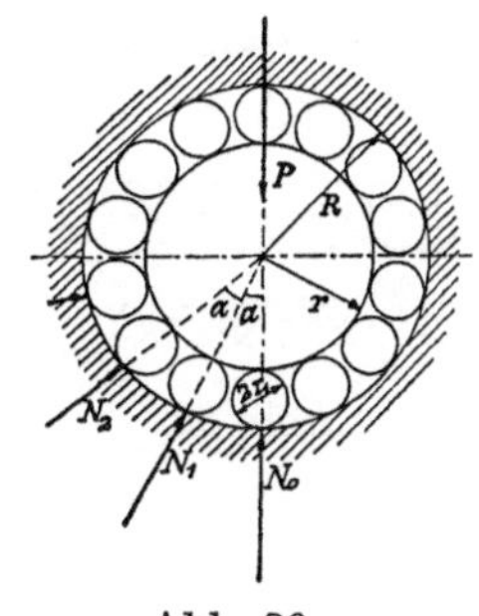

Abb. 86.

$$P = N_0 \cdot (1 + 2 \cdot \cos^{\frac{3}{2}} \alpha + 2 \cdot \cos^{\frac{3}{2}} 2\,\alpha + \ldots + 2 \cdot \cos^{\frac{3}{2}} n\,\alpha).$$

Innerhalb der Grenzen $10 > z > 26$ hat nun der Klammerausdruck denselben Wert 4,37. Um etwaige kleine Formänderungen der Laufringe zu berücksichtigen, rundet man ihn auf 5 ab und erhält so als größte vorkommende Kugelbelastung

$$N_0 = \frac{5}{z} \cdot P.$$

Ein Maß der Druckbeanspruchung der Kugeln von $d = 2\,r_1$ cm Durchmesser bildet der Quotient

$$k = \frac{N_0}{d^2} \; \mathrm{kg/cm^2}.$$

Bei ebenen oder kegelförmigen Laufringen ist zulässig $k = 40$ kg/cm²; bei Laufringen, deren Krümmungshalbmesser senkrecht zur Laufrichtung der Kugeln (Abb. 87) $r_3 = \tfrac{2}{3} d$ ist, kann $k = 100$ kg/cm² betragen; bei der günstigsten Ausführung ($r_2 = 0{,}563\,d$ am äußeren Laufring, $r_2 = 0{,}521\;d$ am inneren Laufring), ist $k = 150$ kg/cm² zulässig.

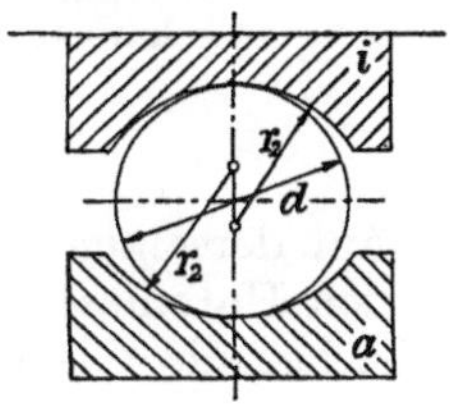

Kugellager sind immer für die größtmögliche Belastung zu berechnen, also bei Riementrieben für die der ersten Betriebsanspannung des Riemens entsprechende Belastung, bei Zahnrädern werden Belastungsschwankungen bis zum dreifachen des Regelzahndruckes vorgesehen.

Das Drehmoment des Rollwiderstandes beträgt mit

$$Q = N_0 + 2\,N_1 + 2\,N_2 + \ldots + 2\,N_n$$

Abb. 87.

und dem Hebelarm

$$f \sim 0{,}0067 \; \mathrm{mm}$$

nach der Schlußformel von Abschnitt 6

$$M = Q \cdot f \cdot \left(1 + \frac{r}{r_1} + 1 + \frac{r_1}{R}\right) = Q \cdot f \cdot \frac{2\,r_1 + r + \dfrac{r_1^2}{R}}{r_1} \cdot$$

Nun ist für $10 < z < 20$ $\qquad Q = 1{,}22 \cdot P,$

also

$$M = 0{,}000815 \cdot P \cdot \left(\frac{R}{r_1} + \frac{r_1}{R}\right) \; \mathrm{cmkg},$$

unabhängig von der Umlaufgeschwindigkeit der Welle, also auch beim Anlaufen.

Bei **Stützkugellagern** (Abb. 88) ist der festliegende Kugelring außen kugelförmig zu schleifen, damit alle Kugeln auch bei etwas durchgebogener Welle gleichmäßig tragen.

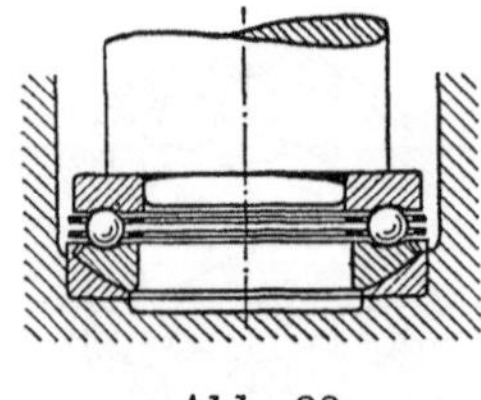

Abb. 88.

Für die Belastung P kg gilt bei z Kugeln von d cm Durchmesser

$$P = z \cdot d^2 \cdot k.$$

Bei schnellaufenden Wellen werden die Kugeln durch die Schwungkraft (S. 80) etwas nach außen gedrängt und arbeiten deshalb nicht ausschließlich rollend. Um den Verschleiß durch die eintretende Reibung klein zu halten, wird die zulässige Beanspruchung k von der minutlichen Umdrehungszahl der Welle abhängig gemacht:

$$k = \frac{200}{\sqrt[3]{n}}.$$

Die Kraft, die zum Rollen einer Kugel gebraucht wird, ist nach S. 30

$$P_1 = \frac{P}{z} \cdot \frac{2f}{d}.$$

Ist nun R der Halbmesser des Kugellaufkreises, so ist das widerstehende Moment des Spurlagers

$$M = P_1 \cdot R \cdot z = f \cdot P \cdot \frac{2R}{d},$$

worin ebenfalls $f = 0{,}0067$ mm einzusetzen ist.

Für **Rollentraglager** gilt wie oben

$$k = \frac{N_0}{l \cdot d} = \frac{5 \cdot P}{z \cdot l \cdot d} \text{ kg/cm}^2.$$

Es ist einzusetzen für
    ungehärtete Stahlrollen . . . . $k = 11$ kg/cm² $f = 0{,}0215$ mm,
    gehärtete Stahlrollen . . . . . $k = 40$ „ $f = 0{,}010$ „

8. Die Räderübersetzung.

Auf derselben Achse seien zwei entgegengesetzt umschlungene Seiltrommeln von den Halbmessern R und R_1 befestigt (Abb. 89). Dann gilt in bezug auf die Drehachse die Gleichgewichtsbedingung

$$M_A = M_L,$$

Antriebsmoment gleich Lastmoment,

oder mit $M_A = P \cdot R_1$ und $M_L = Q \cdot R$

$$\frac{P}{Q} = \frac{R}{R_1}.$$

Auf derselben Achse sitzende Räder übersetzen die **angreifenden Kräfte** im **umgekehrten** Verhältnis der Halbmesser.

Multipliziert man die rechte Seite der vorstehenden Gleichung mit 2π und der Anzahl n Umdrehungen in der Minute,

$$\frac{P}{Q} = \frac{2\pi \cdot n \cdot R}{2\pi \cdot n \cdot R_1},$$

so gilt: Die Längen der auf- bzw. abgewickelten Seile verhalten sich umgekehrt wie die an ihnen angreifenden Kräfte.

Werden die Reibungswiderstände der Achse usw. mit dem Drehmoment M_W berücksichtigt, so lautet die Gleichgewichtsbedingung

$$M_A = M_L + M_W,$$

also:

$$\frac{M_A}{M_L} = \frac{M_L + M_W}{M_L} = \frac{1}{\eta} \quad \text{bzw.} \quad M_A = \frac{M_L}{\eta}$$

und demgemäß

$$\frac{P}{Q} = \frac{R}{R_1} \cdot \frac{1}{\eta}.$$

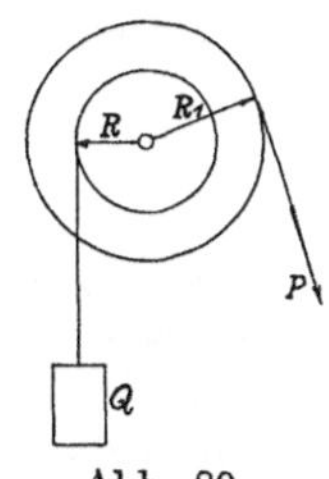

Abb. 89.

Bei dem **Zahnrädervorgelege** nach Abb. 90 wird die der Kraft P in Abb. 89 entsprechende P' durch den Zahndruck des zweiten Rades hervorgerufen. Es gilt demnach für die Lastwelle:

$$P' \cdot R_1 = Q \cdot R = M_L,$$

und entsprechend für die Antriebswelle

$$P' \cdot r_1 = P \cdot R_2 = M_A.$$

Durch Division beider Gleichungen folgt

$$\frac{M_A}{M_L} = \frac{r_1}{R_1}.$$

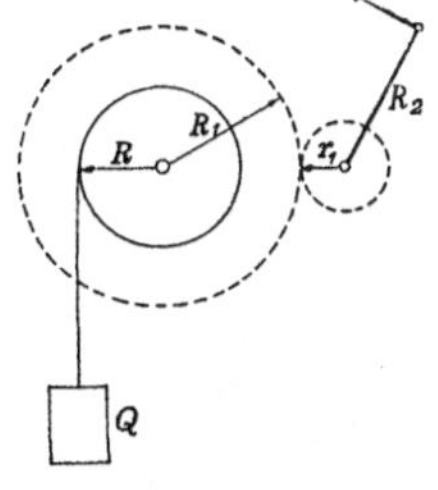

Abb. 90.

Auf verschiedenen Achsen sitzende, zusammenarbeitende Räder übersetzen die daran wirkenden **Drehmomente** im Verhältnis der Halbmesser der zugehörigen Übersetzungsräder.

Werden die Wirkungsgrade berücksichtigt: η_0 der Seiltrommel, η_1' des Übersetzungsrades auf der Lastwelle, η_1'' des Übersetzungsrades auf der Antriebswelle, η_2 der Kurbel, so gilt

$$P' \cdot R_1 \cdot \eta_1' = M_L \cdot \frac{1}{\eta_0}, \qquad \text{und} \qquad M_A \cdot \eta_2 = P' \cdot r_1 \cdot \frac{1}{\eta_1''}.$$

also

$$\frac{M_A}{M_L} = \frac{r_1}{R_1} \cdot \frac{1}{\eta_0 \cdot \eta_1' \cdot \eta_1'' \cdot \eta_2}.$$

Gewöhnlich faßt man $\eta_1' \cdot \eta_1'' = \eta_1$ als Wirkungsgrad des Zahnradvorgeleges zusammen, dann ist

$$\frac{M_A}{M_L} = \frac{r_1}{R_1} \cdot \frac{1}{\eta_0 \cdot \eta_1 \cdot \eta_2}.$$

Bei zusammenarbeitenden Zahnrädern muß die Entfernung sich entsprechender Stellen der Zähne voneinander, gemessen auf den Teilkreisen, die bei der Drehung der Räder aufeinander abrollen, dieselbe sein.

Ist Z_1 die Anzahl der Zähne des Rades vom Halbmesser R_1 und z_1 die Anzahl der Zähne des Rades vom Halbmesser r_1, und bezeichnet t die gemeinsame Teilung beider Räder, so ist

$$2\pi \cdot R_1 = Z_1 \cdot t \quad \text{und} \quad 2\pi \cdot r_1 = z_1 \cdot t.$$

Die Teilung wird stets als Vielfaches von π angegeben $t = m \cdot \pi$, so daß man für die Durchmesser erhält

$$D_1 = Z_1 \cdot m \quad \text{und} \quad d_1 = z_1 \cdot m.$$

Durch Division beider Gleichungen folgt

$$\frac{d_1}{D_1} = \frac{z_1}{Z_1}.$$

Das Übersetzungsverhältnis der Räder, das durch das Verhältnis ihrer Teilkreisdurchmesser bestimmt ist, wird sicherer durch das Verhältnis der Zähnezahlen ermittelt.

Macht die Lastwelle n_1 Umdrehungen in der Minute, die Antriebswelle n_2 Umdrehungen in der Minute, so gilt

$$n_1 \cdot Z_1 = n_2 \cdot z_1,$$

oder

$$\frac{n_1}{n_2} = \frac{z_1}{Z_1} = \frac{d_1}{D_1}.$$

Die Räderübersetzung übersetzt auch die Umdrehungszahlen der Wellen, ohne daß aber der Wirkungsgrad von Einfluß ist.

Für eine doppelte Räderübersetzung nach Abb. 91 gilt entsprechend

$$\frac{M_A}{M_L} = \frac{P \cdot R_3}{Q \cdot R} = \frac{r_1}{R_1} \cdot \frac{r_2}{R_2} \cdot \frac{1}{\eta_0 \cdot \eta_1 \cdot \eta_2 \cdot \eta_3}.$$

Größere Übersetzungen bei verhältnismäßig kleinem Raumbedarf liefern Planetengetriebe, die in der Anordnung der Abb. 92 als Umlaufräderwerke bezeichnet werden.

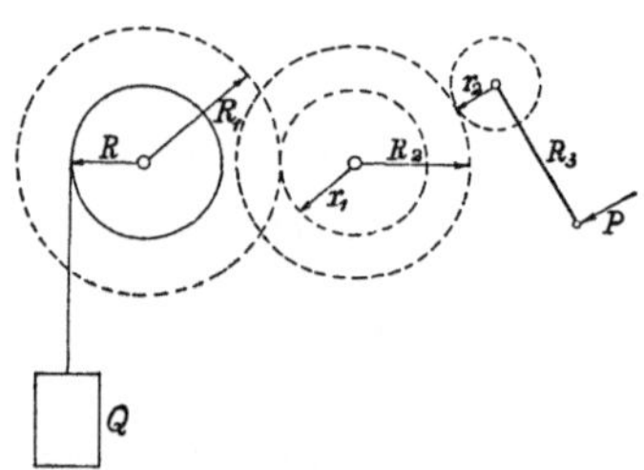

Abb. 91.

Der Halbmesser des ersten, sich mit n_1 Umdr./Min. drehenden Zentralrades ist r_1, derjenige des Umlaufrades, das n_2 Umdr./Min. macht, r_2 und der des zweiten feststehenden Zentralrades, das hier als Hohlrad ausgeführt ist, r_3. In der Abb. 93 ist das ganze System um die Achse A derart gedreht worden, daß der Steg $A B$ n_s Umdrehungen gemacht hat, wobei vorläufig n_s als kleiner echter Bruch gelten soll, daß also der Punkt C des Rades 3 die Lage C' angenommen hat. Dabei hat der Steg $A B$ auf dem Umfang des Rades 3 den Bogen $r_3 \cdot \gamma$ zurückgelegt.

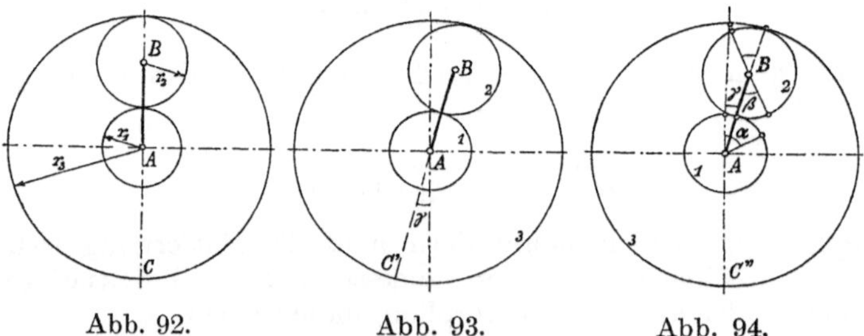

Abb. 92.   Abb. 93.   Abb. 94.

Da nun Rad 3 feststehen soll, wird es wieder in die alte Lage zurückgedreht (Abb. 94), dabei dreht sich Rad 2 um den Winkel β derart, daß $r_2 \cdot \beta = r_2 \cdot \gamma$ ist, und bewegt einerseits das Rad 1 aus der Stellung der Abb. 93 um den Bogen $r_2 \cdot \beta$ in die Lage der Abb. 94, so daß sich das letztere im ganzen um den Winkel n, entsprechend n_1 Umdr./Min. gedreht hat.

Es gilt dann

$$r_1 \cdot \alpha = r_1 \cdot \gamma + r_3 \cdot \beta \qquad \text{bzw.} \qquad r_1 \cdot \alpha = r_1 \cdot \gamma + r_3 \cdot \gamma,$$

also

$$\frac{\alpha}{\gamma} = 1 + \frac{r_3}{r_1} = \frac{n_1}{n_s}.$$

Um sehr große Übersetzungen zu erzielen, setzt man auf die Achse B zwei Schwesterräder gemäß Abb. 95. Man entnimmt ihr sofort bei der Drehung des Steges um den Winkel γ

$$r_4 \cdot \gamma = r_3 \cdot \beta \qquad \text{und} \qquad r_1 \cdot \alpha = r_1 \cdot \gamma + r_2 \cdot \beta,$$

also

$$\frac{\alpha}{\gamma} = 1 + \frac{r_2}{r_1} \cdot \frac{r_4}{r_3} = \frac{n_1}{n_s}.$$

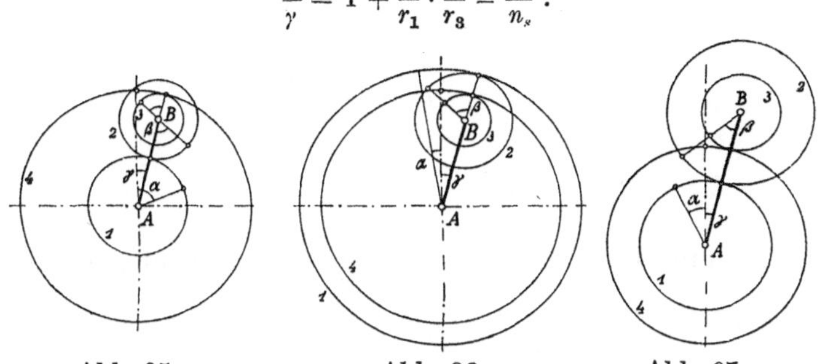

Abb. 95.	Abb. 96.	Abb. 97.

Wird das volle Zentralrad 1 durch ein zweites Hohlrad 1 nach Abb. 96 ersetzt, so gilt bei entgegengesetztem Drehsinn von Rad 1

$$r_4 \cdot \gamma = r_3 \cdot \beta \qquad \text{und} \qquad r_1 \cdot \alpha = r_1 \cdot \gamma - r_2 \cdot \beta,$$

also

$$\frac{\alpha}{\gamma_s} = 1 - \frac{r_2}{r_1} \cdot \frac{r_4}{r_3} = \frac{n_1}{n_s}.$$

Ersetzt man beide Hohlräder durch Vollräder nach Abb. 97, so gilt wieder

$$r_4 \cdot \gamma = r_3 \cdot \beta \qquad \text{und} \qquad r_1 \cdot \alpha = r_1 \cdot \gamma - r_2 \cdot \beta,$$

also die vorstehende Schlußgleichung.

9. Die Reibungsräder.

Die Lastwelle A der Abb. 98 werde von der parallelen Welle B aus durch Reibungsräder angetrieben, die mit der Kraft P aufeinandergedrückt werden.

Der Betrieb ist nur möglich, wenn mindestens die antreibende Scheibe sich etwas elastisch zusammendrückt, so daß die Kraft P eine kleine Verschiebung f entgegengesetzt zur Drehrichtung erfährt.

Für die Umfangskraft T zwischen den Reibungsrädern gilt bei $\mathfrak{S}$facher Sicherheit

$$\mathfrak{S} \cdot T = \mu \cdot P.$$

Bei der häufig vorkommenden Lage der Kräfte P und Q senkrecht zueinander beträgt das Moment der Lagerreibung

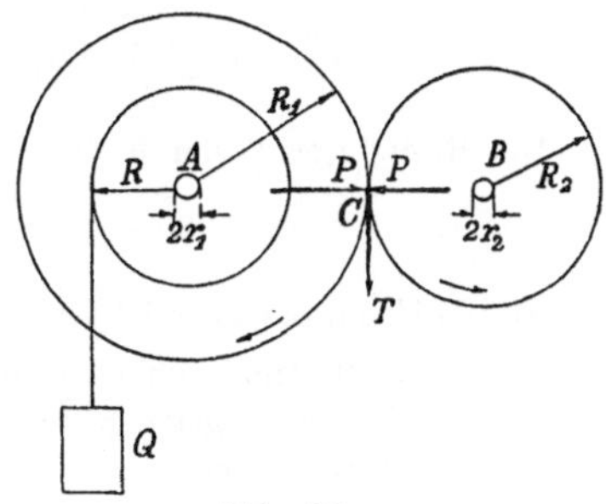

Abb. 98.

$$M_W' = \mu_1 \cdot \sqrt{P^2 + (Q + G_1)^2} \cdot r_1 = \mu_1 \cdot r_1 \cdot P \cdot \sqrt{1 + \left(\frac{Q + G_1}{P}\right)^2},$$

wenn G_1 das Gewicht der Welle A mit den darauf sitzenden Rädern usw. angibt.

Das Moment des Rollwiderstandes an dem Reibungsrad der Welle A ist

$$M'_R = P \cdot f \cdot \left(1 + \frac{R_1}{R_2}\right).$$

Somit gilt für die angetriebene Welle

$$T \cdot R_1 = M_L + M'_W + M'_R$$

und entsprechend für die treibende

$$M_A = T \cdot R_2 + M''_W + M''_R$$

mit

$$M''_W = \mu_1 \cdot r_2 \cdot P \cdot \sqrt{1 + \left(\frac{G_2}{P}\right)^2},$$

$$M''_R = P \cdot f \cdot \left(1 + \frac{R_2}{R_1}\right).$$

Aus der Gleichung für $\mathfrak{S} \cdot T$ und der Momentengleichung für die Welle A erhält man

$$\frac{\mu}{\mathfrak{S}} \cdot P \cdot R_1 = M_L + M'_W + M'_R,$$

also die erforderliche **Anpressungskraft**

$$P = \frac{\mathfrak{S} \cdot M_L}{\mu \cdot R_1 \cdot \eta_1}.$$

worin der Wirkungsgrad der getriebenen Welle ist

$$\eta_1 = 1 - \frac{\mathfrak{S}}{\mu} \cdot \left[\mu_1 \cdot \frac{r_1}{R_1} \cdot \sqrt{1 + \left(\frac{Q + G_1}{P}\right)^2} + f \cdot \left(\frac{1}{R_1} + \frac{1}{R_2}\right)\right].$$

Ebenso erhält man für die Welle B das erforderliche **Antriebsmoment**

$$M_A = \frac{M_L}{\eta_1 \cdot \eta_2} \cdot \frac{R_2}{R_1}$$

mit dem Wirkungsgrad der Welle B

$$\eta_2 = 1 + \frac{\mathfrak{S}}{\mu} \cdot \left[\mu_1 \cdot \frac{r_2}{R_2} \cdot \sqrt{1 + \left(\frac{G_2}{P}\right)^2} + f \cdot \left(\frac{1}{R_1} + \frac{1}{R_2}\right)\right].$$

Die Breite der Räder bestimmt die Formel

$$k = \frac{P}{b} = 5 \ \text{kg/cm}.$$

Als **Reibungsziffer** ist festgestellt worden bei Gußeisen auf

Gußeisen, ziemlich rauh . . . . $\mu = 0{,}22$

Gußeisen, glatt gelaufen . . . . $\mu = 0{,}16$

Holz: Eiche . . . . $\mu = 0{,}30$

      Ulme . . . . $\mu = 0{,}36$

      Buche . . . . $\mu = 0{,}29$

      Pappel . . . . $\mu = 0{,}35$

      Pockholz . . . . $\mu = 0{,}22$

Lederbelag . . . . $\mu = 0{,}33$

gepreßtem Hanfpapier . . . . $\mu = 0{,}40$.

Um den Achsdruck P zu verringern, werden die Reibungsräder für parallele Wellen gewöhnlich als **Keilnutenräder** ausgeführt (Abb. 99). Es gilt denn

$$\mathfrak{S} \cdot T = 2 \cdot \frac{\mu}{\sin \alpha} \cdot P.$$

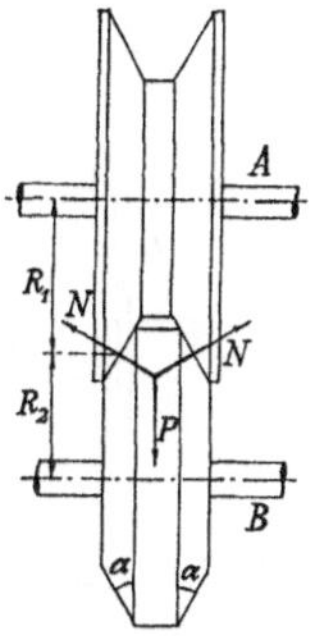

Bei der Bestimmung des Wirkungsgrades ist hier zu beachten, daß nur die um R_1 bzw. R_2 von den Radachsen entfernten Stellen aufeinander rollen; alle anderen gleiten um so mehr, je weiter sie von der Rillenmitte entfernt sind. Das in jeder Reibungsfläche entstehende Reibungsmoment kann nach Abb. 100 angesetzt werden zu

$$M_r' = \mu \cdot \frac{N}{2} \cdot \frac{l}{2},$$

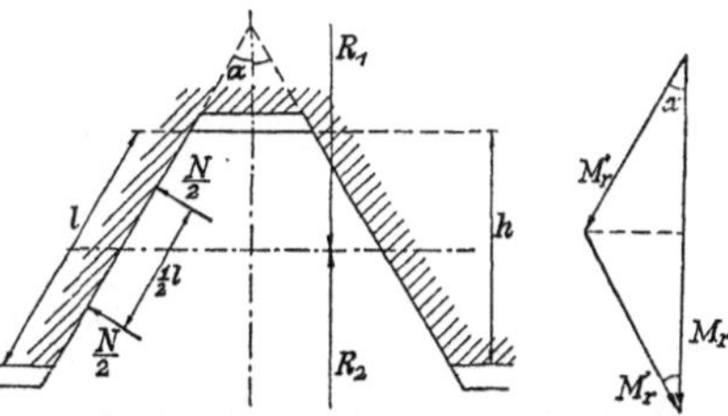

Abb. 99.

die sich nach Abb. 101 für die Mittelebene zusammensetzen zu

$$M_r = \frac{2 \cdot M_r'}{\cos \alpha} = \frac{N}{2} \cdot l \cdot \frac{\mu}{\cos \alpha}.$$

Mit $N = \dfrac{P}{2 \cdot \sin \alpha}$ wird hieraus

$$M_r = \frac{P}{2} \cdot l \cdot \frac{\mu}{\sin 2\alpha}.$$

Abb. 100.   Abb. 101.

Somit ergibt sich die Anpressungskraft

$$P = \frac{\mathfrak{S} \cdot M_L \cdot \sin \alpha}{\mu \cdot R_1 \cdot \eta_1}$$

mit

$$\eta_1 = 1 - \frac{\mathfrak{S} \cdot \sin \alpha}{\mu} \cdot \left[\mu_1 \cdot \frac{r_1}{R_1} \cdot \sqrt{1 + \left(\frac{Q + G_1}{P} \right)^2} + \frac{1}{2} \cdot \frac{l}{R_1} \cdot \frac{\mu}{\sin 2\alpha} + f \cdot \left(\frac{1}{R_1} + \frac{1}{R_2} \right) \right].$$

Ferner ist wieder das Antriebsmoment

$$M_A = \frac{M_L}{\eta_1 \cdot \eta_2} \cdot \frac{R_2}{R_1}$$

mit

$$\frac{1}{\eta_2} = 1 + \frac{\mathfrak{S} \cdot \sin \alpha}{\mu} \cdot \left[\mu_1 \cdot \frac{r_2}{R_2} \cdot \sqrt{1 + \left(\frac{G_2}{P} \right)^2} + \frac{1}{2} \cdot \frac{l}{R_2} \cdot \frac{\mu}{\sin 2\alpha} + f \cdot \left(\frac{1}{R_1} + \frac{1}{R_2} \right) \right].$$

Da die Keilnutenräder sich in verhältnismäßig großen Gußeisenflächen berühren, so ist zulässig

$$k = \frac{N}{l} = 35 \text{ kg/cm}.$$

Gebräuchlich ist $l \approx 1$ cm, $\operatorname{tg} \alpha = 0{,}30$.

Häufiger ist das **Diskusgetriebe** bei sich senkrecht kreuzenden Achsen, das bei Verschiebung des Antriebsrades R_2 auf der Welle B eine beliebige Übersetzung und sogar die Umsteuerung gestattet (Abb. 102).

Die getriebene Scheibe ist aus glattem Gußeisen, die treibende hat einen Papier- oder Lederbelag von der Breite b. Die letztere drückt sich demnach allein um etwa $f \sim 3{,}0$ mm zusammen.

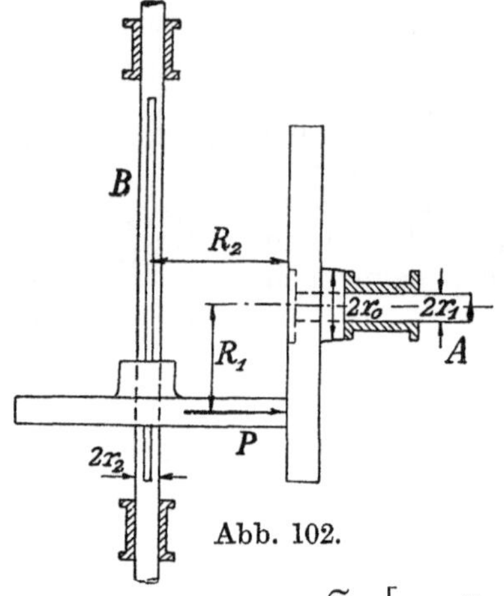

Abb. 102.

Die zylindrische Antriebsscheibe ruft an der getriebenen das Reibungsmoment

$$M_r = \mu \cdot \frac{P}{2} \cdot \frac{b}{2}$$

hervor, dessen Gegenmoment an der Treibscheibe nur die Lagerbelastungen unwesentlich ändert.

Die Kraft P bewirkt ferner an dem Lager der Welle A Spurzapfenreibung mit der Reibungsziffer μ_2, während das Traglager nur durch das Gewicht G_1 von Welle und Scheibe, sowie durch die Reibungskraft $\mu \cdot P$ belastet wird.

Man erhält so für die Wirkungsgrade

$$\eta_1 = 1 - \frac{\mathfrak{S}}{\mu} \cdot \left[\mu_1 \cdot \frac{r_1}{R_1} \cdot \left(\frac{G_1}{P} \pm \mu \right) + \mu_2 \cdot \frac{r_0 + r_1}{2 \cdot R_1} + \frac{\mu}{4} \cdot \frac{b}{R_1} \right],$$

$$\frac{1}{\eta_2} = 1 + \frac{\mathfrak{S}}{\mu} \cdot \left[\mu_1 \cdot \frac{r_2}{R_2} \cdot \sqrt{\left(\frac{G_2}{P} \mp \mu \right)^2 + 1} + \frac{f}{R_2} \right].$$

Das Vorzeichen von μ ergibt sich je nach der Drehrichtung der Welle A.

10. Die Zahnräder.

a) Allgemeine Angaben. Man unterscheidet:

Stirnräder bei parallelen Wellen,
Kegelräder bei sich schneidenden Wellenachsen,
Schraubenräder bei sich kreuzenden Wellen.

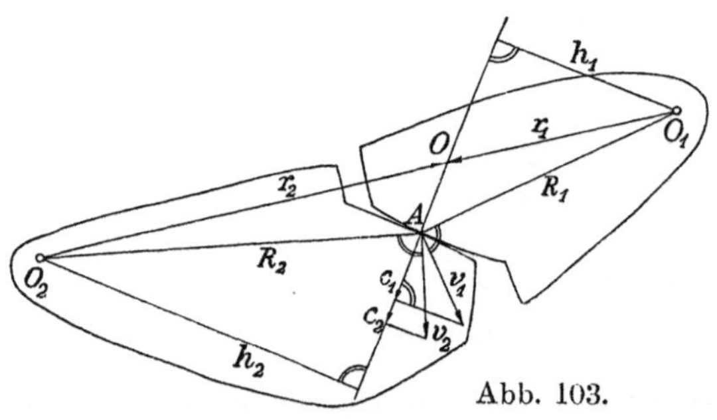

Abb. 103.

In Abb. 103 seien aus zwei Stirnrädern mit den Achsen O_1 und O_2 die augenblicklich ineinandergreifenden Zähne herausgeschnitten. Die Halbmesser nach dem augenblicklichen Berührungspunkt A seien R_1 und R_2, die hierzu senkrechten Geschwindigkeiten v_1 und v_2. Da die beiden Zahndruckkräfte sich im Berührungspunkt aufheben sollen, so müssen die Zahnprofile so bestimmt werden, daß sie in jedem Berührungspunkt dieselbe Normale haben.

Zerlegt man die v in c_1 bzw. c_2 in Richtung der gemeinsamen Berührungsnormale und senkrecht dazu, fällt ferner die Lote h_1 und h_2 von den Mittelpunkten auf die Berührungsnormale, so ergibt sich aus ähnlichen Dreiecken für beide Räder

$$\frac{c}{v} = \frac{h}{R}.$$

Da nun bei ordnungsmäßigem Arbeiten der Räder die Berührung beider Zahnprofile dauernd bestehen bleiben muß, so kann nur $c_1 = c_2$ sein, also

$$\frac{h_1}{h_2} = \frac{v_2}{R_2} : \frac{v_1}{R_1}.$$

Zieht man noch die Verbindungsgerade $O_1 O_2$ der Radmittelpunkte und bezeichnet die Längen bis zum Schnittpunkt mit der Normalen als r_1 und r_2, so folgt wieder aus ähnlichen Dreiecken

$$\frac{h_1}{h_2} = \frac{r_1}{r_2}.$$

Mithin ist

$$\frac{r_1}{r_2} = \frac{v_2}{R_2} : \frac{v_1}{R_1}.$$

Da die Räder gleichmäßig umlaufen sollen, so muß für jedes Rad das Verhältnis $\frac{v}{R}$ unveränderlich sein. Folglich ist auch das Verhältnis der beiden $\frac{v}{R}$ der vorstehenden Formel unveränderlich.

Für jeden Berührungspunkt beider Zahnprofile muß die beiden gemeinsame Normale, in der ja die Zahndruckkraft wirkt, durch denselben Punkt der Zentrale gehen, den Berührungspunkt der beiden **Teilkreise,** die mit gleicher Geschwindigkeit aufeinander abrollen.

Diese Forderung erfüllen ohne weiteres die **zyklischen Kurven,** Zykloide und Evolvente.

Für ein richtiges Zusammenarbeiten der Räder ist nötig, daß

die Zahnprofile geeignet geformt sind (s. oben),
die Räder dieselbe Teilung haben (S. 33),
die beiden gleichen Wälzungsbogen b_0 der Teilkreise, die zum Eingriff eines Zähnepaares gehören, größer sind als die Teilung t.

Die Folge der gemeinsamen Berührungspunkte zweier Zahnprofile bildet die **Eingrifflinie,** von der die beiden **K o p f k r e i s e** der Räder die **E i n g r i f f s t r e c k e** abschneiden.

b) Die Evolventenverzahnung wird nach Abb. 104 gezeichnet.

Durch den Berührungspunkt A der beiden gegebenen Teilkreise von den Halbmessern r_1 und r_2 wird die geneigte Eingriffsgerade $G_1 G_2$ gelegt; aus den Radmittelpunkten O_1 und O_2 werden dann die sie tangierenden Grundkreise von den Halbmessern R_1 und R_2 beschrieben. Man trägt nun von G_1 bzw. G_2 auf der Eingriffsgeraden beliebige gleiche Teile nach beiden Richtungen ab und ebenso dieselben Teile auf den zugehörigen Grundkreisen.

Jetzt wird mit der Länge $\overline{G_1 A}$ aus G_1 ein kleiner Kreisbogen durch A geschlagen, dann mit der Länge $\overline{1\,A}$ aus 1′ ebenso an den vorigen Kreisbogen anschließend und so fort. Die einzelnen kurzen Kreisbögen setzen sich zu der Evolvente I zusammen. Entsprechend wird die Evolvente II gezeichnet.

Ist der Halbmesser des einen Rades ∞, so entsteht die Zahnstange, deren Zahnprofil eine zur erzeugenden Linie senkrechte Gerade ist. Für die Innenverzahnung ist dieselbe Konstruktion der Abb. 104 sinngemäß anzuwenden; sie liefert konkave Zahnflanken am großen Rad.

Werden die beiden Radmittelpunkte O_1 und O_2 auf der Zentrale etwas weiter voneinander entfernt, so stellt sich die Gerade $\overline{G_1 G_2}$ etwas steiler, aber die Evolvente bleibt dieselbe, solange der Grundkreis derselbe ist. Der Eingriff wird also durch fehlerhafte Aufstellung nicht verändert. Auch Evolventenräder mit verschieden geneigten Erzeugungsgeraden arbeiten fehlerlos zusammen.

Die beiden Kopfkreise K_1 und K_2 schneiden aus der Eingriffsgeraden $G_1 G_2$ die Eingriffsstrecke $\overline{B_1 B_2}$ heraus. Die größtmögliche Länge der Eingriffstrecke ist $\overline{G_1 G_2}$, denn ein darüber hinausgehendes Stück liefert keinen weiteren Beitrag zur Zahnfußkurve. Vielmehr schneidet dann der Kopf des Gegenzahnes, dessen Bahn eine verlängerte Epizykloide ist, in das Fußprofil ein.

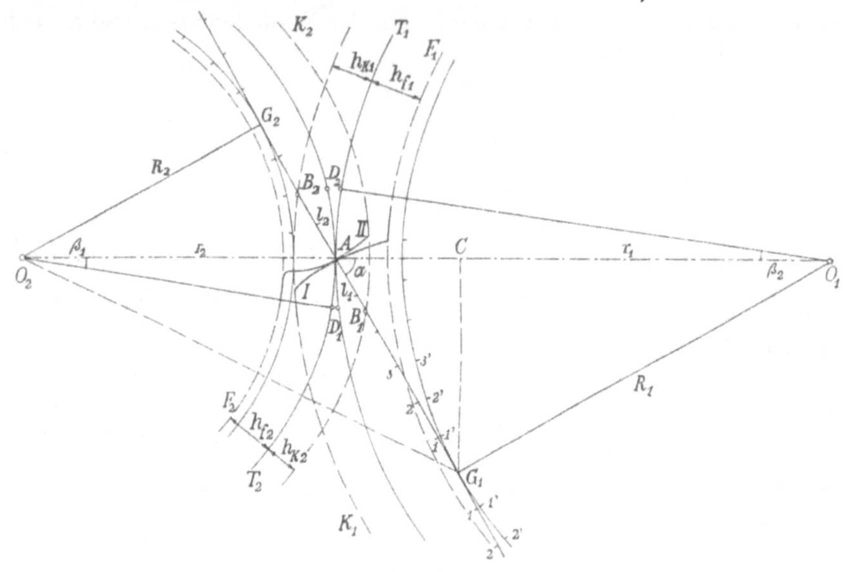

Abb. 104.

Fallen die Punkte G und B der Abb. 104 gerade zusammen, so gilt

$$\overline{O_2 G_1} = \overline{G_1 C^2} + \overline{O_2 C^2}$$

oder mit den Bezeichnungen der Abb. 104

$$(r_2 + h_{k_2})^2 = (r_1 \cdot \sin \alpha \cdot \cos \alpha)^2 + (r_1 + r_2 - r_1 \cdot \sin^2 \alpha)^2.$$

Löst man die Klammern auf, so ergibt sich

$$\frac{h_{k2}}{r_2} = \sqrt{1 + \cos^2 \alpha \cdot \left(\frac{r_1^2}{r_2^2} + 2 \cdot \frac{r_1}{r_2} \right)} - 1$$

oder mit $2\,r = m \cdot z$

$$\frac{h_{k2}}{m} = \frac{z_2}{2} \cdot \left[\sqrt{1 + \cos^2 \alpha \cdot \left(\frac{z_1^2}{z_2^2} + 2 \cdot \frac{z_1}{z_2} \right)} - 1 \right]$$

als Grenzwert der Kopfhöhe bei gegebenem Modull m und Neigungswinkel α der Erzeugungsgeraden.

Wird diese Gleichung nach $\dfrac{z_1}{z_2}$ aufgelöst, so folgt als kleinstes Übersetzungsverhältnis, das ohne Unterschneidung möglich ist,

$$u_1 = \left(\frac{z_1}{z_2} \right)_{\min} = \sqrt{1 + \frac{\dfrac{h_{k2}}{m \cdot z_2} + \left(\dfrac{h_{k2}}{m \cdot z_2} \right)^2}{\left(\tfrac{1}{2} \cdot \cos \alpha \right)^2}} - 1.$$

Den Verlauf dieses Wertes für verschiedene z, $\dfrac{h_k}{m}$, α gibt die Abb. 105 wieder.

Für Innenverzahnung ergibt die entsprechende Rechnung

$$u_{1i} = u_{1a} + 2.$$

Die **Eingriffsdauer** $c = \dfrac{b_0}{t}$

läßt sich aus Abb. 104 bei Außenverzahnung berechnen zu

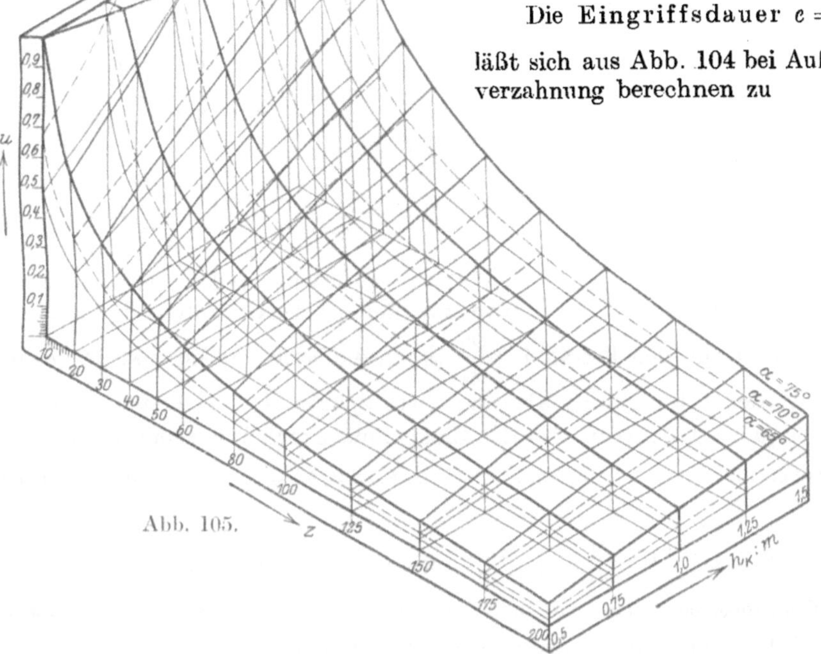

Abb. 105.

$$e = \frac{\operatorname{cotg}\alpha}{2\,\pi} \cdot (z_1 \cdot u_2 + z_2 \cdot u_1).$$

Berühren sich zwei zusammenarbeitende Zähne in einem gegebenen Augenblick im Punkte C_0 der Abb. 106 und ist der Eingriff kurze Zeit später nach dem Punkt C gewandert, so sind die beiden zugehörigen Berührungspunkte der Zahnflanken C_1 bzw. C_2, die durch Schlagen der Kreisbögen aus O_1 bzw. O_2 durch C bestimmt werden. Bezeichnet man

$$\widehat{C_0 C_1} = d s_1 \quad \text{und} \quad \widehat{C_0 C_2} = d s_2,$$

so gleiten beide Zähne um $d s_2 - d s_1$ aufeinander. Die sich hier von Punkt zu Punkt ändernden Quotienten

$$g_1 = \frac{d s_2 - d s_1}{d s_1} \quad \text{und} \quad g_2 = \frac{d s_1 - d s_2}{d s_2}$$

Abb. 106.

geben das **spezifische Gleiten** der Zahnflanken an.

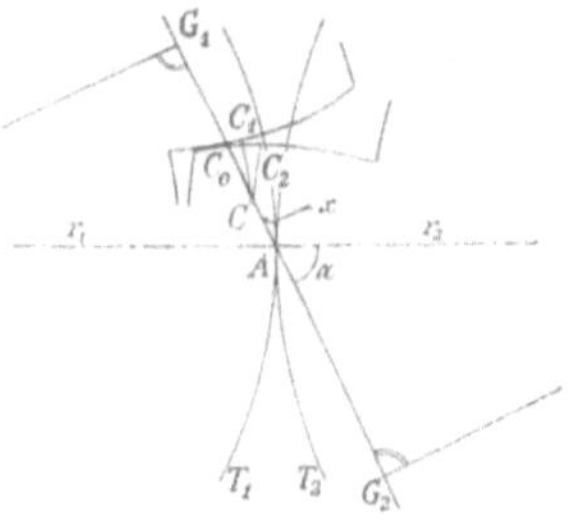

Dreht sich nun das Rad 1 um einen kleinen Winkel $d\delta$, so beschreibt die Gerade $\overline{G_1 C} = r_1 \cdot \cos\alpha - x$ den Zahnbogen $d s_1$; gleichzeitig dreht sich das Rad 2

um den Winkel $d\delta \cdot \dfrac{r_1}{r_2}$, und die Gerade $\overline{G_2 C} = r_2 \cdot \cos\alpha + x$ beschreibt dabei den Bogen $d s_2$. Man erhält so

$$g_1 = \frac{(r_2 \cdot \cos\alpha + x) \cdot \dfrac{r_1}{r_2} \cdot d\delta - (r_1 \cdot \cos\alpha - x) \cdot d\delta}{(r_1 \cdot \cos\alpha - x) \cdot d\delta}$$

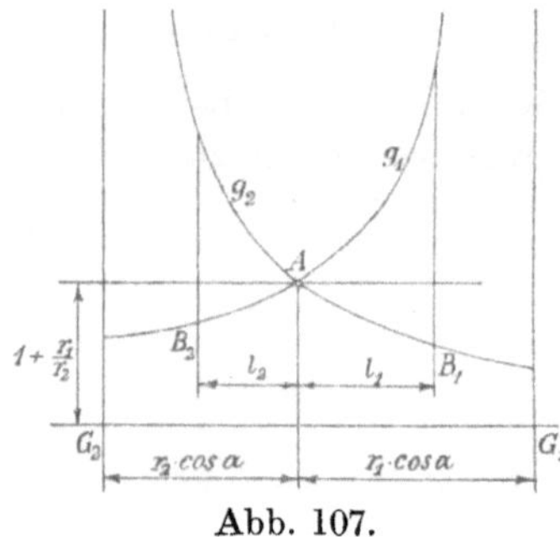

Abb. 107.

oder

$$g_1 = + \frac{x \cdot \left(1 + \dfrac{r_1}{r_2}\right)}{r_1 \cdot \cos\alpha - x}.$$

und entsprechend

$$g_2 = - \frac{x \cdot \left(1 + \dfrac{r_1}{r_2}\right)}{r_2 \cdot \cos\alpha + x}.$$

Diese Ausdrücke stellen gleichseitige Hyperbeln dar, deren eine Asymptote durch G geht und deren andere um den Betrag $1 + \dfrac{r_1}{r_2}$ gegen die Nullachse gesenkt ist (Abb. 107). Beide werden 0 für $x = 0$, also im Zentralpunkt A; der erstere wird ∞ für $x = r_1 \cdot \cos\alpha = \overline{A G_1}$, wenn also die Eingrifflinie gänzlich ausgenutzt wird.

Setzt man $x = l_1 = r_2 \cdot \cos\alpha \cdot u_1$ bzw. $x = l_2 = r_1 \cdot \cos\alpha \cdot u_2$, so ergibt sich leicht

$$g_{1\,max} = \left(1 + \frac{z_1}{z_2}\right) \cdot \frac{u_2}{1 - u_2}, \qquad g_{2\,max} = -\left(1 + \frac{z_1}{z_2}\right) \cdot \frac{u_1}{1 - u_1}.$$

Wenn die Abnutzung nicht unzulässig groß werden soll, ist $g_{1\,max} \leqq 1$ zu machen.

Bei Innenverzahnung ergibt sich entsprechend

$$g_1 = + \frac{x \cdot \left(\dfrac{r_1}{r_2} - 1\right)}{r_1 \cdot \cos\alpha + x}, \qquad g_2 = - \frac{x \cdot \left(\dfrac{r_1}{r_2} - 1\right)}{r_2 \cdot \cos\alpha + x}.$$

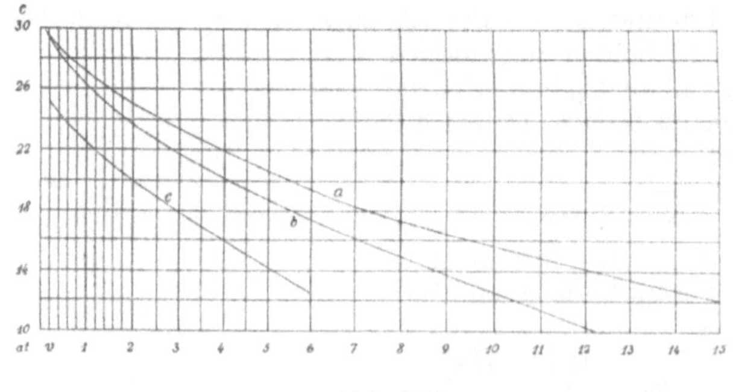

Abb. 108.

Da die Anzahl der Eingriffe und damit die Abnutzung der Zähne von der Umfangsgeschwindigkeit v der Räder abhängt, so pflegt man mit steigender Geschwindigkeit die spezifische Belastung c des Zahnes herabzusetzen. Man rechnet dabei mit der Gleichung

$$N = c \cdot b \cdot t = c \cdot b \cdot m \cdot \pi$$

für den Höchstwert der Zahndruckkraft N kg und die gegebene oder angenommene Zahnbreite b cm.

Der Wert von c in kg/cm² ergibt die Abb. 108, indem man sich bei bester Herstellung und Unterhaltung gefräster Gußeisenzähne der oberen Kurve a nähert, bei durchschnittlicher Bearbeitung und Instandhaltung der unteren b. Bei guten Werkzeugmaschinen wird oft nur die Hälfte des Mittelwertes beider Kurven gewählt. Für roh gegossene Gußeisenzähne gilt die Kurve c.

Bei anderen Materialien nimmt man gewöhnlich die folgenden Vielfachen davon:

$$\begin{array}{ll}
\text{Stahlformguß je nach Güte} \ldots\ldots\ldots\ldots\ldots\ldots & 2{,}0 \div 2{,}5 \\
\text{Geschmiedeter Flußstahl} \ldots\ldots\ldots\ldots\ldots\ldots & 3{,}0 \\
\text{Stahlbronze} \ldots\ldots\ldots\ldots\ldots\ldots\ldots\ldots & 2{,}33 \\
\text{Phosphorbronze} \ldots\ldots\ldots\ldots\ldots\ldots\ldots & 2{,}4 \\
\text{Rotguß} \ldots\ldots\ldots\ldots\ldots\ldots\ldots\ldots\ldots & 1{,}33 \\
\text{Rohhaut, Musselin} \ldots\ldots\ldots\ldots\ldots\ldots & 1{,}0 \\
\text{Weißbuchenholz} \ldots\ldots\ldots\ldots\ldots\ldots\ldots & 0{,}5
\end{array}$$

Der Wirkungsgrad der Verzahnung ergibt sich gemäß S. 23 aus

$$\frac{1}{\eta} = 1 + \frac{M_{r1} + M'_{r1}}{M_1} + \frac{M_{r2} + M'_{r2}}{M_1}.$$

Hierin sind

$$M_1 = N \cdot r_1 \cdot \sin\alpha, \qquad M_2 = N \cdot r_2 \cdot \sin\alpha$$

die Drehmomente des Zahndruckes N,

$$M_{r1} = \frac{\int_0^{l_1} \mu \cdot N \cdot (r_1 \cdot \cos\alpha - x) \cdot dx}{l_1} + \frac{\int_0^{l_2} \mu \cdot N \cdot (r_1 \cdot \cos\alpha + x) \cdot dx}{l_1}$$

$$= \mu \cdot N \cdot (2\,r_1 \cdot \cos\alpha - \tfrac{1}{2}\,l_1 + \tfrac{1}{2}\,l_2),$$

worin die beiden letzten Glieder der Klammer ohne Fehler gegeneinander aufgehoben werden können, also

$$M_{r1} = 2 \cdot \mu \cdot N \cdot r_1 \cdot \cos\alpha, \qquad M_{r2} = 2 \cdot \mu \cdot N \cdot r_2 \cdot \cos\alpha$$

die Mittelwerte der Drehmomente der Zahnreibung,

$$M'_{r1} = \mu_1 \cdot N \cdot r_{z1}, \qquad M'_{r2} = \mu_1 \cdot N \cdot r_{z2}$$

die Drehmomente der Zapfenreibung beim Halbmesser r_z.

Somit wird

$$\frac{1}{\eta} = 1 + 4 \cdot \mu \cdot \cot\alpha + \frac{\mu_1}{\sin\alpha} \cdot \left(\frac{r_{z1}}{r_1} + \frac{r_{z2}}{r_2} \right).$$

Bei eingelaufenen, gefrästen Rädern und guter Schmierung kann gesetzt werden

$$\mu_1 = 0{,}02, \qquad \mu = 0{,}04;$$

bei ungenügender Schmierung nimmt μ den dreifachen, bei ganz trockenen Rädern den vier-fachen Wert an. Rohgußräder haben nach längerem Einlaufen und bei reichlicher Fettung $\mu = 0{,}055$.

c) Die Zykloidenverzahnung hat als Eingrifflinie zwei Kreise, die Roll-kreise von den Halbmessern ϱ_1 bzw. ϱ_2 (Abb. 109). Der Kopf des Zahnes 1 ist eine Epizykloide, die durch Rollen von ϱ_2 auf ϱ_1 entsteht, der Fuß eine Hypo-zykloide, die durch Rollen von ϱ_1 in r_1 entsteht. Jede Zahnflanke setzt sich so aus zwei verschiedenen, entgegengesetzt gekrümmten Kurven zusammen, die im Zentralpunkt A ineinander übergehen. Infolgedessen arbeiten Zykloidenräder nur dann richtig zusammen, wenn beide Teilkreise durch den Stoßpunkt A der beiden je eine Zahnform bildender Kurven gehen.

Bei einem Paar Einzelräder, die nur miteinander zusammenarbeiten sollen, kann man die Rollkreishalbmesser beliebig wählen; oft gebräuchlich ist $\varrho = 0{,}4 \cdot r$.

Bei **Satzrädern**, die mit beliebigen anderen aus demselben Satz zusammenarbeiten sollen, müssen alle Rollkreise einander gleich sein.

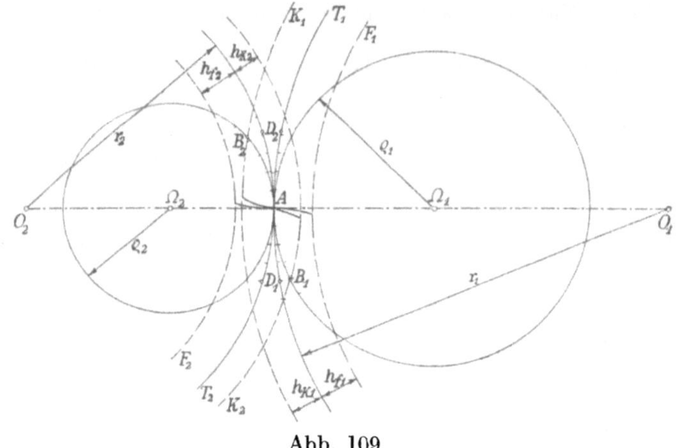

Abb. 109.

Die **Eingriffstrecke** $l = B_1 A B_2$ ist gegeben durch die von den Kopfkreisen abgeschnittenen Stücke $\widehat{A B_1}$ bzw. $\widehat{A B_2}$ der beiden Rollkreise. **Eingriffdauer** ist wieder das Verhältnis $e = \dfrac{l}{t}$, dessen Wert gewöhnlich aus der Zeichnung abgegriffen wird.

Das **spezifische Gleiten** der Zähne beträgt

$$g_{1k} = - \frac{1 + \dfrac{r_1}{r_2}}{+ 1 + \dfrac{r_2}{\varrho_2} \cdot \dfrac{r_1}{r_2}}, \qquad g_{2k} = + \frac{1 + \dfrac{r_2}{r_1}}{+ 1 + \dfrac{r_1}{\varrho_1} \cdot \dfrac{r_2}{r_1}},$$

$$g_{1f} = + \frac{1 + \dfrac{r_1}{r_2}}{- 1 + \dfrac{r_1}{\varrho_1}}, \qquad g_{2f} = - \frac{1 + \dfrac{r_2}{r_1}}{- 1 + \dfrac{r_2}{\varrho_2}},$$

ist also für jeden Flankenteil unveränderlich, aber für Kopf und Fuß verschieden.

Der **Wirkungsgrad** der Zykloidenverzahnung ist unter sonst gleichen Verhältnissen günstiger als der der Evolventenverzahnung.

Da sich die Zykloidenzähne so ineinanderlegen, daß eine ausgebauchte Fläche auf einer ausgehöhlten liegt und umgekehrt, so kann die **spezifische Belastung** bis auf das 1,5fache der Werte der Abb. 108 gesteigert werden; oft werden aber dieselben Werte beibehalten.

11. Die Schrauben.

Wird eine schmale, als schiefe Ebene mit dem Neigungswinkel α zu denkende Leiste um einen zur Bezugsebene senkrecht stehenden Kreiszylinder herumgelegt, so entsteht die **flachgängige Schraube** (Abb. 110), die gewöhnlich als **Bewegungsschraube** angewendet wird.

Die Entfernung zweier gleichgelegener Punkte auf derselben Mantelgeraden ist die **Ganghöhe** h der Schraube.

Die auf einen Schraubengang kommende Länge der schiefen Ebene ist, wenn r den **mittleren Halbmesser** der Schraube bezeichnet, als Projektion auf die zur Schraubenachse senkrechte Ebene $l = 2\pi \cdot r$. Damit erhält man den **Steigungswinkel** α aus

$$\operatorname{tg} \alpha = \frac{h}{2\pi \cdot r}.$$

Wird eine flachgängige Schraube mit der Kraft Q in Richtung ihrer Achse belastet, so erfährt bei guter Ausführung jedes Flächenteilchen dF des Ganges

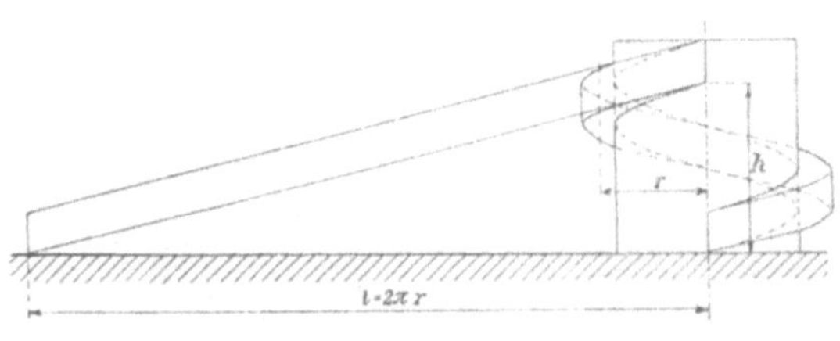

Abb. 110.

von der Mutter den Gegendruck dN, der um den Steigungswinkel α gegen die durch dF parallel zur Schraubenachse gezogene Mantelgerade geneigt ist (Abb. 111). In die Fläche dF fällt die der Bewegung entgegengerichtete Reibungskraft $\mu \cdot dN$. Beide Kräfte setzen sich zu der Mittelkraft dW zusammen, deren Neigung gegen die Mantellinie beim Heben der Last $\alpha + \varrho$ ist.

Die Gleichgewichtsbedingung für die in Richtung der Achse wirkenden Kräfte ist dann

$$Q = \int dW \cdot \cos(\alpha + \varrho) = W \cdot \cos(\alpha + \varrho);$$

die Gleichgewichtsbedingung für die Drehmomente in bezug auf die Achse lautet entsprechend

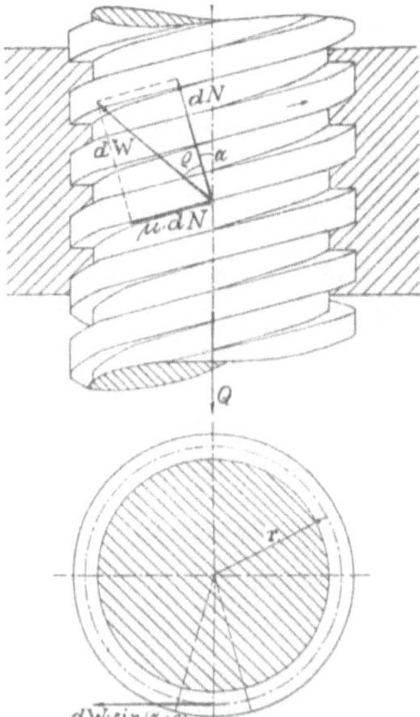

Abb. 111.

$$M = \int dW \cdot \sin(\alpha + \varrho) \cdot r = W \cdot r \cdot \sin(\alpha + \varrho).$$

Durch Division beider Gleichungen folgt

$$\frac{M}{Q} = r \cdot \mathrm{tg}(\alpha + \varrho) = r \cdot \frac{\mathrm{tg}\,\alpha + \mathrm{tg}\,\varrho}{1 - \mathrm{tg}\,\alpha \cdot \mathrm{tg}\,\varrho}$$

oder

$$\boldsymbol{M = Q \cdot r \cdot \frac{\dfrac{h}{2\,\pi \cdot r} + \mu}{1 - \dfrac{h}{2\,\pi \cdot r} \cdot \mu}}$$

als zum Anziehen der Schraube nötiges Drehmoment.

Bei der Senkung der Last kehrt sich das Vorzeichen von ϱ um; das zum Lösen nötige Drehmoment ist also

$$M_1 = Q \cdot r \cdot \frac{\dfrac{h}{2\,\pi \cdot r} - \mu}{1 + \dfrac{h}{2\,\pi \cdot r} \cdot \mu}.$$

Die Sicherheit $\mathfrak{S}$ der Selbstsperrung wird hiernach

$$\mathfrak{S} = \frac{\mathrm{tg}\,\varrho}{\mathrm{tg}\,\alpha} = \frac{\mu \cdot 2\,\pi \cdot r}{h}.$$

Läßt man die Reibung außer acht, setzt also $\mu = 0$, so wird

$$M_0 = Q \cdot r \cdot \frac{h}{2\,\pi \cdot r}.$$

Damit ergibt sich der Wirkungsgrad des Gewindes

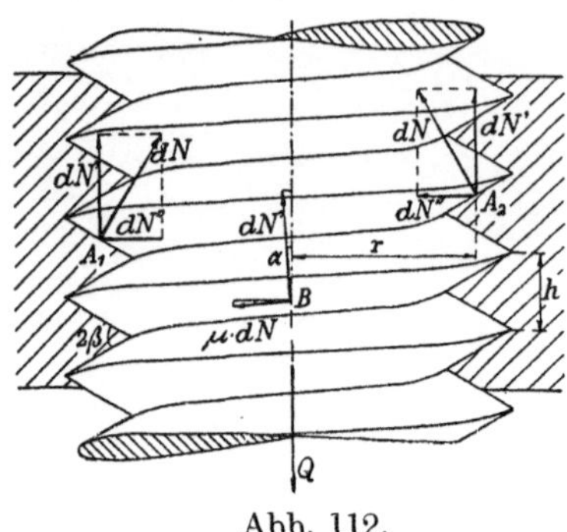
Abb. 112.

$$\eta = \frac{M_0}{M} = \frac{\operatorname{tg} \alpha}{\operatorname{tg}(\alpha + \varrho)} = \frac{1 - \mu \cdot \dfrac{h}{2\,\pi \cdot r}}{1 + \mu \cdot \dfrac{2\,\pi \cdot r}{h}}.$$

Ist der Querschnitt der um den Zylinder nach Abb. 110 herumgelegten Leiste ein gleichschenkliges Dreieck vom **Kantenwinkel** β, so entsteht die **scharfgängige Schraube** (Abb. 112), die gewöhnlich als **Befestigungsschraube** benutzt wird.

Eine entsprechende Berechnung liefert dieselben Formeln wie vorher mit der Reibungsziffer

$$\mu' = \frac{\mu}{\cos \beta}.$$

Bei der Reibungsziffer $\mu = 0{,}16$ ist das Mutterreibungsmoment scharfgängiger Schrauben vom Außendurchmesser d cm

$$M \sim \frac{Q \cdot d}{10}\ \text{cmkg}.$$

Das Moment der Mutterreibung auf der Unterlagscheibe ist fast ebenso groß.

12. Die Rolle, Seilsteifigkeit.

Wird ein über eine festgelagerte Rolle geschlagenes Seil an dem einen Ende mit der Last Q belastet und am anderen Ende mit der beliebig gerichteten Kraft P

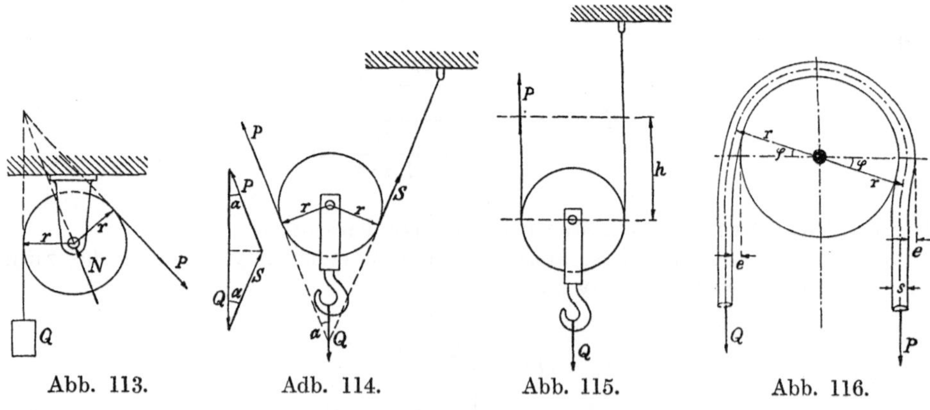
Abb. 113.   Adb. 114.   Abb. 115.   Abb. 116.

gezogen (Abb. 113), so gilt, wenn vorläufig von allen Widerständen abgesehen wird, die Momentengleichung in bezug auf die Achse

$$P \cdot r = Q \cdot r,$$

also

$$P = Q:$$

Bei der **festen Rolle** ist die Zugkraft gleich der Last. Sie dient nur dazu, die Richtung der Zugkraft in zweckentsprechender Weise zu ändern.

Die Lagerkraft N muß, damit Gleichgewicht besteht, durch den Schnittpunkt von P und Q gehen. Ihre Größe ergibt das aus P und Q gezeichnete Kräftedreieck.

Hängt die Last Q an der Rolle, während das eine Ende des Seiles fest ist und am anderen die Zugkraft P wirkt (Abb. 114), so besteht ebenfalls nur dann Gleichgewicht, wenn die Wirkungslinien der beiden Seilspannkräfte P und S und die der Last Q sich in einem Punkt schneiden. Das ist nur möglich, wenn beide Spannkräfte mit Q denselben Winkel α bilden. Aus der Momentengleichung in bezug auf die Rollenachse folgt ferner

$$P = S.$$

Damit ergibt das Kräftedreieck der Abb. 114

$$P = \frac{\frac{1}{2}Q}{\cos\alpha}.$$

Erfolgt der Zug parallel zu Last (Abb. 115), so wird

$$P = \tfrac{1}{2}Q.$$

Bei der **losen Rolle** ist die Zugkraft gleich der Hälfte der Last, wenn beide Kräfte parallel verlaufen.

Um die Last Q die Strecke h zu heben (Abb. 115), ist das lose Trum von der Kraft $P = \tfrac{1}{2}Q$ um $2\,h$ anzuziehen: **Das Produkt aus Kraft und Hubhöhe ist unveränderlich.**

Seile und Gurte sind jedoch nie vollkommen biegsam, wie oben vorausgesetzt wurde. Sie setzen vielmehr jeder Krümmung einen gewissen Widerstand entgegen, so daß sich die Krümmungsänderung auf eine gewisse Strecke verteilt (Abb. 116). Gemessen wird dieser **Biegewiderstand** bei geringer Geschwindigkeit, indem man den Gurt oder das Seil über eine Scheibe legt, deren Achse auf einer wagerechten glatten Ebene rollt, sobald das Drehmoment von P das von Q überwiegt.

Im Grenzfall des Gleichgewichtes gilt also

$$P \cdot (r \cdot \cos\varphi - e) = Q \cdot (r \cdot \cos\varphi + e)\,,$$

mithin

$$\frac{P}{Q} = \frac{1 + \dfrac{e}{r \cdot \cos\varphi}}{1 - \dfrac{e}{r \cdot \cos\varphi}} = 1 + \frac{2\,e}{r \cdot \cos\varphi}\,.$$

Es ist für sechslitzige Drahtseile von der Stärke s cm im Kreuzschlag auf einer Rolle von r cm Halbmesser bei Belastung durch Q kg

$$\frac{2\,e}{r \cdot \cos\varphi} = \frac{\dfrac{60}{Q} + 0{,}5}{r - 5} \cdot s^2\,.$$

bei Hanfseilen von der Stärke s cm, je nachdem sie lose oder fest geschlagen sind,

$$\frac{2\,e}{r \cdot \cos\varphi} \sim \frac{1}{10} \cdot \frac{s^2}{r} \quad \text{bzw.}\ 0{,}13 \cdot \frac{s^2}{r}\,,$$

Bei Gurten besteht eine gewisse Abhängigkeit von der Gurtgeschwindigkeit v m/sk. Es ist für genähte Tuchgurte aus Baumwolle oder Hanf

$$\frac{2\,e}{r \cdot \cos\varphi} = 2{,}68 \cdot \frac{s}{r} \cdot v^{\frac{1}{3}}\,,$$

für aus s Baumwolltuchlagen von 1 mm Stärke zusammengeklebte **Balatagurte**

$$\frac{2\,e}{r\cdot\cos\varphi} = 1{,}61 \cdot \left(\frac{s}{r}\right)^{1{,}37} \cdot v^{\frac{1}{7}}$$

für ebensolche **Gummigurte**

$$\frac{2\,e}{r\cdot\cos\varphi} = 1{,}07 \cdot \left(\frac{r}{r}\right)^{1{,}09} \cdot v^{\frac{1}{7}}.$$

Bei Ketten ruft die Reibung der einzelnen Kettenglieder aneinander dieselbe Erscheinung hervor. Je nachdem die **Gliederkette** von der Ketteneisenstärke s cm geschmiert ist oder nicht, gilt

$$\frac{2\,e}{r\cdot\cos\varphi} = 0{,}1 \cdot \frac{s}{r} \text{ bzw. } 0{,}15\,\frac{s}{r}.$$

Bei **Gelenkbolzenketten** mit dem Bolzendurchmesser d cm wirkt das Moment der Zapfenreibung entsprechend und es gilt

$$P = Q \cdot \left(1 + \mu \cdot \frac{d}{r}\right)$$

mit $\mu = 0{,}10 \div 0{,}11$ bei Stahlbolzenketten,
       $\mu = 0{,}13 \div 0{,}15$ bei Temperguß-Treibketten,
gute Schmierung vorausgesetzt.

Das **Zapfenreibungsmoment** kommt auch bei allen Rollen usw. hinzu, so daß sich der **Wirkungsgrad einer halbumfaßten Rolle** ermittelt aus

$$\frac{1}{\eta} = 1 + \frac{2\,e}{r\cdot\cos\varphi} + 2 \cdot \mu_1 \cdot \frac{r_1}{r}.$$

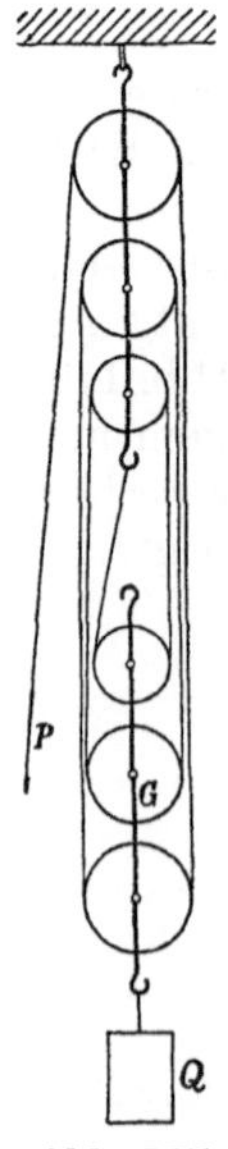

Abb. 117.

Die Vereinigung von mehreren festen und losen Rollen ist ein **Flaschenzug** (Abb. 117).

Ist die Zugkraft im letzten Seiltrum P, so ist die im vorhergehenden kleiner: $P' = P \cdot \eta$, die im zweiten wieder entsprechend kleiner: $P'' = P' \cdot \eta$ und so fort. Bei insgesamt i Rollen ist die Spannkraft im ersten Seiltrum $P^{(i)} = P \cdot \eta^i$.

Sämtliche Seile, abgesehen vom letzten, an dem die Zugkraft P angreift, tragen zusammen die Belastung $Q + G$, worin G das Gewicht der unteren Flasche angibt. Es gilt somit

$$P \cdot (\eta + \eta^2 + \ldots + \eta^i) = Q + G$$

oder nach der Summenformel für die geometrische Reihe

$$P = (Q + G) \cdot \frac{1 - \eta}{\eta \cdot (1 - \eta^i)}.$$

Sieht man vom Rollenwiderstand ab, setzt also $\eta = 1$, so werden alle $P' = P_0$ einander gleich und es gilt

$$P_0 = \frac{Q + G}{i}.$$

Der **Gesamtwirkungsgrad** wird somit

$$\eta_\Sigma = \frac{P_0}{P} = \frac{\eta}{i} \cdot \frac{1 - \eta^i}{1 - \eta}.$$

13. Die Bandreibung.

Wird ein an dem einen Ende mit der Kraft S_1 angespanntes Band oder Seil über eine feststehende Scheibe hinweggezogen (Abb. 118), so ist dazu eine erheblich größere Zugkraft S_2 am anderen Ende aufzuwenden.

Zur Bestimmung des Zusammenhanges werde innerhalb des umfaßten Winkels α ein Bogenteilchen $d\alpha$ herausgegriffen, das auf der einen Seite die Spannkraft S, auf der anderen die Kraft $S + dS$ erfährt. Beide müssen mit dem Gegendruck N

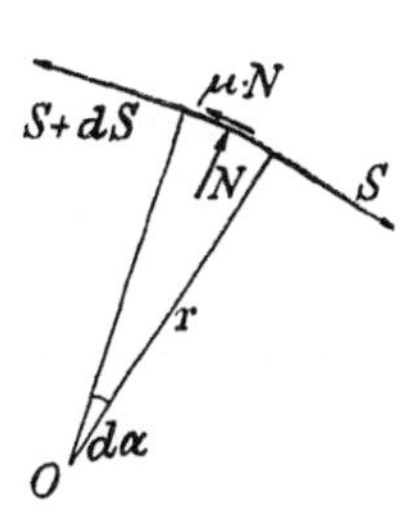

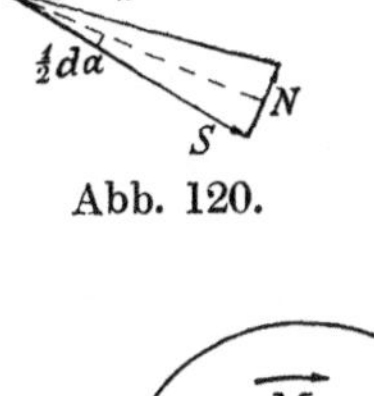

Abb. 120.

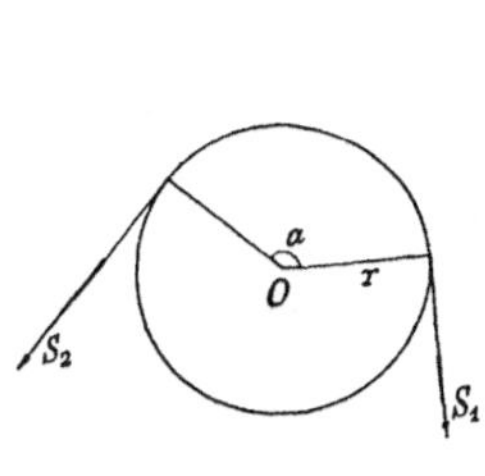

Abb. 118.　　　　Abb. 119.

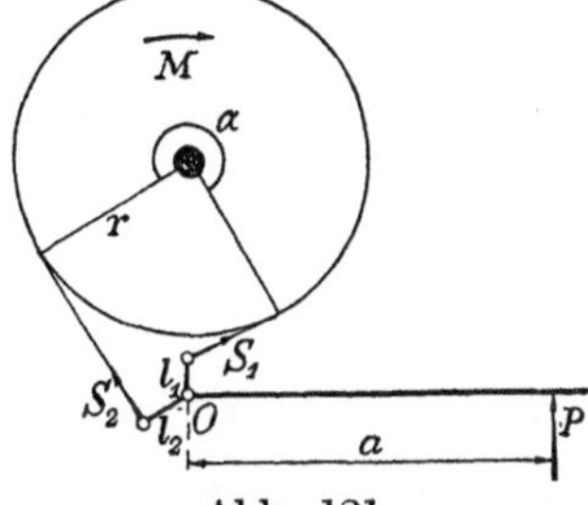

Abb. 121.

der Scheibe (Abb. 119) im Gleichgewicht sein. Das Kräftedreieck der Abb. 120 ergibt dafür

$$\tfrac{1}{2} N = S \cdot \sin \tfrac{1}{2} d\alpha$$

oder, da bei kleinen Winkeln der Sinus gleich dem Bogen ist,

$$N = S \cdot d\alpha$$

Nun ist nach Abb. 119

$$dS = \mu \cdot N = \mu \cdot S \cdot d\alpha,$$

also nach Trennung der Veränderlichen

$$\frac{dS}{S} = \mu \cdot d\alpha.$$

Die Integration dieser Gleichung zwischen den Endwerten S_1 und S_2 lautet

$$\log \text{nat } S_2 - \log \text{nat } S_1 = \log \text{nat } \frac{S_2}{S_1} = \mu \cdot \alpha.$$

Durch Übergang zum Numerus folgt hieraus

$$\frac{S_2}{S_1} = e^{\mu \cdot \alpha}.$$

Hierin ist

$$e = 2{,}71828\ldots \qquad \log e = 0{,}43429,$$

bei Hanfseilen auf Eisentrommeln . . . . $\mu \backsim 0{,}25$
,,　　　,,　　　,, Holztrommeln . . . . $\mu \backsim 0{,}40$
,, runden gefetteten Drahtseilen auf Gußeisen . . . $\mu = 0{,}13$
,,　　　,,　　　　,,　　　　　,,　　　,, Eichenholz . . $\mu = 0{,}16$
,,　　　,,　　　　,,　　　　　,,　　　,, Leder . . . . $\mu = 0{,}16$
,, Stahlbremsbändern auf Gußeisen . . . . $\mu \backsim 0{,}18.$

Der umfaßte Winkel ist im Bogenmaß einzusetzen.

Wenn das Verhältnis $\dfrac{S_2}{S_1}$ einen kleineren Wert annimmt als die Zahl $e^{\mu \cdot \alpha}$ beträgt, so ändert sich bei im allgemeinen gleichbleibender Reibungsziffer μ einzig der Winkel α derart, daß die Spannkraft S_1 auf einen Ruhewinkel α_1 unverändert bleibt und sich erst in dem darauf folgenden Gleitwinkel α_2 stetig von S_1 auf S_2 vergrößert.

Ist an einer Welle das Drehmoment M durch ein die Bremsscheibe vom Halbmesser r mit dem Winkel α umfassendes **Stahlband** abzubremsen (Abb. 121), so ist die auf den Umfang des Rades bezogene Bremskraft $Q = M : r$. Nach der Momentengleichung in bezug auf die Achse gilt dann

$$S_2 - S_1 = Q,$$

also mit dem obigen Zusammenhang der Spannkräfte

$$S_1 = \frac{M}{r} \cdot \frac{1}{e^{\mu \cdot \alpha} - 1}, \qquad S_2 = \frac{M}{r} \cdot \frac{e^{\mu \cdot \alpha}}{e^{\mu \cdot \alpha} - 1}.$$

In bezug auf die feste Drehachse O des Bremshebels erhält man

$$+ S_2 \cdot l_2 + S_1 \cdot l_1 - P \cdot a = 0$$

oder mit den vorstehenden Ausdrücken

$$\frac{P \cdot a}{Q \cdot l_2} = \frac{e^{\mu \cdot \alpha} + \dfrac{l_1}{l_2}}{1 - e^{\mu \cdot \alpha}}.$$

Hierin ist das Verhältnis $\dfrac{l_1}{l_2}$ negativ einzusetzen, wenn die beiden Drehmomente $S_1 \cdot l_1$ und $S_2 \cdot l_2$ am Hebel in entgegengesetztem Sinne drehen.

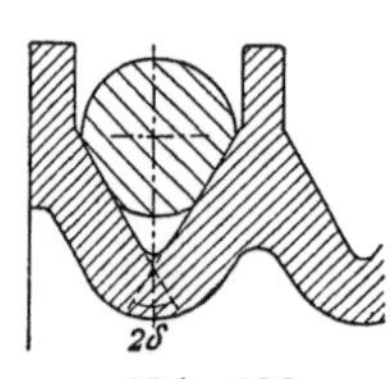
Abb. 122.

Bei den mit Vorspannung arbeitenden **Riemen- und Seiltrieben** gelten dieselben Formeln für die Spannkräfte. Man setzt gewöhnlich

$$\frac{M}{r} = S_n \text{ als } \mathbf{Nutzspannkraft},$$

$$\frac{e^{\mu \cdot \alpha} - 1}{e^{\mu \cdot \alpha}} = k \text{ als } \mathbf{Ausbeute\ des\ Triebes}$$

und erhält so für die **größte Spannkraft**

$$S_2 = \frac{S_n}{k}.$$

$$e^{\mu \cdot \alpha} = 1,0 \quad 1,6 \quad 1,8 \quad 2,0 \quad 2,2 \quad 2,4 \quad 2,6 \quad 3,0$$
$$k = \ 0 \quad 0,375 \quad 0,444 \quad 0,50 \quad 0,545 \quad 0,583 \quad 0,615 \quad 0,667$$

Zweckmäßig wählt man bei Treibriemen auf Eisenscheiben i. M. $e^{\mu \cdot \alpha} = 2,0$, bei größerer Übersetzung ins schnelle $e^{\mu \cdot \alpha} = 1,8$, bei größerer Übersetzung ins langsame $e^{\mu \cdot \alpha} = 2,2$; besteht die kleinere Scheibe aus Holz, kann man $e^{\mu \cdot \alpha} = 2,5$ annehmen. Bei Drahtseilen auf Lederreinlagen ist i. M. $e^{\mu \cdot \pi} = 1,65$. Baumwollseile ($d = 5\,$cm) laufen gewöhnlich in Keilnuten (Abb. 122); es ist

$$\text{bei } 2\,\delta = 45° \qquad \mu' \infty \, 0,65 \qquad e^{\mu \cdot \pi} = 7,7$$
$$\text{,,} \qquad\quad 90° \qquad\qquad 0,35 \qquad\qquad\quad 3,0.$$

14. Der Seildurchhang.

Bei geringem Durchhang f ist die Seillänge L nur sehr wenig von der Sehnenlänge l verschieden, und man kann die Belastung q kg/m des Seiles durch das Eigengewicht, Schneelast usw. Q genau genug ermitteln aus

$$q = \frac{Q}{l} \quad \text{statt} \quad q = \frac{Q}{L}.$$

Die Seitenkräfte V und H der Auflagerspannkräfte S (Abb. 123) folgen aus den Gleichgewichtsbedingungen für das ganze Seil:

$$V_1 + V_2 = q \cdot l,$$
$$H = H,$$
$$-V_1 \cdot a + H \cdot h + q \cdot l \cdot \tfrac{1}{2} a = 0.$$

Sie ergeben

$$V_1 = \frac{1}{2} \cdot q \cdot l + H \cdot \frac{h}{a},$$

$$V_2 = \frac{1}{2} \cdot q \cdot l - H \cdot \frac{h}{a}.$$

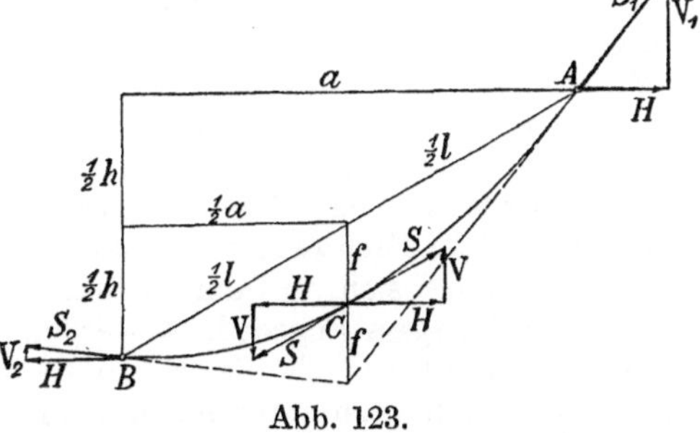

Abb. 123.

Um den Durchhang f in der Mitte zu bestimmen, setzt man die Gleichgewichtsbedingungen für die Seilhälfte BC an:

$$+V + V_2 = q \cdot \tfrac{1}{2} l,$$
$$H = H,$$
$$-V \cdot \tfrac{1}{2} a + H \cdot (\tfrac{1}{2} h - f) + q \cdot \tfrac{1}{2} l \cdot \tfrac{1}{4} a = 0.$$

Hieraus folgt

$$V = \frac{q \cdot l}{2} - V_2 = \frac{q \cdot l}{2} - \frac{q \cdot l}{2} + H \cdot \frac{h}{a} = H \cdot \frac{h}{a},$$

$$\frac{h}{2} - f = \frac{H \cdot \dfrac{h}{a} - \dfrac{q \cdot l}{4}}{H} \cdot \frac{a}{2} = \frac{h}{2} - \frac{q \cdot l \cdot a}{8 \cdot H},$$

also

$$f = \frac{q \cdot l \cdot a}{8 \cdot H}.$$

Nun kann die vorstehende Gleichung für V geschrieben werden

$$\frac{V}{H} = \frac{h}{a},$$

und ein Vergleich mit der Abb. 123 lehrt, daß somit S parallel l sein muß; es gilt also auch

$$\frac{H}{S} = \frac{a}{l}.$$

Hiermit läßt sich schreiben

$$f = \frac{q \cdot l^2}{8 \cdot S}.$$

Das Seil bildet eine Parabel, deren Endtangenten sich in einem Punkt unter der Mitte schneiden, der noch um die Strecke f unterhalb der Parabel liegt (Abb.123).

V. Die statisch bestimmten Fachwerke.

1. Allgemeine Angaben.

Als **Fachwerk** bezeichnet man eine Tragkonstruktion, die aus einzelnen **Stäben** zusammengesetzt ist. Die Stäbe sind meistens gerade oder weichen wenigstens von der geraden Form nur in Ausnahmefällen stark ab.

Gefordert wird stets, daß die Fachwerke unter den einwirkenden Kräften nur möglichst geringe Formänderungen der einzelnen **Stäbe** bzw. Verschiebungen der **Knotenpunkte,** in denen die Stäbe zusammentreffen, erfahren.

Zu dem Zweck werden die als Gelenke ausgebildeten Knotenpunkte durch die Stäbe so aneinander angeschlossen, daß jeder Knotenpunkt unverschieblich mit den benachbarten verbunden ist; das geschieht, wenn das Fachwerk aus lauter Dreiecken zusammengesetzt wird. Da bei hinreichend kräftiger Ausführung aller Einzelteile in dem Fachwerk nur noch geringe elastische Verschiebungen eintreten können, so ändert sich an dem Verhalten wenig, wenn statt der Gelenke feste Nietverbindungen angeordnet werden.

Man kann aber auch die Knotenpunkte durch besonders sorgfältige Ausbildung an sich nahezu starr machen und die Stäbe so fest ausführen, daß nur unwesentliche Verbiegungen eintreten können. Ein derartiges Gebilde wird als **Rahmen** bezeichnet.

Da jede auf einen hinreichend biegungsfesten Stab wirkende Kraft von ihm auf die zugehörigen Knotenpunkte übertragen wird, so kommen für die Untersuchung des Gesamtfachwerkes nur Knotenpunktsbelastungen in Frage, während die Stäbe sämtlich als unbelastet und gewichtslos gelten. Jeder derartige Stab ist nur dann im Gleichgewicht, wenn die auf ihn einwirkenden Knotenpunktskräfte dieselbe Wirkungslinie haben, die Verbindungsgerade der beiden Knotenpunkte, und gleich groß aber entgegengesetzt gerichtet sind: **Bei reiner Knotenpunktsbelastung des Gelenkfachwerkes treten in den geraden Stäben nur Zug- oder Druckkräfte auf.**

Die Auflagerkraft an einem festen Auflager eines ebenen Fachwerkes, wie bei A der Abb. 124, ist nach Größe und Richtung unbekannt, an einem beweglichen Auflager, wie bei B der Abb. 124 nur der Größe nach. Hat also ein beliebig belastetes Fachwerk von s Stäben und k Knotenpunkten f feste und b bewegliche Auflager, so sind vorläufig unbekannt s Stabkräfte, b Auflagerkräfte, f Auflagerkräfte und f Kraftrichtungen, insgesamt $s + b + 2f$

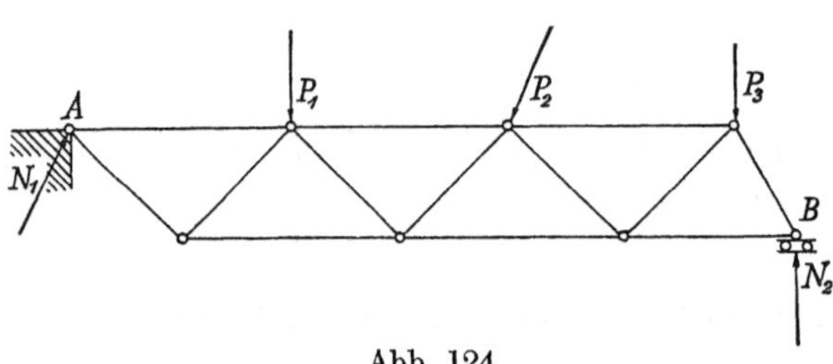

Abb. 124.

Unbekannte. An jedem Knotenpunkte können nun zwei Bedingungsgleichungen (S. 6) für das Gleichgewicht aufgestellt werden, insgesamt $2k$ Gleichungen. Damit man soviel von einander unabhängige Gleichungen erhält, wie Unbekannte vorhanden sind, muß also die **Abzählformel** gelten:

$$s + b + 2f = 2k.$$

Hierin sind allerdings Gegendiagonalenpaare nur einfach zu zählen.

Außerdem ist die Starrheitsbedingung innezuhalten, daß jeder Knotenpunkt durch zwei Stäbe, die nicht in dieselbe Gerade fallen, an vorhergehende Knotenpunkte angeschlossen ist.

Derartige Fachwerke heißen **statisch bestimmte.** Ist die Anzahl der Unbekannten größer als $2k$, so ist das Fachwerk **statisch unbestimmt.** Zu seiner Berechnung sind außer den Gleichgewichtsbedingungen noch Elastizitätsgleichungen heranzuziehen.

2. Das Schnittverfahren.

Die Spannkraft in irgendeinem Stab eines statisch bestimmten ebenen Fachwerkes wird rechnerisch ermittelt, indem man sich das Fachwerk an der betreffenden Stelle durch einen gewöhnlich geraden Schnitt in zwei Teile zerlegt denkt, der im allgemeinen so zu führen ist, daß nur drei Stäbe geschnitten werden. In den Schnittstellen erscheinen jetzt die betreffenden drei Stabspannkräfte als äußere von dem abgetrennten Teil des Fachwerkes ausgeübte Kräfte, die man der Einfachheit halber stets als Zugkräfte einträgt (Abb. 125). Stellt man die Momentengleichung aller an dem einen Fachwerkteil angreifenden Kräfte in bezug auf den Schnittpunkt von zwei geschnittenen Stäben auf, so erhält man eine Gleichung, die bei den gegebenen Abmessungen des Fachwerkes nur die dritte Stabkraft als Unbekannte enthält. Ist die Kraft eine Druckkraft, so ergibt sich bei der Rechnung das negative Vorzeichen.

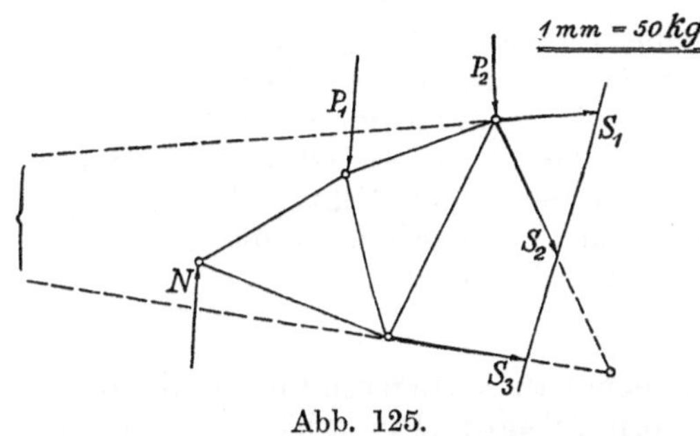

Abb. 125.　　　　　　　　　　Abb. 126.

Das Verfahren wird ungenau, wenn sich die betreffenden Stäbe in einem langen, weit entfernten Schnitt schneiden. Man berechnet dann zuerst die Spannkräfte dieser beiden Stäbe und kann darauf die des dritten Stabes aus einer Momentengleichung in bezug auf einen beliebigen, günstig gelegenen Punkt bestimmen, in der eine oder beide anderen Stabkräfte schon bekannt sind.

Der Momentensatz ist am vorteilhaftesten für die Berechnung der Spannkräfte in Gurtungsstäben. Für Füllungsstäbe arbeitet man, besonders bei lotrechten Belastungen, bequemer mit den Kräftesätzen.

Um die Gurtungsspannkräfte in dem **Parallelträger** mit lotrechten Streben und nach der Mitte steigenden Diagonalen zu erhalten, legt man durch ein beliebiges Feld den Schnitt I (Abb. 126).

In bezug auf den oberen Knotenpunkt 4 o lautet dann die Momentengleichung:

$$- U_4 \cdot h + M_4 = 0,$$

worin M_4 das Moment aller äußeren Kräfte N_1 und P des einen Trägerteiles in bezug auf den lotrechten Stab 4 angibt. Allgemein folgt hieraus die Spannkraft in dem **Untergurt**

$$U_n = + \frac{M_n}{h}.$$

In bezug auf den unteren Knotenpunkt 3 u folgt ebenso

$$+ O_4 \cdot h + M_3 = 0,$$

also allgemein die Spannkraft im **Obergurt**

$$O_n = - \frac{M_{n-1}}{h}.$$

Die lotrechten Seitenkräfte der durch den Schnitt I frei gewordenen Stabkräfte und der äußeren Kräfte liefern die Gleichung

$$- D_4 \cdot \sin \gamma - N_1 + P = 0$$

oder, wenn man $-(N_1 - P) = -Q_4$ als Querkraft im Feld 4 zusammenfaßt, die Diagonalspannkraft

$$D_n = -\frac{Q_n}{\sin \gamma} = -Q_n \cdot \frac{d}{h} = -Q_n \cdot \sqrt{1 + \left(\frac{t}{h}\right)^2}.$$

Entsprechend ergibt der Schnitt II der Abb. 127

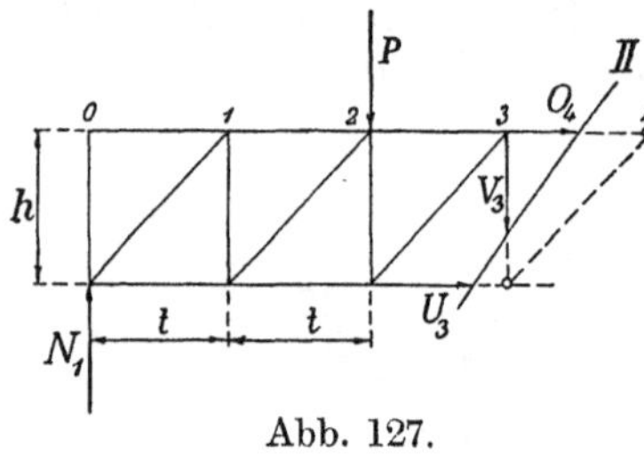

Abb. 127.

$$+ V_3 - N_1 + P = 0,$$

also einfach die Spannkraft in der **Lotrechten**

$$V_n = + Q_n,$$

wenn die Lasten wie in Abb. 127 auf die oberen Knotenpunkte einwirken.

Greift die Belastung an dem Untergurt an, so wird die etwaige Belastung des Knotenpunktes $3\,u$ durch den Schnitt II mit abgeschnitten, und man erhält so die Spannkraft in der Lotrechten zu

$$V_n = + Q_{n-1}.$$

Bei dem Parallelträger mit nach der Mitte fallenden Diagonalen erhält man ebenso aus den Abb. 128 und 129 die Spannkräfte im **Untergurt**

$$U_n = + \frac{M_{n-1}}{h},$$

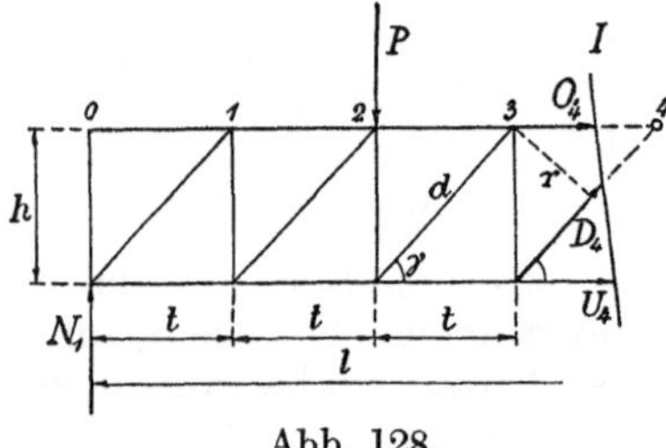

Abb. 128.

im **Obergurt**

$$O_n = - \frac{M_n}{h},$$

in der **Diagonale**

$$D_n = + \frac{Q_n}{\sin \gamma} = + Q_n \cdot \frac{d}{h}$$
$$= + Q_n \cdot \sqrt{1 + \left(\frac{t}{h}\right)^2},$$

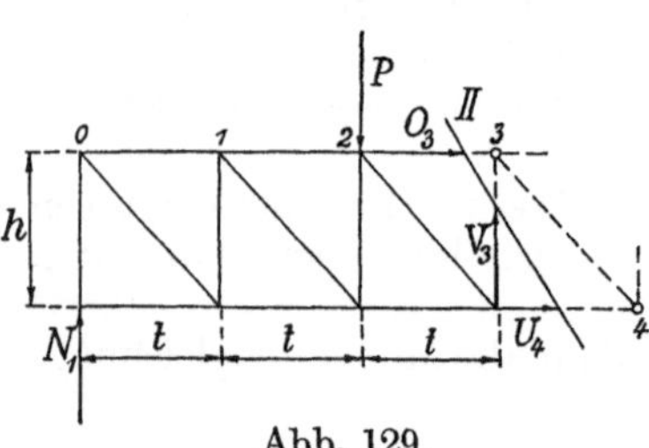

Abb. 129.

in der **Lotrechten** bei Belastung des Obergurtes

$$V_n = - Q_{n-1},$$

bei Belastung des Untergurtes

$$V_n = - Q_n.$$

3. Der Kräfteplan.

Bei ruhenden Belastungen erhält man die Spannkräfte der einzelnen Stäbe auf rein zeichnerischem Wege, indem man das Krafteck für jeden Knotenpunkt aufzeichnet. Da die Richtungen der Stabkräfte aus dem Trägergerippe gegeben

sind, so kann man durch ein Krafteck zwei unbekannte Stabkräfte bestimmen.
Man geht aus von einem Knotenpunkt, in dem nur zwei Stäbe zusammenstoßen,

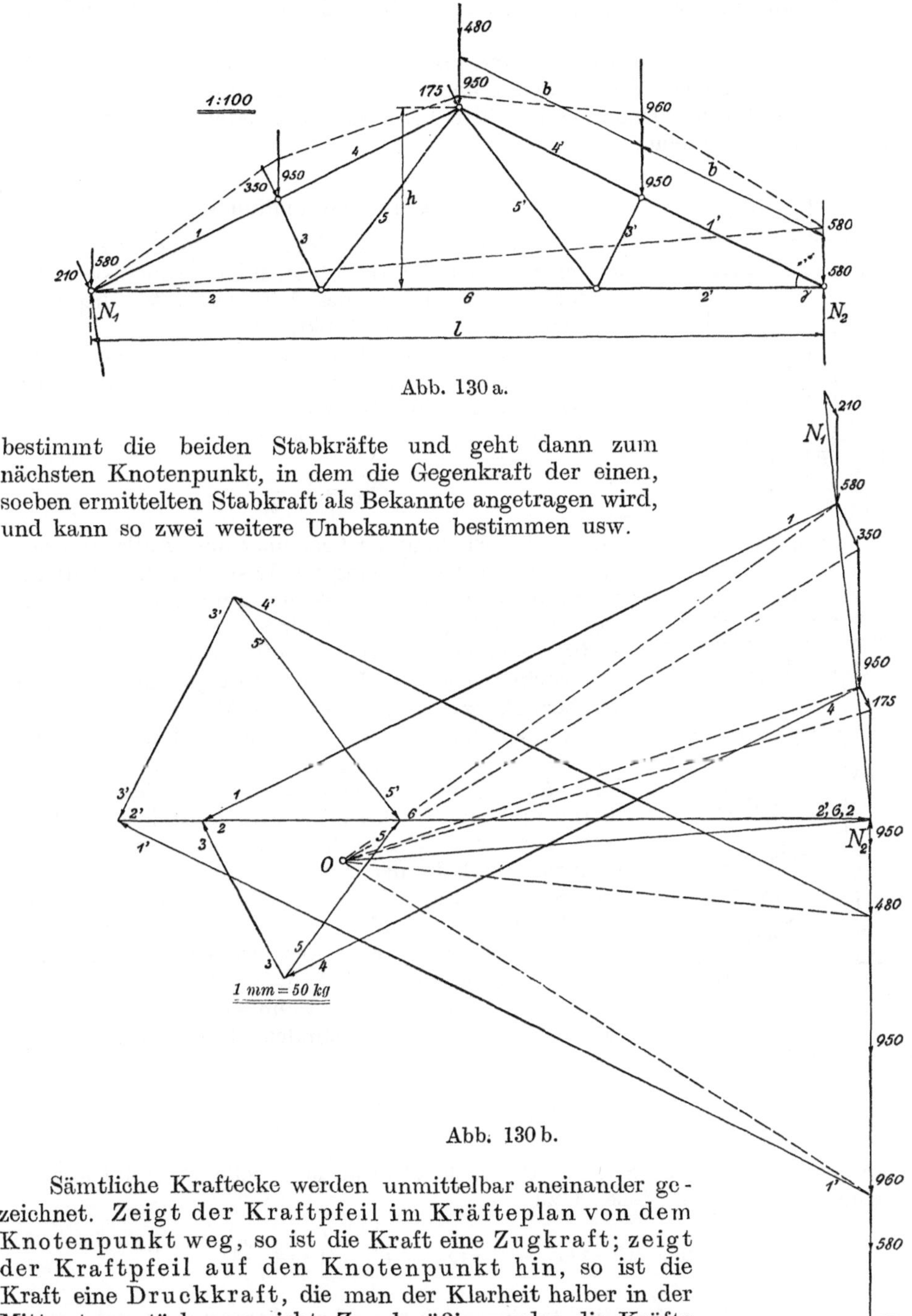

Abb. 130 a.

bestimmt die beiden Stabkräfte und geht dann zum
nächsten Knotenpunkt, in dem die Gegenkraft der einen,
soeben ermittelten Stabkraft als Bekannte angetragen wird,
und kann so zwei weitere Unbekannte bestimmen usw.

Abb. 130 b.

Sämtliche Kraftecke werden unmittelbar aneinander ge-
zeichnet. Zeigt der Kraftpfeil im Kräfteplan von dem
Knotenpunkt weg, so ist die Kraft eine Zugkraft; zeigt
der Kraftpfeil auf den Knotenpunkt hin, so ist die
Kraft eine Druckkraft, die man der Klarheit halber in der
Mitte etwas stärker auszieht. Zweckmäßig werden die Kräfte

immer in derselben Reihenfolge, etwa dem Uhrzeigersinn folgend, aneinander angetragen, indem man mit den Bekannten anfängt. Die Zeichnung ist richtig, wenn sich am Schluß der Kräfteplan schließt. Ein einfaches Beispiel zeigt die Abb. 130.

Das Verfahren versagt, wenn an einem Knotenpunkt mehr als zwei unbekannte Stabkräfte vorkommen. Gewöhnlich kann dann aber durch einmalige Anwendung des Schnittverfahrens eine dieser Kräfte berechnet und damit der Kräfteplan weitergezeichnet werden.

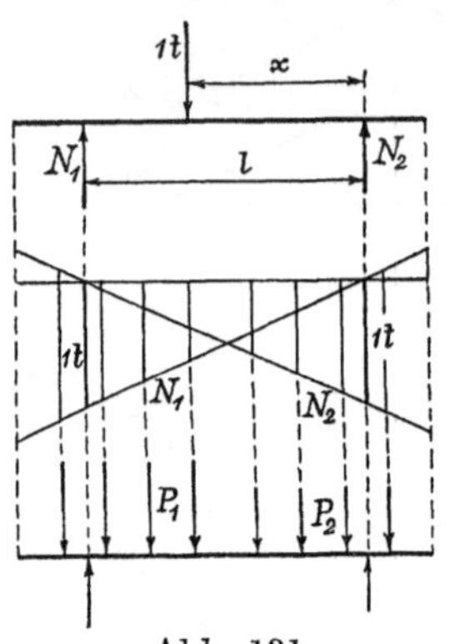

Abb. 131.

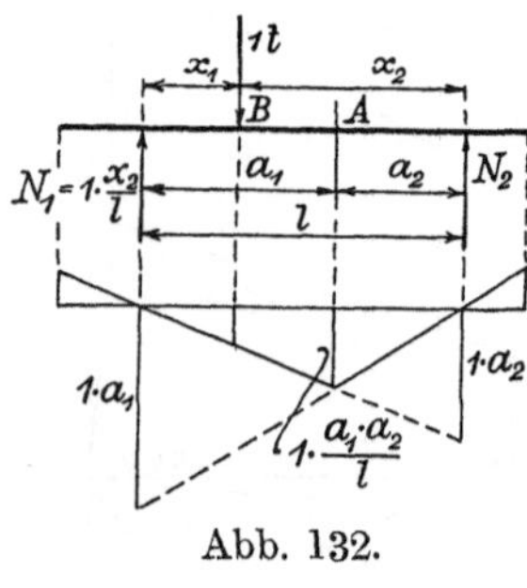

Abb. 132.

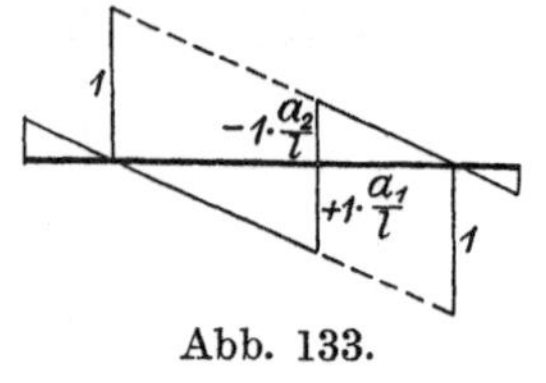

Abb. 133.

4. Die Einflußlinien.

Bewegen sich über einen Träger mehrere Einzellasten, so bilden die Einflußlinien das bequemste Hilfsmittel zur Berechnung der Auflagerkräfte, Biegungsmomente, Quer- und Stabkräfte.

Befindet sich die **Einzellast** $1\,t$ auf einem Träger von der Länge l zwischen den beiden Stützen im Abstand x von der einen Stütze (Abb. 131), so ist die **Auflagerkraft** der anderen Stütze

$$N_1 = 1 \cdot \frac{x}{l}.$$

Sie hat bei Stellung der Last über dem Auflager 1 den Wert $1\,t$ und bei Stellung der Last über dem Auflager 2 den Wert 0; zwischen beiden Endwerten verändert sich die Größe von N_1 nach einer geraden Linie. Genau Entsprechendes gilt für die Auflagerkraft N_2.

Stehen mehrere Lasten, etwa je vier, von den Größen P_1 bzw. P_2 in gegebenen Abständen auf dem Träger, so hat man nur die vier ersten Abschnitte zwischen der Einflußlinie für die Auflagerkraft N_1 bzw. N_2 und der Trägerachse mit dem Zirkel zu addieren und ihre Summe mit P_1 zu multiplizieren. Dasselbe gilt für die vier Lasten P_2. Dabei sind die Abschnitte oberhalb der Achse als negativ anzusetzen. Die Summe beider Ergebnisse liefert dann die Auflagerkräfte N_1 und N_2.

Das **Biegungsmoment** an einer bestimmten Stelle A eines auf zwei Stützen liegenden Trägers (Abb. 132) ist am größten, wenn sich die Einzellast an der betreffenden Stelle befindet. Es hat dann bei der Last $1\,t$ den Wert

$$M_{\max} = 1 \cdot \frac{a_1 \cdot a_2}{l}.$$

Bei irgendeiner anderen Stellung der Last, etwa an der Stelle B, ergibt sich das Biegungsmoment der Stelle A zu

$$M = 1 \cdot \frac{x_2}{l} \cdot a_1 - 1 \cdot (x_2 - a_2) = 1 \cdot \frac{a_2 \cdot x_1}{l}.$$

Es ist also gegenüber $M_{\max}$ die Strecke a_1 durch den Lastabstand x_1 ersetzt worden.

Man erhält somit das an der Stelle A von der irgendwo auf dem Träger stehenden Last 1 t hervorgerufene Biegungsmoment als den Abschnitt unterhalb der Laststelle B zwischen der Achse und der geraden Einflußlinie, die nach Abb. 132 zu zeichnen ist.

Die Querkraft an der Stelle A beträgt nach Abb. 131

$$Q = -1 \cdot \frac{x_2}{l} + 1 = +1 \cdot \frac{x_1}{l}.$$

Sie erhält den größten Wert für $x_1 = a_1$:

$$Q_{\mathrm{max}} = +1 \cdot \frac{a_1}{l}.$$

Entsprechend ergibt sich bei Betrachtung von der anderen Seite des Trägers

$$Q = -1 \cdot \frac{x_2}{l} \quad \text{und} \quad Q_{\mathrm{max}} = -1 \cdot \frac{a_2}{l}.$$

Die Einflußlinien für die Querkraft an der Stelle A werden demnach durch die Abb. 133 wiedergegeben. Der Einfluß der Lasten ändert an der betreffenden Stelle sprungweise das Vorzeichen.

Eine gleichmäßig verteilte Belastung kann als dichte Folge der gleichen Einzellasten aufgefaßt werden. Der Einfluß einer solchen Belastung von der Größe q kg/m ist also das $q$fache des Inhaltes des zugehörigen Teiles der Einflußfläche.

Bei statisch bestimmten Trägern sind alle Einflußlinien Gerade.

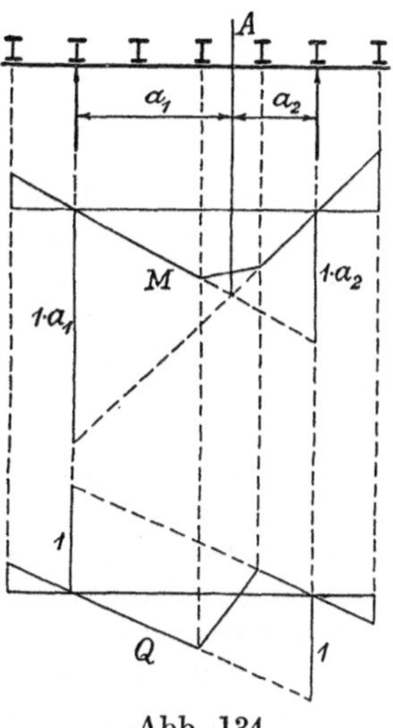

Abb. 134.

Infolgedessen müssen die oben gezeichneten Einflußlinien durch eine Gerade abgeschrägt werden, wenn die Lasten durch Querträger auf die Hauptträger übertragen werden, da die gerade Einflußlinie des kurzen Längsträgers durch die betreffenden Punkte der Einflußlinie des Hauptträgers gehen muß (Abb. 134).

B. Die Bewegungslehre und Dynamik.

I. Die Bewegungslehre.

1. Die einfachen Bewegungen.

Die Bewegungslehre untersucht die Beziehungen, die bei bewegten Körpern zwischen den beiden **Grundgrößen** Weg und Zeit und den daraus **abgeleiteten Größen** Geschwindigkeit und Beschleunigung bzw. Verzögerung bestehen.

Ein Körper bewegt sich, wenn alle oder einzelne seiner Punkte ihren Ort in bezug auf andere, als festliegend angesehene Punkte verändern.

Die Linie, die irgendein Punkt eines bewegten Körpers im Raum zurücklegt, heißt die **Bahn** oder der **Weg** des betreffenden Punktes. Je nach der Form dieser Linie unterscheidet man einen geraden oder gekrümmten Weg des Punktes. Die gebrochene Linie irgendeines Zickzackweges setzt sich aus mehreren geraden oder gekrümmten Teilstrecken zusammen. Der gekrümmte oder gebrochene Weg wird häufig durchweg in derselben Ebene liegen, kann aber auch beliebig im Raum verlaufen.

Die Lage aller Punkte eines **starren** Körpers ist **vollständig** bestimmt durch die Lage von **drei** Punkten desselben, die sich nicht in einer Geraden befinden, denn jeder andere Punkt ist als Schnittpunkt der mit den drei Abständen von den herausgegriffenen Grundpunkten geschlagenen Kugeln festgelegt. Infolgedessen ist auch die Bewegung eines **starren** Körpers durch die Bewegung von **drei nicht in derselben Geraden liegenden Punkten** vollkommen bestimmt.

In vielen Fällen weichen die Wege der einzelnen Punkte eines Körpers so wenig voneinander ab, daß man abkürzungsweise den Weg des Schwerpunktes als Weg des ganzen Körpers bezeichnet; der Körper macht eine **fortschreitende** Bewegung. Sie wird als **Schiebung** bezeichnet, wenn zwei beliebige sich schneidende Geraden des Körpers in allen Lagen parallel bleiben. In anderen Fällen liegen alle Punkte eines bewegten Körpers, mit Ausnahme der auf einer einzigen Geraden, der Drehachse, befindlichen, auf kreisförmigen, wenn auch verschiedenen Bahnen; der Körper macht eine **Drehbewegung.** Es ist jedoch nicht nötig, daß die Drehachse im Körper eine unveränderliche Lage hat, sie kann sich vielmehr unter Umständen darin verschieben oder drehen. Auch sonst können die beiden beschriebenen Arten der Bewegung gleichzeitig vorkommen; die entstehende Gesamtbewegung des Körpers wird als **Schraubung** bezeichnet.

Gemessen werden die Wege meistens in dem Längenmaß **Meter** (m).

Durch die Bahnlinie ist die Bewegung des Körpers oder eines seiner Punkte noch nicht ausreichend bestimmt; es muß auch die **Richtung** in der Bahn angegeben werden. Denn es besteht ein wesentlicher Unterschied, ob ein Körper in Punkt C die Bahnlinie der Abb. 135 von dem Punkt A nach dem Punkt B durchläuft oder umgekehrt. Bezeichnet man willkürlich die Richtung AB als positiv, so ist die Richtung BA als negativ zu rechnen.

Zur vollständigen Beschreibung der Bewegung ist ferner noch ihre Abhängigkeit von der **Zeit** anzugeben. Zu jeder Bewegung ist Zeit erforderlich. Der Ablauf der Zeit hat nur eine Richtung.

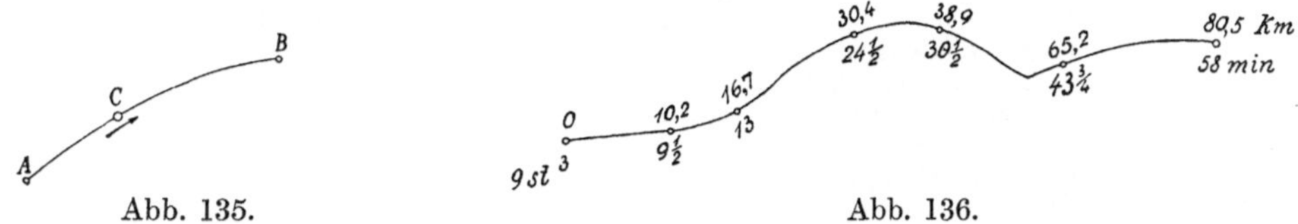

Abb. 135.   Abb. 136.

Das Grundmaß der Zeit ist der **Tag,** diejenige Zeit, die die Erde zu einer einmaligen Umdrehung um ihre Achse braucht. Der Tag wird eingeteilt in 24 Stunden (st), die Stunde in 60 Minuten (min), die Minute in 60 Sekunden (sk). In der Mechanik ist die Sekunde die gebräuchliche Einheit.

$$\begin{aligned}
1 \text{ st} &= 60 \cdot 60 = 3600 \text{ sk,} \\
1 \text{ Tag} &= 24 \cdot 60 = 1440 \text{ min,} \\
&= 1440 \cdot 60 = 86\,400 \text{ sk.}
\end{aligned}$$

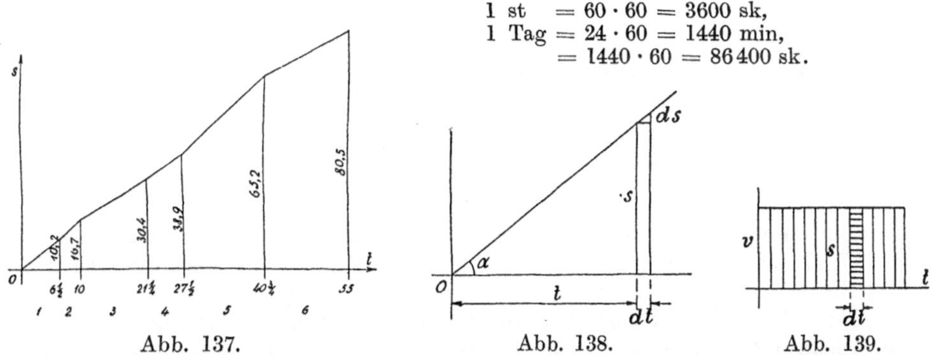

Abb. 137.   Abb. 138.   Abb. 139.

Man kann die etwa bei einer Wettfahrt von den auf der Strecke verteilten Beobachtern festgestellten Zeiten neben den Ortspunkten der Beobachtung einschreiben und erhält so eine Darstellung des Verlaufes der Fahrt eines Wagens (Abb. 136), die jedoch gänzlich unübersichtlich ist. Der Verlauf wird anschaulich dargestellt, wenn man auf einer Achse die Zeiten t und senkrecht dazu die zurückgelegten Wege s aufträgt (Abb. 137). Der so erhaltene gebrochene Linienzug geht bei hinreichend kleinen Zeitabschnitten in die Zeit-Wegkurve über, die das Gesetz der Bewegung veranschaulicht.

Der einfachste Fall der Bewegung ist der, daß die Zeit-Weglinie eine Gerade ist.

Die Abb. 138 ergibt dann

$$\frac{s}{t} = \frac{ds}{dt} = \operatorname{tg} \alpha = v.$$

Das Verhältnis von Weg und zugehöriger Zeit ist stets dasselbe. Es heißt die **Geschwindigkeit** des betreffenden Körpers oder Punktes; sie wird gemessen in m/sk. Die dargestellte Bewegung wird als **gleichförmige** bezeichnet.

Bei gegebener Geschwindigkeit v und gegebener Zeit t ist der Weg

$$s = v \cdot t.$$

Trägt man die Zeiten auf einer Achse auf und senkrecht dazu die gleichbleibende Geschwindigkeit, so entsteht das Rechteck der Abb. 139, dessen Inhalt den Weg s veranschaulicht.

Bisweilen ersetzt man überschlägig eine ungleichförmige Bewegung durch eine gleichförmige und rechnet mit der **mittleren Geschwindigkeit** v auf dem betreffenden Wege.

Mittlere Geschwindigkeiten.

Fußgänger	1,6 m/sk	= 5,75 km/st
Fahrrad	$8^1/_3$,,	= 30 ,,
Pferd im Schritt		
am Lastwagen	1 ,,	= 3,6 ,,
unterm Reiter	$1^2/_3$,,	= 6 ,,
Pferd im Mitteltrab	4 ,,	—
Pferd im Galopp	$6^2/_3$,,	—
Güterzug	8,3 ÷ 11,1 ,,	= 30 ÷ 40 ,,
Personenzug	12,5 ÷ 18,1 ,,	= 45 ÷ 65 ,,
Schnellzug	19,5 ÷ 25,0 ,,	= 70 ÷ 90 ,.
Postdampfer	6,2 ÷ 7,7 ,,	= 12 ÷ 15 Seem./st,
Schnelldampfer	8,2 ÷ 12,3 ,,	= 16 ÷ 24 ,,
Schall in der Luft	333 ,,	
Licht im Raum	300 000 km/sk.	

Höchstgeschwindigkeiten

im Einlaßventil von Gasmaschinen	55 ÷ 60 m/sk
,, ,, ,, Sattdampfmaschinen	40 ,,
,, ,, ,, Heißdampfmaschinen	60 ,,
in Hochdrucksattdampfleitungen	25 ,,
,, Hochdruckheißdampfleitungen	40 ,,
,, Kondensatordampfleitungen	100 ,,

Bei einer **Drehbewegung** um eine als fest geltende Achse unterscheidet man die Umlaufgeschwindigkeit irgendeines Punktes des betreffenden Körpers und die Winkelgeschwindigkeit des ganzen Körpers.

Ist r der Abstand eines bestimmten Punktes von der Drehachse in m und n die Anzahl der Umdrehungen des Körpers in der min, so ist die Umlaufgeschwindigkeit des Punktes

$$v = \frac{2\,\pi \cdot r \cdot n}{60}\ \text{m/sk}.$$

Die Winkelgeschwindigkeit ermittelt sich, da der bei einer Umdrehung zurückgelegte Bogen $2\,\pi$ ist, der ebenso wie der Sinus oder Kosinus usw eine unbenannte Zahl ist, zu

$$\omega = \frac{2\pi \cdot n}{60}\ \frac{1}{\text{sk}}.$$

Es besteht somit der Zusammenhang

$$v = r \cdot \omega.$$

Bei einer ungleichförmig verlaufenden Bewegung ist die in irgendeinem sehr kleinen Zeitteilchen $d\,t$ vorhandene Geschwindigkeit gegeben durch

$$v = \frac{d\,s}{d\,t}\ \text{m/sk},$$

wenn $d\,s$ wieder das zugehörige Wegstückchen bedeutet.

Der einfachste Fall ist nun der, daß die Geschwindigkeit gleichförmig zu- oder abnimmt (Abb. 140), also durch eine geneigte gerade Linie dargestellt wird.

Auch hier ist der Weg wieder durch den Inhalt der von der Zeitachse und der Geschwindigkeitslinie eingeschlossenen Fläche gegeben, und man erhält sofort dafür

$$s = \tfrac{1}{2} \cdot v \cdot t,$$

wenn v die erreichte Endgeschwindigkeit bedeutet und t die vom Anfang der Bewegung bis zu dem betreffenden Augenblick gebrauchte Zeit.

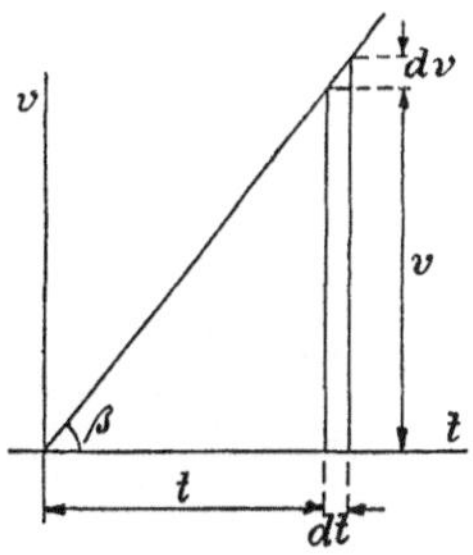

Man entnimmt der Abb. 140 ferner

$$\frac{dv}{dt} = \operatorname{tg} \beta = p \ \mathrm{m/sk} : \mathrm{sk}.$$

Das in m/sk² gemessene Verhältnis der Geschwindigkeitsänderung zu der dazu gebrauchten Zeit ist **unveränderlich**. Es heißt die **Beschleunigung** bzw. die **Verzögerung**, je nachdem die Geschwindigkeit zunimmt oder abnimmt.

Abb. 140.

Schreibt man die letztere Gleichung in der Form

$$dv = p \cdot dt,$$

so liefert die Summierung zwischen den Grenzen 0 und t

$$\int_0^v dv = p \cdot \int_0^t dt$$

oder
$$v = p \cdot t.$$

Die Endgeschwindigkeit entspricht der zugehörigen Zeit.

Setzt man diesen Wert in die Gleichung für den Weg ein, so folgt

$$s = \tfrac{1}{2} \cdot p \cdot t^2.$$

Die Zeit-Wegkurve ist demnach eine Parabel.

Wird t aus der Gleichung für die Geschwindigkeit ausgerechnet und in die Formel für den Weg eingesetzt, so wird

$$s = \frac{v^2}{2 \cdot p}.$$

Aus der letzteren Gleichung erhält man umgekehrt die Geschwindigkeit

$$v = \sqrt{2 \cdot p \cdot s},$$

die Zeit
$$t = \sqrt{\frac{2 \cdot s}{p}}.$$

Setzt man in die Gleichung für die Beschleunigung die Ausgangsformel für die Geschwindigkeit ein, so wird

$$p = \frac{d\dfrac{ds}{dt}}{dt}$$

oder abkürzungsweise geschrieben

$$p = \frac{d^2 s}{dt^2}.$$

Für die Berechnung ist immer auf die erste Schreibung zurückzugreifen.

Besitzt der betreffende Körper oder Punkt bereits eine bestimmte Geschwindigkeit v_0, ehe er die Beschleunigung p erfährt, so entsteht die Abb. 141, und man entnimmt ihr

$$v = v_0 + p \cdot t,$$
$$s = v_0 \cdot t + \tfrac{1}{2} \cdot p \cdot t^2.$$

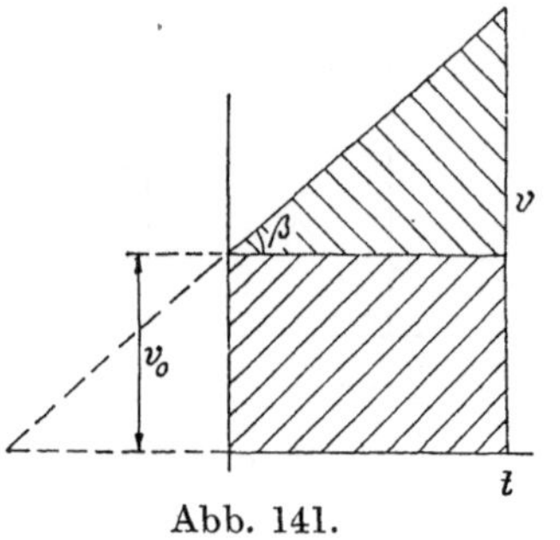

Andererseits kann nach der gestrichelten Fortsetzung der Abb. 141 über den Nullpunkt hinaus ausgedrückt werden

$$s = \frac{v^2}{2 \cdot p} - \frac{v_0^2}{2 \cdot p}.$$

Ist p eine Verzögerung, so ist sie negativ einzusetzen, und es gilt die Darstellung der Abb. 142:

$$v = v_0 - p \cdot t,$$
$$s = v_0 \cdot t - \tfrac{1}{2} \cdot p \cdot t^2,$$
$$s = \frac{v_0^2}{2 \cdot p} - \frac{v^2}{2 \cdot p}.$$

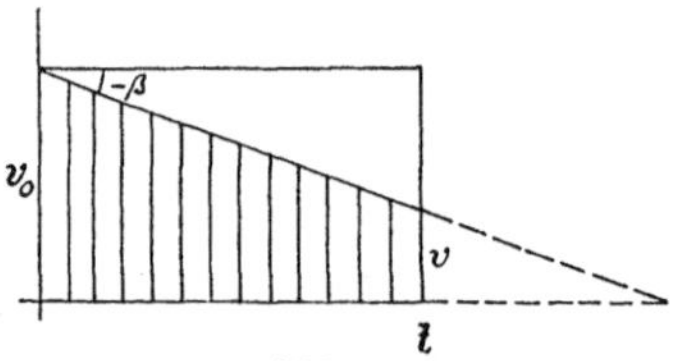

Abb. 141.

Bei einer **Drehbewegung** wird in Abb. 140 statt der Umlaufgeschwindigkeit v m/sk eines bestimmten Punktes des Körpers oft die Winkelgeschwindigkeit ω 1/sk des ganzen Körpers eingesetzt. Man erhält dann als den in einer bestimmten Zeit t sk zurückgelegten Bogen

$$\mathrm{arc}\,\alpha = \tfrac{1}{2} \cdot \omega \cdot t$$

Abb. 142.

und als **Winkelbeschleunigung** in 1/sk²

$$\varepsilon = \mathrm{tg}\,\beta = \frac{d\omega}{dt}.$$

Auch hier kann abkürzungsweise geschrieben werden

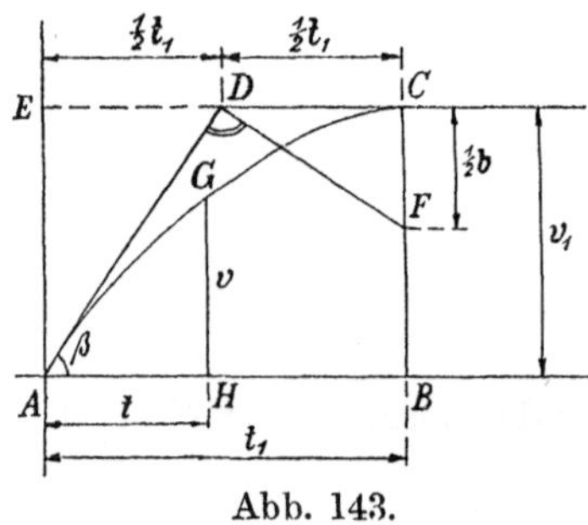

Abb. 143.

$$\varepsilon = \frac{d\dfrac{d\alpha}{dt}}{dt} = \frac{d^2\alpha}{dt^2}.$$

Bei gleichförmig beschleunigter oder verzögerter Drehbewegung folgt aus

$$d\omega = \varepsilon \cdot dt$$

durch Summierung zwischen den Grenzen 0 und t der Zusammenhang

$$\omega = \varepsilon \cdot t.$$

Durch Differentiation der Beziehung S. 60 zwischen Umfangs- und Winkelgeschwindigkeit erhält man für die Beschleunigungen entsprechend

$$p = r \cdot \varepsilon.$$

In vielen Fällen wird die **Zeit-Geschwindigkeitslinie** sehr gut durch eine **Parabel** wiedergegeben, deren Scheitelachse CB die erreichte Höchstgeschwindigkeit v ist (Abb. 143). Die an den Anfangspunkt A gezogene Tangente AD

halbiert die Scheiteltangente CE, und das in D auf AD errichtete Lot geht durch den Brennpunkt F der Parabel. Er ist ja vom Scheitel C um den Halbparameter $\frac{1}{2}\,b$ der Parabel entfernt. Damit gilt für den Punkt A mit den Bezeichnungen der Abb. 143 die Parabelgleichung

$$t_1^2 = 2 \cdot b \cdot v_1 .$$

Den ähnlichen Dreiecken DCF und AED entnimmt man

$$\frac{\frac{1}{2}\,b}{\frac{1}{2}\,t_1} = \frac{\frac{1}{2}\,t_1}{v_1} \qquad \text{oder} \qquad t_1^2 = 2 \cdot b \cdot v_1 ,$$

womit die Richtigkeit der angegebenen Zusammenhänge bewiesen ist.

Für einen beliebigen Punkt G der Geschwindigkeitsparabel erhält man

$$(t_1 - t)^2 = 2 \cdot b \cdot (v_1 - v)$$

oder durch Einsetzen des Wertes von $2\,b$ aus der ersteren Gleichung

$$(t_1 - t)^2 = \frac{t_1^2}{v_1} \cdot (v_1 - v),$$

woraus die Geschwindigkeit folgt

$$v = v_1 \cdot \left[2 \cdot \frac{t}{t_1} - \left(\frac{t}{t_1} \right)^2 \right] .$$

Die größte Beschleunigung findet am Anfangspunkt A zur Zeit 0 statt:

$$p_{\max} = \operatorname{tg} \beta = \frac{v_1}{\frac{1}{2} \cdot t_1} = 2 \cdot \frac{v_1}{t_1} .$$

Die Beschleunigung an einer anderen Stelle G zur Zeit t ist $p = \dfrac{d\,v}{d\,t}$, wird also durch Differentiation der Gleichung für die Geschwindigkeit erhalten:

$$p = 2 \cdot \frac{v_1}{t_1} \cdot \left(1 - \frac{t}{t_1} \right) = p_{\max} \cdot \left(1 - \frac{t}{t_1} \right) ,$$

sie wird demnach in Abhängigkeit von der Zeit durch eine geneigte Gerade dargestellt.

Der bis zu einer bestimmten Zeit t von 0 aus zurückgelegte Weg ist der Flächeninhalt AGH der Abb. 143, also

$$s = \int_0^t v \cdot d\,t = v_1 \cdot \int_0^t \left[2 \frac{t}{t_1} - \left(\frac{t}{t_1} \right)^2 \right] \cdot d\,t$$

oder

$$s = \frac{v_1 \cdot t^2}{t_1} \cdot \left(1 - \frac{1}{3} \cdot \frac{t}{t_1} \right) ,$$

der für die ganze Anfahrzeit $t = t_1$ übergeht in

$$s_1 = \tfrac{2}{3} \cdot v_1 \cdot t_1 .$$

Die Abb. 143 gilt auch für die Winkelgeschwindigkeit ω bzw. Winkelbeschleunigung ε, ebenso die entsprechenden Formeln:

$$\omega = \omega_1 \cdot \left[2 \cdot \frac{t}{t_1} - \left(\frac{t}{t_1} \right)^2 \right],$$

$$\varepsilon_{\text{max}} = 2 \cdot \frac{\omega}{t},$$

$$\varepsilon = \varepsilon_{\text{max}} \cdot \left(1 - \frac{t}{t_1} \right),$$

$$\alpha_1 = \tfrac{2}{3} \cdot \omega_1 \cdot t_1.$$

Ist die Zeit-Weglinie unmittelbar gegeben, ohne daß ihr mathematisches Gesetz bekannt ist (Abb. 144), so entnimmt man an einem beliebigen Punkt B durch Ziehen der Kurventangente die Geschwindigkeit

$$v = \frac{ds}{dt} = \operatorname{tg} \alpha.$$

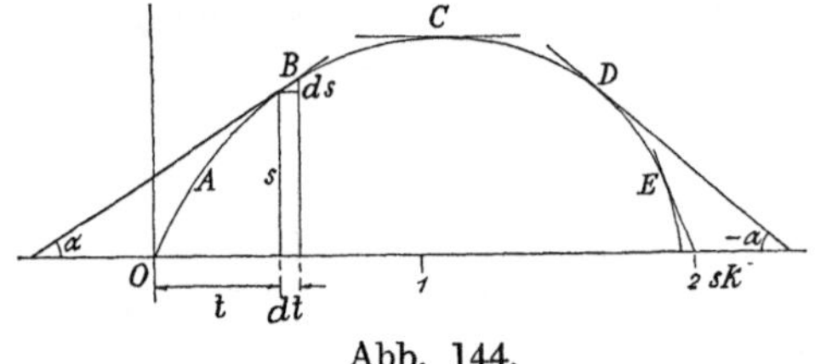

Abb. 144.

Vorteilhaft zieht man durch einen im Abstande 1 sk od. dgl. von einer Senkrechten beliebig angenommenen Pol O Parallelen zu den Kurventangenten, die natürlich sehr sorgfältig bestimmt werden müssen, und erhält dann auf der Senkrechten die Abschnitte $v = 1 \cdot \operatorname{tg} \alpha$ (Abb. 145).

In derselben Weise kann aus der Zeit-Geschwindigkeitslinie die Zeit-Beschleunigungslinie entwickelt werden.

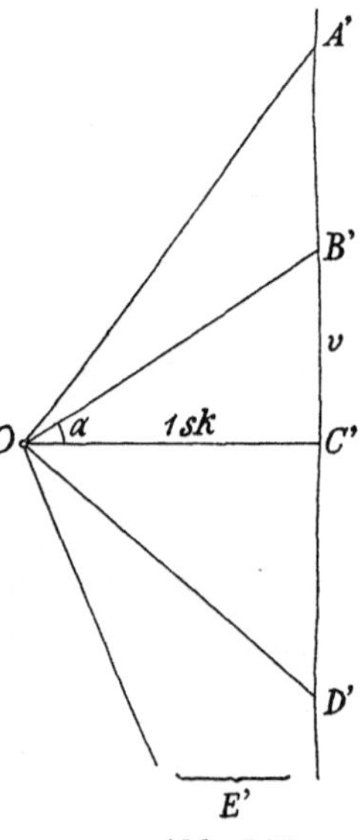

Abb. 145.

Eine andere Art der Aufzeichnung ergibt die Abb. 146, in der AB ein Stück der Geschwindigkeitskurve über der Weglinie x darstellt. Es ist dann die Beschleunigung

$$p = \frac{dc}{dt} = \frac{dc}{dx} \cdot \frac{dx}{dt} = \operatorname{tg} \varphi \cdot c.$$

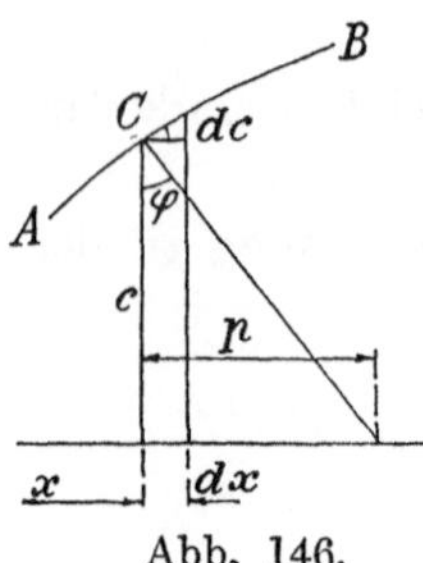

Abb. 146.

Errichtet man also in einem Punkt C der Geschwindigkeitskurve die Normale dazu, so schneidet sie auf der Weglinie die Beschleunigung ab. Letztere ist die Subnormale der Geschwindigkeit.

2. Schwingungsbewegungen.

Gegeben ist eine gleichförmige Drehbewegung mit der Winkelgeschwindigkeit ω, die zur Zeit $t = 0$ von dem Winkel φ ausgeht (Abb. 147), also zur Zeit t den Winkel $\omega \cdot t + \varphi$, von der Achse aus gemessen, zurückgelegt hat. Es soll der zur Achse AB senkrechte Ausschlag s eines im Abstande r von der Drehachse befindlichen Punktes C in Abhängigkeit von der Zeit aufgetragen werden.

Die Abb. 147 ergibt sogleich

$$s = r \cdot \sin (\omega \cdot t + \varphi),$$

und die Auftragung mit einem beliebigen Längenmaßstab für die Zeit t liefert die allgemeine Sinuslinie, die sich in den gleichen Zeitabschnitten

$$T = \frac{2\pi}{\omega}, \qquad \frac{4\pi}{\omega} \cdots,$$

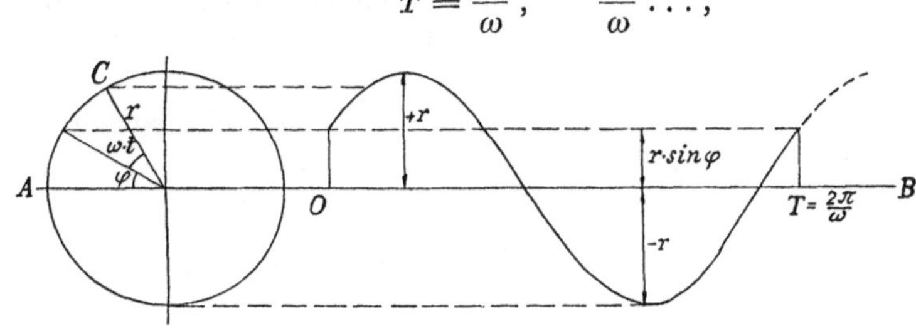

Abb. 147.

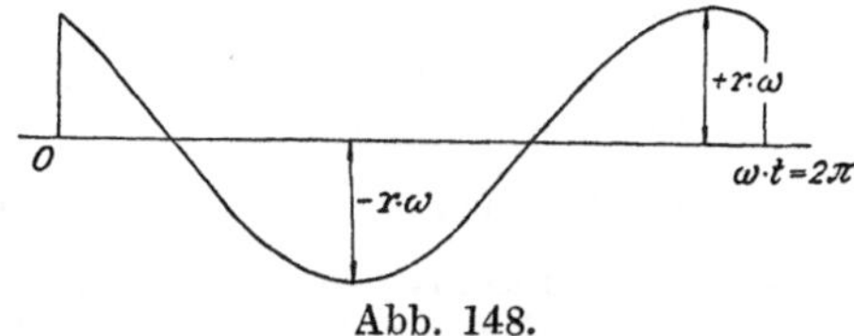

Abb. 148.

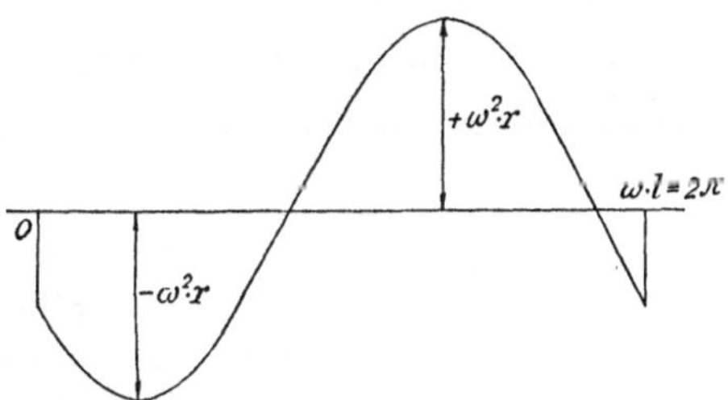

Abb. 149.

wo also $\omega \cdot T = 2 \cdot \pi$ ist, immer wiederholt, was ja durch die Herleitung dieser Schwingungsbewegung aus der gleichförmigen Drehbewegung selbstverständlich ist.

Die Geschwindigkeit des Punktes C bei seiner Ausschlagbewegung ergibt sich zu

$$v = \frac{ds}{dt} = r \cdot \omega \cdot \frac{d \sin (\omega \cdot t + \varphi)}{d (\omega \cdot t + \varphi)} = r \cdot \omega \cdot \cos (\omega \cdot t + \varphi)$$

oder auch

$$v = r \cdot \omega \cdot \sin \left(\frac{\pi}{2} + \omega \cdot t + \varphi \right).$$

Die Zeit-Geschwindigkeitskurve wird aus der Zeit-Wegkurve erhalten, indem man alle Ordinaten um das ωfache vergrößert und die ganze Kurve um $^{1}/_{4}$ der Periode $\dfrac{2\pi}{\omega}$ nach dem Anfangspunkt hin verschiebt (Abb. 148). Es ist auch ohne weiteres erklärlich, daß die Ausschlagbewegung beim Durchgang des Punktes C

durch die Achse AB der Abb. 147 die größte Geschwindigkeit hat und beim Durchgang durch die dazu senkrechte Mittelachse des Kreises die Geschwindigkeit 0.

Man erhält weiter die **Beschleunigung der Schwingungsbewegung** zu

$$p = \frac{dv}{dt} = r \cdot \omega^2 \cdot \frac{d\cos(\omega \cdot t + \varphi)}{d(\omega \cdot t + \varphi)}$$

$$= - r \cdot \omega^2 \cdot \sin(\omega \cdot t + \varphi) = - \omega^2 \cdot s.$$

Die Zeit-Beschleunigungskurve ist um die halbe Periode gegen die Zeit-Wegkurve verschoben, und ihre Ordinaten sind die mit dem Faktor ω^2 erweiterten der Zeit-Wegkurve (Abb. 149).

Setzt man hierin den auf S. 61 gegebenen Ausdruck für p ein, so geht diese Gleichung über in

$$\frac{d^2 s}{dt^2} = - \omega^2 \cdot s,$$

und man kann als Lösung dieser **Differentialgleichung der einfachen harmonischen Schwingung** angeben

$$s = r \cdot \sin(\omega \cdot t + \varphi),$$

worin r und φ Festwerte sind, die aus besonderen Angaben über den Anfangs- oder auch einen beliebigen Zwischenzustand der Schwingung zu ermitteln sind. Die Lösung kann auch geschrieben werden

$$s = r \cdot \sin(\omega \cdot t) \cdot \cos\varphi + r \cdot \cos(\omega \cdot t) \cdot \sin\varphi.$$

Da nun φ ein unveränderlicher Winkel ist, so können seine Funktionen $\cos\varphi$ und $\sin\varphi$ mit r zu je einer neuen Veränderlichen zusammengefaßt werden. Man erhält so eine andere Form derselben Lösung:

$$s = C_1 \cdot \sin\omega t + C_2 \cdot \cos\omega t,$$

worin C_1 und C_2 die durch die zweimalige Integration hinzugekommenen Festwerte sind.

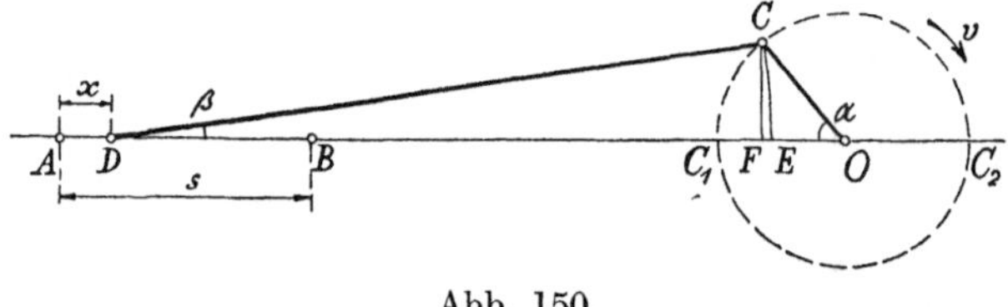

Abb. 150.

Eine **Schwingung**, die nicht rein nach dem Sinusgesetz erfolgt, wird als **gestörte harmonische** bezeichnet. Eine solche ist die des **Schubkurbelgetriebes**: Der Kurbelzapfen C bewegt sich um die Achse O mit der gleichförmigen Geschwindigkeit $v = r \cdot \omega$ (Abb. 150). Der inneren Totlage C_1 der Kurbel entspricht dann die äußere Totlage A des Kreuzkopfes bzw. Kolbens und der äußeren Totlage C_2 der Kurbel die innere B des Kreuzkopfes bzw. Kolbens. Es ist also $\overline{AB} = \overline{C_1 C_2}$ oder $s = 2\,r$.

Zu einem beliebigen von der Kurbel zurückgelegten Winkel α gehört der Kreuzkopfweg $x = \overline{AD} = \overline{C_1 E}$. Zwischen dem Ausschlagwinkel β der Schubstange von der Länge l und dem Kurbelwinkel α besteht der Zusammenhang

$$\overline{CF} = r \cdot \sin\alpha = l \cdot \sin\beta,$$

also

$$\sin\beta = \frac{r}{l} \cdot \sin\alpha.$$

Nun ist
$$\overline{C_1 F} = r \cdot (1 - \cos\alpha) \quad \text{und} \quad \overline{FE} = l \cdot (1 - \cos\beta).$$

Mit
$$\cos\beta = \sqrt{1 - \sin^2\beta} = \sqrt{1 - \left(\frac{r}{l} \cdot \sin\alpha\right)^2} \sim 1 - \frac{1}{2} \cdot \left(\frac{r}{l} \cdot \sin\alpha\right)^2$$

wird somit
$$\overline{C_1 E} = x = r \cdot \left(1 - \cos\alpha + \frac{1}{2} \cdot \frac{r}{l} \cdot \sin^2\alpha\right).$$

Für den Rückgang des Kreuzkopfes bzw. Kolbens gilt entsprechend gemäß Abb. 151
$$x = \overline{BD} = \overline{C_2 F} = \overline{C_2 F} - \overline{EF},$$

also
$$x = r \cdot \left(1 - \cos\alpha - \frac{1}{2} \cdot \frac{r}{l} \cdot \sin^2\alpha\right)$$
$$= r \cdot \left(1 - \cos\alpha - \frac{1}{4} \cdot \frac{r}{l} \cdot [1 - \cos 2\alpha]\right).$$

Man bezeichnet das dritte Glied der Klammer als Störungsglied der Schubkurbelbewegung. Es erhält seinen größten Wert $\frac{1}{2} \cdot \frac{r}{l}$ für $\alpha = \frac{\pi}{2}$: Beim Hingang eilt der Kolben der Kurbel vor; sein Weg beträgt bei Mittelstellung der Kurbel bereits

$$x_m = r \cdot \left(1 + \frac{1}{2} \cdot \frac{r}{l}\right).$$

Beim Rückgang eilt der Kolben nach; bei Mittelstellung der Kurbel ist sein Weg erst

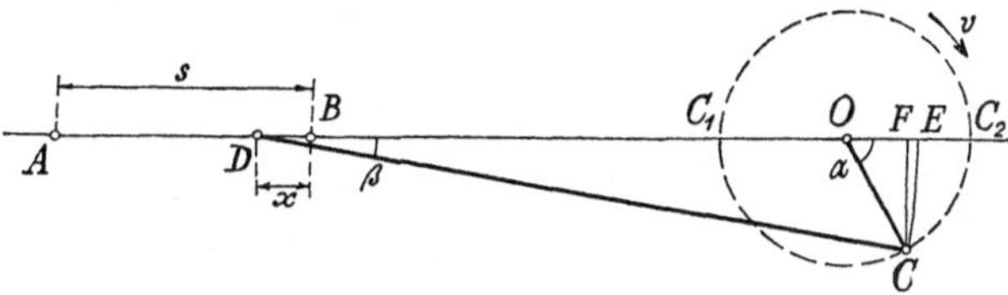

Abb. 151.

$$x_m = r \cdot \left(1 - \frac{1}{2} \cdot \frac{r}{l}\right).$$

Zwei zur Achse $A\,C_2$ symmetrische Kurbelstellungen C ergeben natürlich dieselbe Kreuzkopfstellung D.

Die Kreuzkopfgeschwindigkeit c im Abstande x von der Totlage ergibt sich zu $c = \dfrac{dx}{dt}$. Nun gilt nach den Abb. 150 und 151

$$\overline{C_1 C} \text{ bzw. } \overline{C_2 C} = v \cdot t = r \cdot \alpha,$$

also
$$dt = \frac{r}{v} \cdot d\alpha.$$

Damit wird
$$c = \frac{v}{r} \cdot \frac{dx}{d\alpha} = \frac{v}{r} \cdot r \cdot \left(0 + \sin\alpha \pm \frac{1}{2} \cdot \frac{r}{l} \cdot 2 \cdot \sin\alpha \cdot \cos\alpha\right),$$

also
$$c = v \cdot \left(\sin\alpha \pm \frac{1}{2} \cdot \frac{r}{l} \cdot \sin 2\alpha\right).$$

Das Störungsglied erhält hier seinen größten Wert $+\dfrac{1}{2}\cdot\dfrac{r}{l}$ für $\alpha = 45°$, seinen kleinsten $-\dfrac{1}{2}\cdot\dfrac{r}{l}$ für $\alpha = 135°$, und es verschwindet bei $\alpha = 0$ und $90°$.

Die Kreuzkopfbeschleunigung ergibt sich durch nochmalige Differentiation zu

$$p = \frac{dc}{dt} = \frac{v}{r}\cdot\frac{dc}{d\alpha} = \frac{v}{r}\cdot v\cdot\left(\cos\alpha \pm \frac{1}{2}\cdot\frac{r}{l}\cdot\cos 2\alpha\cdot 2\right).$$

also

$$p = \frac{v^2}{r}\cdot\left(\cos\alpha \pm \frac{r}{l}\cdot\cos 2\alpha\right).$$

Der Größtwert $+\dfrac{r}{l}$ des Störungsgliedes tritt bei $\alpha = 0°$ ein, der kleinste $-\dfrac{r}{l}$ bei $\alpha = 180°$.

Trägt man den Verlauf von s, v, p in Abhängigkeit von dem Kurbelwinkel α auf, so ergeben sich die Schwingungskurven der Abb. 152, 153, 154, worin die dünn gezogenen Linien die Werte ohne Störungsglied und die stark ausgezogenen Linien die genaueren Werte mit Störungsglied wiedergeben, und zwar für den bei liegenden

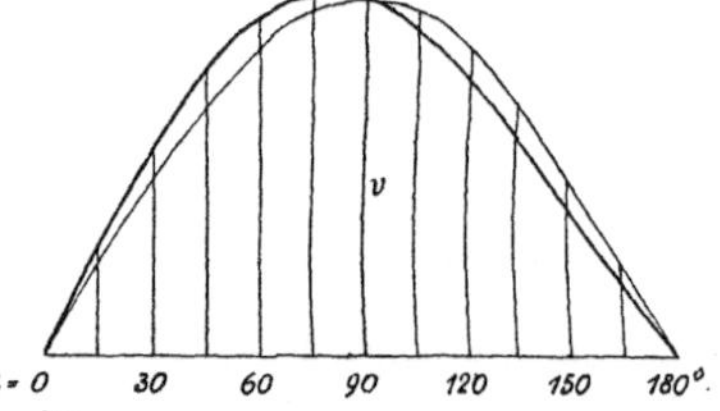

Abb. 154.

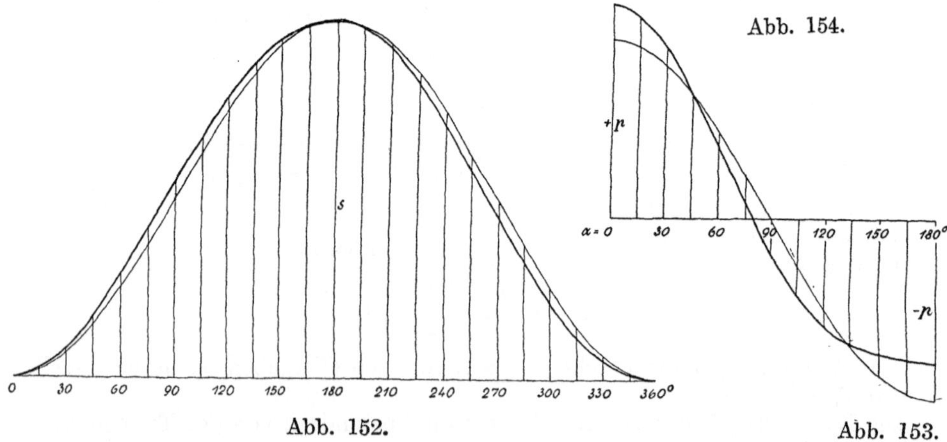

Abb. 152.   Abb. 153.

ortsfesten Kraftmaschinen gebräuchlichen Fall $\dfrac{r}{l} = \dfrac{1}{5}$. Der Deutlichkeit halber ist in den Abb. 153 und 154 $\omega = 1$ gesetzt worden.

Bei stehenden Kraftmaschinen ist gewöhnlich $\dfrac{r}{l} = \dfrac{1}{4,5}$, ebenso bei liegenden Schnellläufern. Für stehende schnellaufende Maschinen gilt $\dfrac{r}{l} = \dfrac{1}{4}$, bisweilen bei Kraftwagen- und Flugzeugmotoren $\dfrac{r}{l} = \dfrac{1}{3,8} \div \dfrac{3}{10}$. Lokomotiven haben $\dfrac{r}{l} = \dfrac{1}{6} \div \dfrac{1}{8}$, Sägegatter und ähnliche Maschinen $\dfrac{r}{l} = \dfrac{1}{12}$.

Gewöhnlich gibt man den Verlauf der Geschwindigkeit und Beschleunigung in Abhängigkeit von der Kolbenstellung an, wie die Abb. 156, 157 zeigen.

Die Kolbenstellung findet man zeichnerisch, indem man von einem angenommenen Punkt C des über dem Hub $s = 2r$ errichteten Kurbelhalbkreises einen Kreisbogen mit dem Halbmesser l aus einem auf der s-Achse nach dem Zylinderende der Maschine hin gelegenen Mittelpunkt D schlägt (Abb. 150 und 151). Diese Art der Aufzeichnung ist jedoch wenig genau; besser und einfacher ist die folgende:

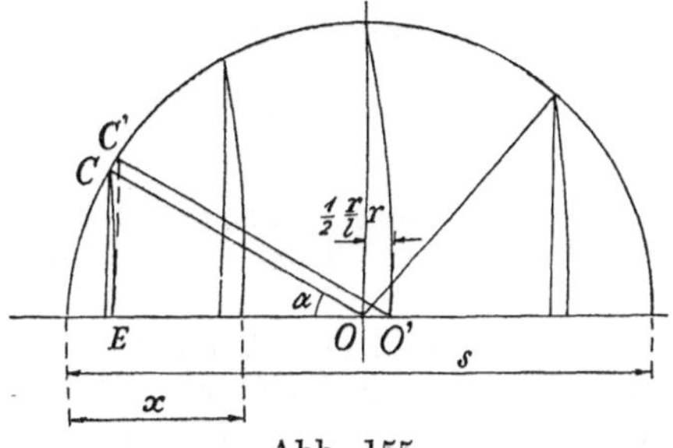

Abb. 155.

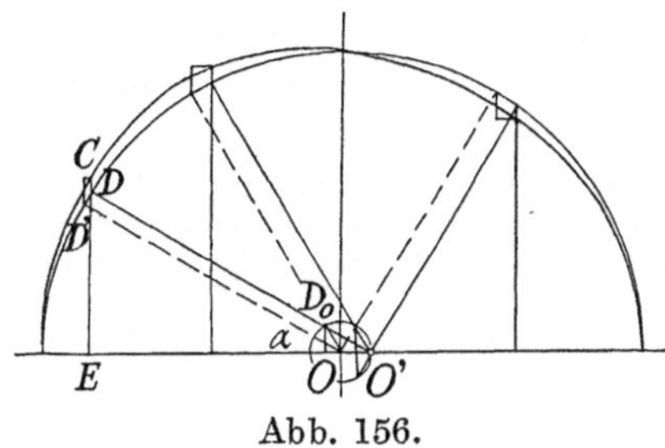

Abb. 156.

Als Scheitel des Kurbelwinkels α wird nicht der Mittelpunkt O des Kurbelkreises genommen, sondern der um den größten Wert des Störungsgliedes $\dfrac{1}{2} \cdot \dfrac{r}{l} \cdot r$ nach der Kurbel hin verschobene Punkt O'. Es kann dann einfach der Punkt C' des Kurbelkreislaufes auf die s-Achse heruntergelotet werden (Abb. 155). Man erhält ebenso umgekehrt zu einer gegebenen Kolbenstellung E die zugehörige Kurbelstellung C.

Die Geschwindigkeitskurve ohne Störungsglied läßt sich sehr bequem zeichnen, wenn man den Geschwindigkeitsmaßstab $v = r$ wählt. Sie wird in dem Fall ein Kreis über dem Durchmesser s. Andernfalls ist sie eine Ellipse. Zur Berücksichtigung des Störungsgliedes schlägt man um O einen Kreis mit dem

Halbmesser $\dfrac{1}{2} \cdot \dfrac{r}{l} \cdot r$, zieht den der Kolbenstellung E entsprechenden Strahl $O'D$ und den dazu parallelen $O D'$, trägt die zwischen dem Schnittpunkt D_0 und der Wegachse abgeschnittene Strecke senkrecht über der Kurbelstellung D' auf; durch wagerechtes Herüberziehen ergibt sich dann der Punkt C der Geschwindigkeitskurve (Abb. 156). Denn dem Winkel $O O'D = \alpha$ ent-

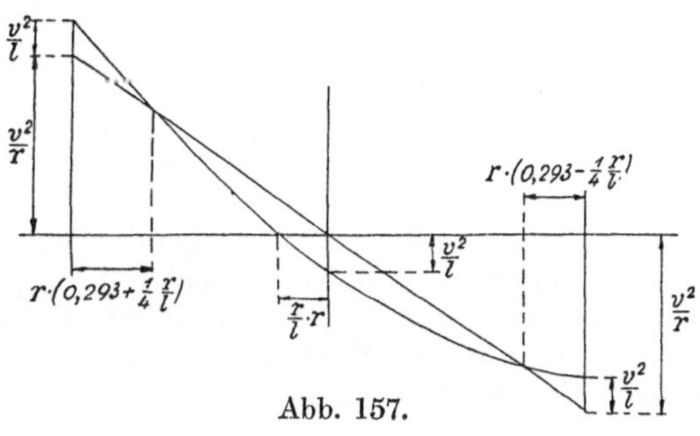

Abb. 157.

spricht der Zentriwinkel 2α, dessen Sinus gemäß der Formel für c genommen wird.

Die Beschleunigungskurve ohne Berücksichtigung des Störungsgliedes ist eine schräge Gerade (Abb. 157). Der Anfangspunkt auf der Deckelseite und der Endpunkt auf der Kurbelseite der Kurve mit Störungsglied bestimmen sich gemäß der obigen Formel nach den Angaben der Abb. 157. Die Kurve schneidet die Kolbenwegachse im Abstande $\dfrac{r}{l} \cdot r$ vor der Mitte, in der Mitte des Hubes liegt sie wieder um den Betrag $\dfrac{v^2}{l}$ unterhalb der Kolbenwegachse. Sie schneidet die ohne Berücksichtigung des Störungsgliedes gezogene Gerade bei dem Kurbelwinkel $\alpha = 45°$, also an den in Abb. 157 eingetragenen Abschnitten. Aus diesen sechs leicht festzulegenden Punkten läßt sich die Kurve mit großer Genauigkeit zeichnen. Es ist eine Parabel.

3. Die Zusammensetzung von Bewegungen.

Bewegt sich ein Körper fortschreitend auf einer bestimmten Bahn und erfährt diese Bahn ihrerseits wieder eine Bewegung, so ergibt sich die wahre (absolute) Bewegung des Körpers durch Zusammensetzen der beiden Einzel- (relativen) Bewegungen.

Im Grunde genommen sind alle Bewegungen, die wir verfolgen können, Relativbewegungen. Jedoch faßt man bei allen Aufgaben der technischen Praxis die Erde und mit ihr festverbundene Teile stets als ruhend auf.

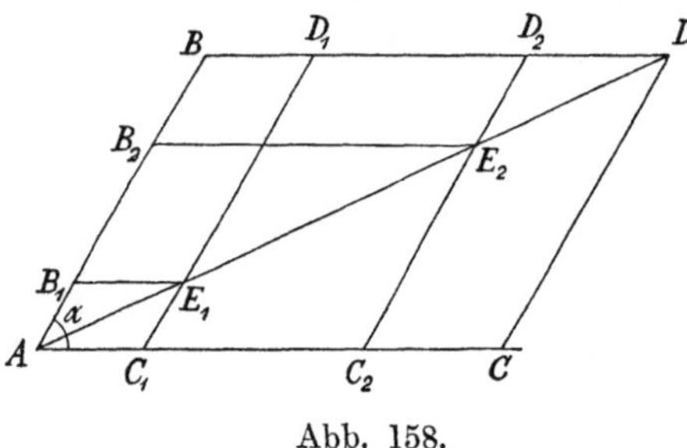

Abb. 158.

Es bewege sich ein Punkt auf der Geraden AB mit der gleichförmigen Geschwindigkeit v_1 und die Gerade AB parallel zu sich selbst derart, daß der Punkt A den geraden Weg AC mit der gleichförmigen Geschwindigkeit v_2 zurücklegt und entsprechend der Punkt B den geraden Weg BD mit derselben Geschwindigkeit (Abb. 158). Nach einer bestimmten Zeit t_1 ist dann der Punkt auf dem Wege AB nach B_1 gekommen und die Gerade AB nach C_1D_1; die absolute Lage des Punktes ist also E_1. Nach einer anderen Zeit t_2 ergibt sich ebenso die absolute Lage E_2 des Punktes. Es gelten nun die Zusammenhänge

$$\frac{\overline{AB_1}}{\overline{AB_2}} = \frac{v_1 \cdot t_1}{v_1 \cdot t_2} = \frac{t_1}{t_2}, \qquad \frac{\overline{AC_1}}{\overline{AC_2}} = \frac{v_2 \cdot t_1}{v_2 \cdot t_2} = \frac{t_1}{t_2},$$

also auch

$$\frac{\overline{AB_1}}{\overline{AB_2}} = \frac{\overline{AC_1}}{\overline{AC_2}} = \frac{\overline{B_1E_1}}{\overline{B_2E_2}}.$$

da die AC und BE gegenüberliegende Seiten in je einem Parallelogramm sind. Hieraus folgt nun, daß die Dreiecke AB_1E_1 und AB_2E_2 einander ähnlich sind. Weil aber AB_1 und AB_2 auf derselben Geraden liegen, so müssen es auch die zweiten, den gleichen Winkel einschließenden Seiten AE_1 und AE_2. Ferner gilt hiernach der Zusammenhang

$$\frac{\overline{AE_1}}{\overline{AE_2}} = \frac{\overline{AB_1}}{\overline{AB_2}} = \frac{t_1}{t_2};$$

Sind beide Relativbewegungen geradlinig und gleichförmig, so ist es auch die absolute Bewegung.

Die geraden Relativwege AB und AC setzen sich demnach zu dem geraden absoluten Weg AE zusammen. Werden diese Wege durch die zu ihrer Zurücklegung gebrauchte gleiche Zeit t dividiert, so erhält man die entsprechenden Geschwindigkeiten. Nach dem Kosinussatz ergibt sich also die absolute Geschwindigkeit aus

$$v^2 = v_1^2 + v_2^2 + 2 \cdot v_1 \cdot v_2 \cdot \cos \alpha.$$

Für $\alpha = 90°$ geht diese Formel über in

$$v^2 = v_1^2 + v_2^2,$$

und für $\alpha = 0$ wird

$$\pm v = \pm v_1 \pm v_2.$$

Je nach der Richtung der Bewegung addieren bzw. subtrahieren sich die in derselben Geraden wirkenden Relativgeschwindigkeiten **algebraisch.** Im Gegensatz hierzu bezeichnet man die Zusammensetzung nach dem Geschwindigkeitsdreieck gemäß den vorhergehenden Formeln als **geometrische Addition** Abb. 159). Es gelten dafür sinngemäß alle für die Zusammensetzung und Zerlegung von Kräften gemachten Angaben.

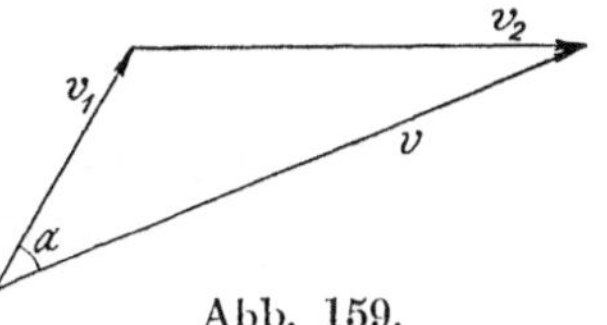

Abb. 159.

Sind beide Relativbewegungen geradlinig und nach demselben Gesetz gleichförmig oder sonstwie beschleunigt, so kann in Abb. 158 $\overline{AB_1} = d\,v_1$ und $\overline{AC_1} = d\,v_2$ gesetzt werden. Wird jetzt durch die zugehörige Zeit $d\,t$ dividiert, so ergibt sich durch dieselbe Überlegung, daß die absolute Bewegung wieder geradlinig und nach demselben Gesetz wie die beiden Relativbewegungen beschleunigt ist.

Die Sätze vom Kräftedreieck und ihre Folgerungen gelten also für geradlinige Bewegungen, Geschwindigkeiten, Beschleunigungen oder Verzögerungen. Natürlich können nur gleichartige Elemente, also Kräfte oder Wege oder Geschwindigkeiten oder Beschleunigungen bzw. Verzögerungen so vereinigt oder zerlegt werden, keinesfalls aber Bewegungen und Kräfte oder Geschwindigkeiten und Beschleunigungen.

Erfolgen zwar beide Einzelbewegungen geradlinig, jedoch nach verschiedenen Beschleunigungsgesetzen, so ist die Bahn der wahren Bewegung des betreffenden Körpers eine gekrümmte.

Der einfachste Sonderfall ist der, daß die eine Bewegung eine gleichförmige, also mit der Beschleunigung 0 ist. Wird ein Körper von irgendeinem Punkt O aus unter dem Winkel α gegen die Wagerechte mit der Geschwindigkeit v abgeworfen, so zerlegt man v in die beiden Seitengeschwindigkeiten $v_x = v \cdot \cos \alpha$ in Richtung der wagerechten, durch O gehenden Achse und $v_y = v \cdot \sin \alpha$ in Richtung der lotrechten, durch O gelegten Achse

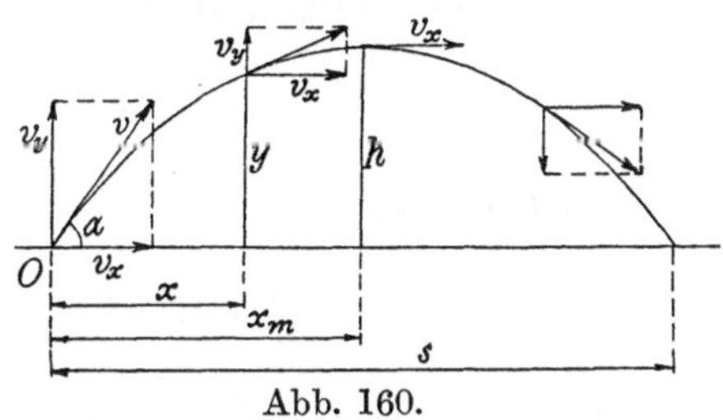

Abb. 160.

(Abb. 160). Die wagerechte Seitengeschwindigkeit v_x bleibt unverändert, solange von Luft- und sonstigen Widerständen abgesehen werden kann, die lotrechte wird durch die auf den Körper einwirkende Fallbeschleunigung g stetig verringert:

$$v_y = v \cdot \sin \alpha - g \cdot t.$$

Die Geschwindigkeit zur Zeit t, etwa an der Stelle x, y, ist gemäß Abb. 160

$$v' = \sqrt{v_x^2 + v_y^2} = v \cdot \sqrt{1 - 2 \cdot \sin \alpha \cdot \frac{g \cdot t}{v} + \left(\frac{g \cdot t}{v}\right)^2}.$$

Der nach Ablauf der Zeit t zurückgelegte Weg ist in wagerechter Richtung

$$x = v_x \cdot t = v \cdot \cos \alpha \cdot t$$

und in lotrechter Richtung

$$y = v \cdot \sin \alpha \cdot t - \tfrac{1}{2} \cdot g \cdot t^2.$$

Der höchste Punkt der Bahn wird in dem Augenblick erreicht, wo $v_y = 0$ wird (Abb. 160). Die zugehörige Zeit ist

$$t = \frac{v \cdot \sin \alpha}{g} \, .$$

Hiermit folgt der zugehörige Abstand

$$x_m = \frac{2 \cdot v^2 \cdot \sin \alpha \cdot \cos \alpha}{2 \cdot g} = \frac{v^2}{2 \cdot g} \cdot \sin 2\alpha$$

und die größte Steighöhe

$$h = \frac{v^2 \cdot \sin^2 \alpha}{g} - \frac{g}{2} \cdot \frac{v^2 \cdot \sin^2 \alpha}{g^2} = \frac{v^2}{2 \cdot g} \cdot \sin^2 \alpha \, .$$

Die Gleichung der Bahnkurve erhält man, indem t aus der ersten Geschwindigkeitsgleichung ausgerechnet und in die Gleichung für den Weg eingesetzt wird:

$$y = x \cdot \operatorname{tg} \alpha - x^2 \cdot \frac{g}{2 \cdot v^2 \cdot \cos^2 \alpha} \, .$$

Rechnet man jetzt die y von dem höchsten Punkt der Bahn aus: $y' = h - y$ und die x von x_m aus: $x' = x_m - x$, so geht diese Kurvengleichung über in

$$x'^2 = 2 \cdot y' \cdot \frac{(v \cdot \cos \alpha)^2}{g} \, .$$

Die Bahnkurve ist demnach eine Parabel und verläuft also symmetrisch zu h, so daß man den ganzen Wurfweg erhält zu

$$s = 2 \cdot x_m = \frac{v^2}{g} \cdot \sin 2\alpha \, .$$

Die Zeitdauer des ganzen Wurfes ist

$$t_1 = \frac{s}{v_x} = \frac{2 \cdot v^2 \cdot \sin \alpha \cdot \cos \alpha}{g \cdot v \cdot \cos \alpha} = \frac{2 \cdot v \cdot \sin \alpha}{g} \, .$$

Soll der in gleicher Höhe mit dem Ausgangspunkt O im Abstand s gelegene Punkt getroffen werden, so bestimmt sich der Wurfwinkel bei gegebener Geschwindigkeit v aus

$$\sin 2\alpha = \frac{s \cdot g}{v^2} \, .$$

Es gibt nun zwei Winkel, die denselben Sinus haben:

$$(2\alpha)_1 = \frac{\pi}{2} + \varphi \qquad \text{und} \qquad (2\alpha)_2 = \frac{\pi}{2} - \varphi \, ,$$

also

$$\alpha_1 = \frac{\pi}{4} + \frac{\varphi}{2} \qquad \text{und} \qquad \alpha_2 = \frac{\pi}{4} - \frac{\varphi}{2} \, .$$

Das Ziel kann also sowohl durch eine flache als auch eine steile Wurfbahn erreicht werden.

Für $\alpha = \dfrac{\pi}{4} = 45°$ fallen beide Bahnen zusammen und ergeben die **größte erreichbare Wurfweite**

$$s_{max} = \frac{v^2}{g}.$$

Liegt das Ziel in der Entfernung x_1 um den Betrag $\pm\, y_1$ über oder unter der durch den Ausgangspunkt O gezogenen Wagerechten, so geht man auf die Gleichung der Bahnkurve zurück, indem man darin einsetzt

$$\frac{1}{\cos^2\alpha} = 1 + \operatorname{tg}^2\alpha.$$

Man erhält so

$$\operatorname{tg}^2\alpha - 2\cdot\operatorname{tg}\alpha\cdot\frac{v^2}{2\cdot x_1} \pm \frac{2\cdot v^2\cdot y_1}{g\cdot x_1} + 1 = 0$$

als Bestimmungsgleichung für $\operatorname{tg}\alpha$, die wieder zwei Werte für eine steile und eine flache Wurfbahn liefert:

$$\operatorname{tg}\alpha = \frac{v^2}{g\cdot x_1}\cdot\left[1 \pm \sqrt{1 \mp \frac{2\cdot g\cdot y_1}{v^2} - \left(\frac{g\cdot x_1}{v^2}\right)^2}\right].$$

4. Die Drehbewegung.

Einen **ebenen** Teil eines starren Körpers kann man in jede beliebige **komplane Lage**, d. h. auf derselben ja nach allen Richtungen unbegrenzten Ebene, bringen durch **Drehen um einen ganz bestimmten Punkt der Ebene.**

Die Lage des betreffenden Teiles ist **vollständig bestimmt durch die zweier Punkte** A und B, denn jeder andere Punkt C in derselben Ebene ist gegeben als der Schnittpunkt der beiden mit seinen Abständen AC bzw. BC vonden Grundpunkten geschlagenen Kreisen (Abb. 161). Geht nun die Lage der Punkte A, B im Laufe der Bewegung in die Lage A', B' über, so kann man AA' in D halbieren und darauf die Senkrechte DO errichten, ebenso BB' in E halbieren und darauf die Senkrechte EO errichten. Die Drehung des betreffenden ebenen Körperteiles um jeden Punkt der Geraden DO bewirkt, daß sich A auf einem Kreisbogen bewegt, der durch A' geht. Das gleiche gilt bei der Drehung um jeden

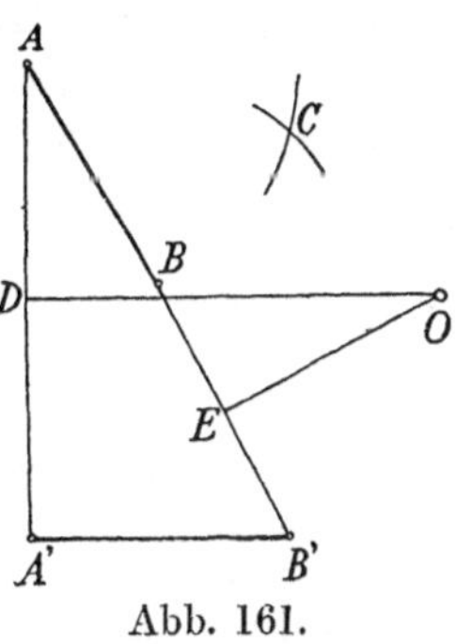

Abb. 161.

Punkt der Geraden EO für die Punkte B und B'. Der Schnittpunkt O beider Geraden ist also der gesuchte **Drehpunkt in der Ebene.**

Sind die beiden Lagen dicht beieinander gelegen, so ist O der **augenblickliche Drehpunkt der Elementardrehung,** der jetzt als Schnittpunkt der beiden, zu den betreffenden Bahnelementen der Punkte A und B Senkrechten erhalten wird.

Bei irgendeiner beliebigen komplanen Bewegung einer Ebene 1 zu einer anderen Ebene 2 ändert sich im allgemeinen die Lage des augenblicklichen Drehpunktes oder Poles der Ebene 1 auf der festen 2. Die Folge seiner einzelnen Lagen heißt die **ruhende Polkurve.** Da nun die gegenseitige Bewegung beider Ebenen auch durch die Bewegung von Ebene 2 zu der jetzt fest gedachten 1 mög-

lich ist, so ergibt sich dadurch eine zweite bewegte Polkurve, deren einzelne
Punkte bei reiner gegenseitiger Drehung sich mit den zugehörigen der ruhenden
Polkurve decken. Beide Polkurven rollen aufeinander ab.

Ein Punkt bewege sich mit der gleichförmigen Winkelgeschwindigkeit ω,
also der Umfangsgeschwindigkeit $v = r \cdot \omega$ auf einem Kreis vom Halbmesser r
(Abb. 162), er lege in dem kleinen Zeitabschnitt dt den Weg $AB = ds$ zurück.
In dieser Zeit hat sich dann die Geschwindigkeit v zwar nicht der Größe, wohl
aber der Richtung nach geändert. Trägt man im Endpunkt B der Strecke ds
die stets in den Bogen fallende, also tangential gerichtete Geschwindigkeit v wieder
an, so kann man sie als entstanden auffassen aus der ursprünglichen, im Punkt A
vorhanden gewesenen v und einer senkrecht zum Bogenteilchen ds, also nach
dem Mittelpunkt hin gerichteten Geschwindigkeit du.

Den ähnlichen Dreiecken entnimmt man

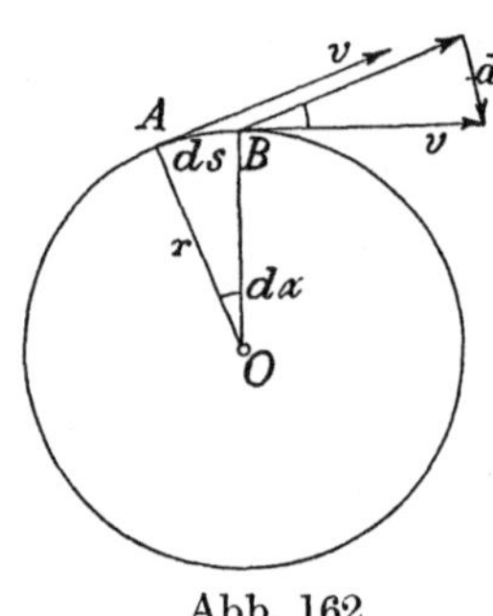

Abb. 162.

$$\frac{du}{v} = \frac{ds}{r} \qquad \text{oder} \qquad du = ds \cdot \frac{v}{r}.$$

Wird jetzt auf beiden Seiten durch dt dividiert, so
folgt

$$\frac{du}{dt} = \frac{ds}{dt} \cdot \frac{v}{r}$$

oder, da $\dfrac{ds}{dt} = v$ ist und $\dfrac{du}{dt} = p_r$ eine Beschleunigung
ist

$$p_r = \frac{v^2}{r}.$$

Damit der Punkt sich mit der gleichförmigen Geschwindigkeit v auf
einem Bogen vom Halbmesser r bewegt, muß er **dauernd** die angegebene,
nach dem Mittelpunkt gerichtete Beschleunigung erfahren.

Setzt man darin ein $v = r \cdot \omega$, so wird

$$p_r = r \cdot \omega^2.$$

Man kann diese Gleichung auch schreiben

$$p_r = (r \cdot \omega) \cdot \omega = v \cdot \omega.$$

Bewegt sich der Punkt auf einer beliebig gekrümmten Kurve, so ist in
die vorstehenden Formeln der Krümmungshalbmesser des zugehörigen Bogen-
stückes einzusetzen, und wenn die Geschwindigkeit veränderlich ist, die augenblickliche Winkel- oder Umfangsgeschwindigkeit. Man hat demnach bei
solchen Bewegungen bzw. Beschleunigungen zu unterscheiden die obige Zentral-
beschleunigung und die in die Tangente der Bahnkurve fallende Tangential-
beschleunigung

$$p_t = r \cdot \varepsilon,$$

worin $\varepsilon = \dfrac{d\omega}{dt}$ die Winkelbeschleunigung des Punktes ist.

Der Arm $\overline{O_1 O_2} = a$ drehe sich mit der Winkelgeschwindigkeit ω_1 um O_1, so
daß er nach einem kleinen Zeitabschnitt dt die Lage $O_1 O_2'$ angenommen hat (Abb. 163
und 164). Um O_2 drehe sich in derselben oder einer parallelen Ebene der Arm $O_2 A$
mit der Winkelgeschwindigkeit ω_2. Der besseren Übersicht wegen werde vorausgesetzt, daß die Anfangslage $O_1 O_2 A$ eine gestreckte Gerade ist. Nach Ablauf der

Zeit dt ist der Punkt A dann in die Lage A_2 gekommen. In Abb. 163 sind beide Drehungen gleichsinnig, in Abb. 164 entgegengesetzt.

Man sieht sogleich, daß der Punkt A sich mit der Gesamtwinkelgeschwindigkeit $\omega_1 \pm \omega_2$ gedreht hat, und zwar um den Punkt O, der auf der Verbindungsgeraden der beiden Relativdrehpunkte O_1 und O_2 liegt. Denn der Bogen AA_2 muß sowohl senkrecht zu OA_2 wie O_1A stehen, sein Mittelpunkt sich also auf beiden genannten Geraden befinden. Im ersteren Fall teilt O die Strecke a innen, im zweiten außen in die beiden Abschnitte a_1 und a_2.

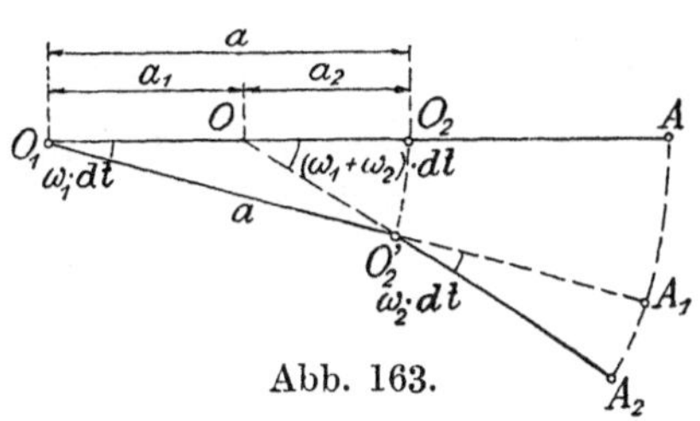

Abb. 163.

Dem Dreieck OO_1O_2' wird entnommen

$$\frac{a_1}{a} = \frac{\sin(\omega_2 \cdot dt)}{\sin(\omega_1 \pm \omega_2) \cdot dt}$$

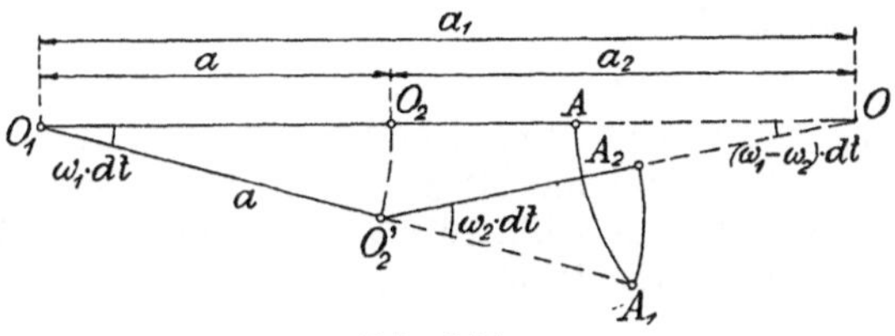

oder, da die Winkel als sehr klein vorausgesetzt werden, so daß der Sinus gleich dem Bogen gesetzt werden kann,

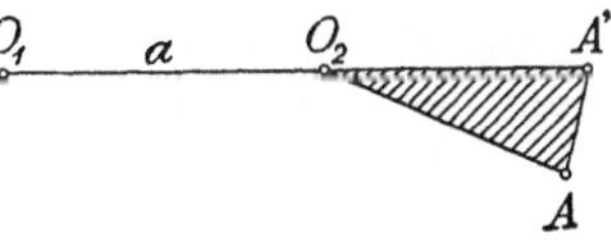

Abb. 164.

$$\frac{a_1}{a} = \frac{\omega_2}{\omega_1 \pm \omega_2}.$$

Ferner ist nach den Abb. 163 und 164

$$a \cdot (\omega_1 \cdot dt) = a_2 \cdot (\omega_1 \pm \omega_2) \cdot dt$$

oder

$$\frac{a_2}{a} = \frac{\omega_1}{\omega_1 \pm \omega_2}.$$

Wenn die beiden Winkelgeschwindigkeiten ω_1 und ω_2 unveränderlich sind, behält der Mittelpunkt der Gesamtdrehbewegung oder kurz gesagt der **Pol** O seine Lage auf der Verbindungsgeraden O_1O_2 dauernd bei. Die Polbahn ist dann ein Kreis aus dem Mittelpunkt O_1.

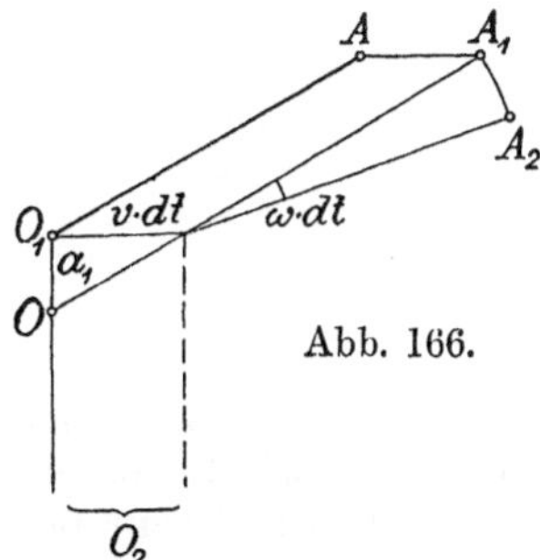

Abb. 165.

Ist eine oder jede der beiden Winkelgeschwindigkeiten veränderlich, so wandert der Pol O bei der Drehung auf der Geraden O_1O_2.

Sind beide Winkelgeschwindigkeiten gleich, aber entgegengesetzt gerichtet, so ergibt die Abb. 165 sofort, daß dann $O_2'A_2 \parallel O_1A$ ist. Der Pol rückt ins unendlich Ferne, d. h. es findet eine geradlinige Verschiebung des Punktes A senkrecht zur Geraden O_1O_2 statt.

Abb. 166.

Liegt A anfänglich nicht auf der Geraden O_1O_2 (Abb. 166), so kann man mit dem Arm O_2A starr einen zweiten O_2A' verbinden, der die obige Bedingung wieder erfüllt. Das oben Gesagte gilt demnach auch für jeden Punkt, der mit dem starren Dreieck O_2AA' fest verbunden ist.

Eine Schiebung mit der Geschwindigkeit v und eine Drehung um eine zur Ebene der Schiebung senkrechte Achse O_1 mit der Winkelgeschwindigkeit ω ergibt eine Drehung um den Pol O auf der senkrecht zu v in O_1 errichteten Geraden, der den Abstand $a_1 = \dfrac{v}{\omega}$ von v hat (Abb. 166). Denn man kann die Schiebung als eine Drehung um den unendlich fernen Punkt O_2 auffassen und erhält so, wenn man wieder

$$\overline{O_1 O_2} = a = \infty$$

setzt,

$$a_1 = a \cdot \frac{\dfrac{v}{a}}{\dfrac{v}{a} + \omega} = \frac{v}{0 + \omega} = \frac{v}{\omega},$$

wie angegeben.

Häufig fällt der Pol O in Abb. 164 sehr weit weg, so daß die genaue Aufzeichnung Schwierigkeiten macht. Man arbeitet dann vorteilhaft mit den um 90° gegen die wirkliche Richtung in demselben Sinne gedrehten Geschwindigkeiten. Ist in Abb. 167 O der augenblickliche Drehpunkt einer sich mit der Winkelgeschwindigkeit ω drehenden Fläche, so daß gilt

$$v_1 = a \cdot \omega = v_1', \qquad v_2 = b \cdot \omega = v_2',$$

dann folgt aus der Abbildung

$$\frac{\overline{OC}}{\overline{OD}} = \frac{a - a \cdot \omega}{b - b \cdot \omega} = \frac{a}{b}.$$

Es ist also

$$CD \parallel AB:$$

Die Endpunkte der um 90° gedrehten Geschwindigkeiten der Punkte einer Geraden AB liegen auf einer Parallelen CA zu ihr.

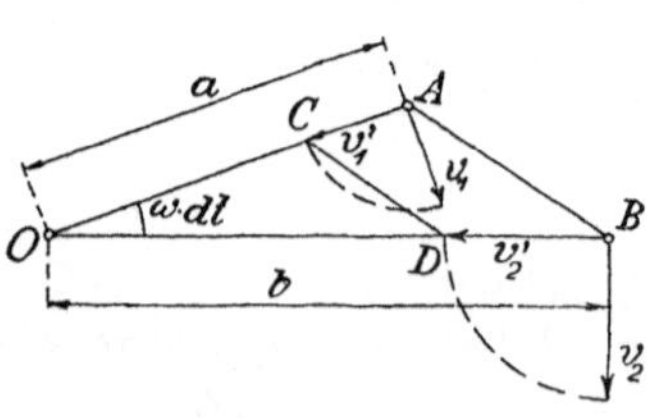

Abb. 167.

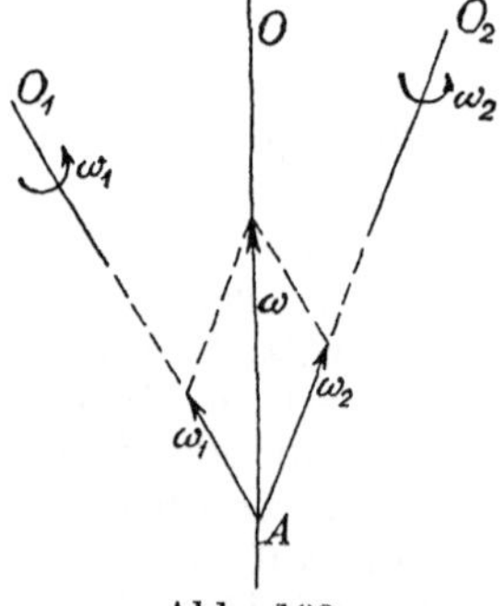

Abb. 168.

Zwei Drehungen um zwei sich schneidende Achsen O_1 bzw. O_2 mit den Winkelgeschwindigkeiten ω_1 bzw. ω_2 können vereinigt werden zu einer Drehung um eine in die Ebene der beiden gegebenen Achsen fallende Achse O, die durch den Schnittpunkt A der beiden ersteren geht (Abb. 168). Man trägt vom Schnittpunkt A die beiden Winkelgeschwindigkeiten ω_1 und ω_2 auf den zugehörigen Achsen in einem beliebigen Längenmaßstab ab, bildet daraus das Geschwindigkeitsdreieck und erhält als Schlußlinie die Größe und den Drehsinn der Winkelgeschwindigkeit ω.

Sind drei Winkelgeschwindigkeiten ω_1, ω_2, ω_3 um drei in demselben Punkt O zueinander senkrecht stehende Achsen gegeben (Abb. 169), so hat ein Punkt A mit den auf den Drehachsen gemessenen Abständen x, y, z vom Ausgangspunkt O folgende Seitengeschwindigkeiten:

$$v_x = + \omega_2 \cdot z - \omega_3 \cdot y,$$
$$v_y = + \omega_3 \cdot x - \omega_1 \cdot z,$$
$$v_z = + \omega_1 \cdot x - \omega_2 \cdot y.$$

Setzt man in den Ausgangsgleichungen die linken Seiten gleich 0, so ergibt sich für die Punkte, die bei der Drehung in Ruhe bleiben, die Bedingung

$$\frac{\omega_1}{x} = \frac{\omega_2}{y} = \frac{\omega_3}{z}.$$

Hierdurch wird eine Gerade, die Drehachse der Gesamtbewegung, dargestellt, die durch den Anfangspunkt O geht.

Die Gesamtwinkelgeschwindigkeit für diese Achse ist, wie nach dem Vorhergehenden leicht einzusehen ist,

$$\omega^2 = \omega_1^2 + \omega_2^2 + \omega_3^2.$$

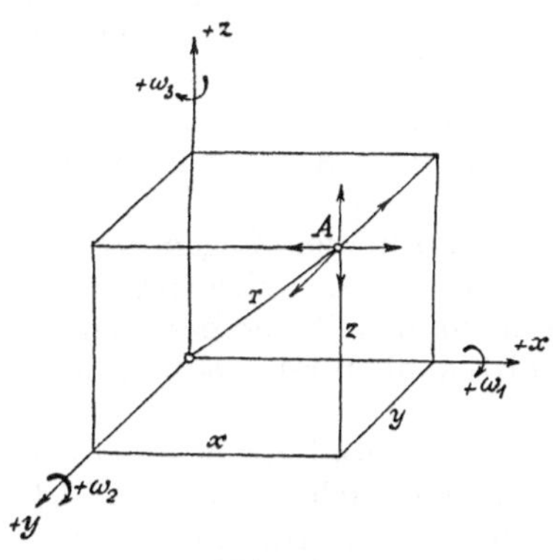

Abb. 169.

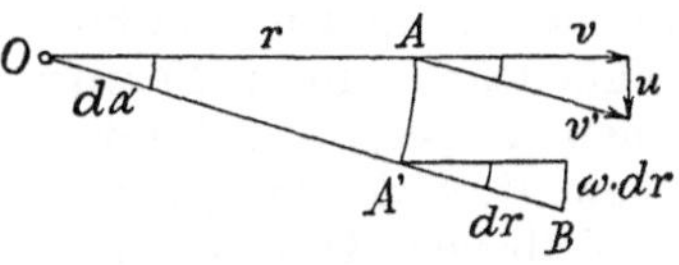

Abb. 170.

Während sich die Geschwindigkeiten zweier Relativdrehungen oder einer Drehung und einer Schiebung nach dem Vorstehenden leicht zu einer vereinigen lassen, ist die Vereinigung der Beschleunigungen umständlicher.

In der Stellung OA des Halbmessers r habe Punkt A die Geschwindigkeit v in Richtung von r (Abb. 170). Einen Augenblick dt später hat sich der Fahrstrahl mit der Winkelgeschwindigkeit ω um $d\alpha = \omega \cdot dt$ gedreht und ist Punkt A' nach B um dr mit der Geschwindigkeit $v = \dfrac{dr}{dt}$ gerückt. Nun hat sich bei dieser Drehung v in die Lage v' gedreht, und es ist eine Zusatzgeschwindigkeit $u = v \cdot d\alpha = v \cdot \omega \cdot dt$ nötig, damit v in v' übergeht. Ihr entspricht die Beschleunigung $p_1' = \dfrac{du}{dt} = v \cdot \omega$. Ferner hat der Punkt B gegenüber A' eine um $\omega \cdot dr$ größere Umfangsgeschwindigkeit; der Zunahme entspricht die Beschleunigung

$$p_1'' = \omega \cdot \frac{dr}{dt} = \omega \cdot v,$$

die der Richtung nach mit p_1' übereinstimmt.

Man erhält so als **Zusatzbeschleunigung,** die senkrecht zur Geschwindigkeit v steht, und zwar nach der Seite hin, die der Drehrichtung des Relativsystems entspricht,

$$p = 2 \cdot \omega \cdot v.$$

II. Die Grundlehren der Dynamik.

In den vorhergehenden Abschnitten wurden die Bewegungen als gegeben angesehen und ihre Eigenschaften und Zusammenhänge durch rein mathematische Betrachtungen festgestellt. Die Hauptaufgabe der Dynamik ist jedoch, die Bewegungen der Körper aus den auf sie einwirkenden Kräften herzuleiten bzw. aus den ermittelten Bewegungen die wirkenden Kräfte zu bestimmen. Dazu müssen, wie zu Beginn der Statik, gewisse Erfahrungssätze herangezogen werden, deren Richtigkeit sowohl die landläufige Erfahrung als auch der Umstand ergibt, daß die daraus gezogenen Folgerungen durch Beobachtungen bzw. Versuche beglaubigt werden.

1. Masse, Kraft, Beschleunigung.

Man kommt in der Dynamik mit dem **Grundgesetz vom Beharrungsvermögen oder der Trägheit** aus, das nur aus Beobachtungen der Sterne nachzuweisen ist:

Jeder Körper bzw. jedes System von irgendwie verbundenen Körpern beharrt in seinem Zustand der Ruhe oder der geradlinigen, gleichförmigen Bewegung, solange nicht äußere Kräfte eine Änderung dieses Zustandes veranlassen.

Der Trägheitssatz schließt in seiner allgemeinen Form den folgenden ein: Jede durch irgendeine Kraft hervorgebrachte Änderung der Geschwindigkeit ist unabhängig von der bereits vorhandenen Geschwindigkeit des betreffenden Körpers, also auch von den etwa noch wirkenden Kräften, die ihrerseits bestimmte Geschwindigkeitsänderungen hervorrufen.

Auf einen Körper, der sich mit der gleichförmigen und geradlinigen Geschwindigkeit v_0 bewegt, wirke von einer bestimmten Zeit an eine nach Größe und Richtung gleichbleibende Kraft in der Bahnrichtung ein. Nach dem kurzen Zeitabschnitt dt hat sich dann die Geschwindigkeit um den Betrag dv in $v_0 \pm dv$ geändert, je nachdem die Kraftrichtung mit der Bewegungsrichtung übereinstimmt oder entgegengesetzt dazu ist. In einem zweiten kleinen Zeitabschnitt dt findet nach dem vorstehenden Grundsatz wieder eine Änderung um den gleichen Betrag wie vorher statt, da die Änderung nur von der einwirkenden Kraft, aber nicht von der vorhandenen Geschwindigkeit abhängt. Die erhaltene Geschwindigkeit ist also $v_0 \pm 2 \cdot dv$, und nach einer bestimmten Zeit t beträgt sie

$$v = v_0 \pm \int_0^t dv.$$

Zur Auflösung des Integrals erweitert man es mit $\dfrac{dt}{dt}$ und erhält so

$$v = v_0 \pm \int_0^t \frac{dv}{dt} \cdot dt.$$

Nun ist, da dv in gleichen Zeitabschnitten denselben Wert beibehält, $\dfrac{dv}{dt} = p$ eine unveränderliche Beschleunigung bzw. Verzögerung, und man kann schreiben:

$$v = v_0 \pm \int_0^t p \cdot dt.$$

Eine unveränderliche Kraft ruft je nach ihrer Richtung eine gleichförmig beschleunigte oder verzögerte Bewegung hervor.

War der betreffende Körper in Ruhe oder hatte er wenigstens nach der Richtung der Kraft keine Geschwindigkeit, so fällt in der vorstehenden Gleichung der Betrag v_0 weg. Andererseits kann man annehmen, daß die Geschwindigkeit v_0 durch die vorherige oder auch gleichzeitige Wirkung einer anderen Kraft entstanden ist, die mit der ersteren dieselbe Wirkungslinie hat. Ist die Wirkungslinie eine andere, so setzen sich die in jedem Zeitpunkt vorhandenen Geschwindigkeiten nicht algebraisch, sondern geometrisch mit Berücksichtigung ihrer Richtungen zusammen.

Zur Ermittlung des Zusammenhanges zwischen der Kraft P und der von ihr hervorgerufenen Beschleunigung p geht man davon aus, daß die Masse m der Träger aller physikalischen Eigenschaften des Körpers ist (S. 1), also auch seiner Trägheit im Sinne des Grundgesetzes.

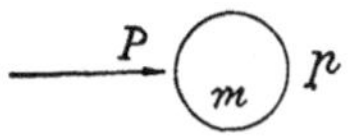

Abb. 171.

Erteilt eine gegebene Kraft P einer bestimmten Masse m die Beschleunigung p (Abb. 171), so erteilt eine dazukommende zweite Kraft P von gleicher Größe und Richtung derselben Masse m auch wieder dieselbe Beschleunigung; es entsteht die Darstellung der Abb. 172. Ein beliebiges Vielfache $n \cdot P$ beschleunigt also dieselbe Masse m um das $n \cdot p$-fache:

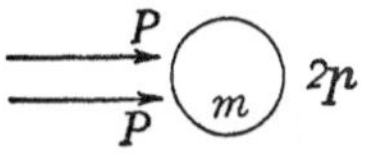

Abb. 172.

Bei gleicher Masse entsprechen die Beschleunigungen den **Kräften**.

Die halbe Kraft erteilt somit der unveränderlich gebliebenen Masse m die Beschleunigung $\frac{1}{2} p$ (Abb. 173). Wenn jetzt die gleiche Masse m und die gleiche Kraft $\frac{1}{2} P$ dazukommt, so bleibt die Beschleunigung dieselbe $\frac{1}{2} p$. Die Kraft P erteilt also der Masse $2\,m$ die Beschleunigung $\frac{p}{2}$:

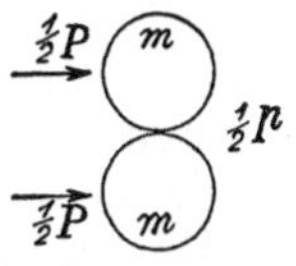

Abb. 173.

Bei gleicher Kraft entsprechen die Beschleunigungen den **Massen umgekehrt**.

Die beiden vorstehenden Sätze lassen sich zusammenfassen zu der Formel

$$\frac{p_1}{p_2} = \frac{P_1}{P_2} \cdot \frac{m_2}{m_1}$$

oder

$$p = k \cdot \frac{P}{m},$$

worin k eine Verhältniszahl ist, deren Wert von den gewählten Einheiten für die drei Hauptgrößen abhängt.

Unter dem Einfluß seines Gewichtes G erfährt nun jeder Körper von der beliebigen Masse m im luftleeren Raum dieselbe Beschleunigung g des freien Falles. Es gilt also hierfür dieselbe Gleichung in der Schreibung

$$g = k \cdot \frac{G}{m}.$$

Durch Division der ursprünglichen Gleichung durch die vorstehende folgt nun

$$\frac{p}{g} = \frac{P}{G} \quad \text{oder} \quad \frac{p}{P} = \frac{g}{G}$$

Die Beschleunigung verhält sich zur erzeugenden Kraft wie die Fallbeschleunigung zum Gewicht des betreffenden Körpers.

Man kann die vorstehende Gleichung auch in der Form schreiben

$$p = 1 \cdot \frac{P}{\dfrac{G}{g}}$$

und erhält durch den Vergleich mit der Grundformel: Der Faktor k wird 1, wenn für die Masse m der Quotient $\dfrac{G}{g}$ eingesetzt wird.

Man kann somit auch mit den beiden Formeln rechnen

$$p = \frac{P}{m}, \qquad\qquad m = \frac{G}{g},$$

worin das Maß für $m \; \dfrac{\mathrm{kg} \cdot \mathrm{sk}^2}{\mathrm{m}}$ ist, wenn das von G und P kg und von p und g m/sk² ist. Grundgröße der Masse ist die in Breteuil aufbewahrte Masse von 1 kg Gewicht.

Die erste Gleichung wird vielfach geschrieben

$$P = m \cdot p.$$

Hierin heißt $m \cdot p$ die **Trägheitskraft** des Körpers von der Masse m, auf den die Kraft P einwirkt. Auch hier ist somit der Satz von der Kraft und Gegenkraft (S. 3) erfüllt, indem die Trägheitskraft der Masse die Gegenkraft zu der bewegenden äußeren Kraft darstellt.

Wirken auf einen Körper in einer bestimmten Richtung ein die treibende Kraft P_1, eine widerstehende Kraft P_2 und bewegt sich der Körper vom Gewicht G mit der Beschleunigung p in dieser Richtung, so gilt nach dem obigen

$$P_1 - P_2 = m \cdot p$$

oder

$$P_1 - P_2 - G \cdot \frac{p}{g} = 0.$$

Die Gleichung treffe etwa für die beliebig gewählte x-Achse zu. Für die dazu und aufeinander senkrechten y- und z-Achsen lassen sich entsprechende Gleichungen aufstellen. Man erhält so — vorläufig für den Fall, daß alle Wirkungslinien der Kräfte durch den Schwerpunkt des Körpers gehen, in dem die Trägheitskraft genau so wie das Gewicht angreift —, den Satz:

Man rechnet bei bewegten Körpern nach den Regeln der Statik, nachdem die Trägheitskräfte entgegengesetzt zur Beschleunigungsrichtung zu den übrigen Kräften zugefügt sind.

Bewegt sich der Körper auf einer gekrümmten Bahn vom Krümmungshalbmesser r mit der Geschwindigkeit v oder Winkelgeschwindigkeit ω, so setzt er dieser Bewegung einen radial nach außen gerichteten Widerstand

$$Z = m \cdot \frac{v^2}{r} = G \cdot \frac{r \cdot \omega^2}{g}$$

entgegen. Als Trägheitskraft ist dann diese sogenannte **Schwungkraft** anzusetzen.

Das Gewicht der hin- und hergehenden Teile von Kolbenmaschinen kann überschlägig der Kolbenfläche entsprechend angesetzt werden:

$$G = \frac{\pi}{4} \cdot D^2 \cdot q.$$

Hierin ist für Dampfmaschinen

liegende, ohne Kondensation bis $s = 0{,}7$ m Hub . . . . $q = 0{,}28$ kg/cm²
,, ,, ,, mit $s > 0{,}7$,, ,, ... $q = 0{,}40 \cdot s$,,
,, mit Kondensator hinter dem Zylinder . . . . $q = 0{,}33$,,
Lokomotiven ohne Kuppelstangen . . . . $q = 0{,}33 \cdot s$,,
,, mit ,, ... $q = 0{,}45 \cdot s \div 0{,}55 \cdot s$,,
stehende Schiffsmaschinen, Hochdruckzylinder . . . . $q = 0{,}45 \cdot s$,,
,, ,, Mitteldruckzylinder . . . . $q = 0{,}20 \cdot s$,,
,, ,, Niederdruckzylinder . . . . $q = 0{,}12 \cdot s$,,

für Gasmaschinen mit Verpuffung

einfach wirkend $s < 1{,}5 \cdot D$ . . . . $q = 0{,}25 \div 0{,}28$ kg/cm²
,, ,, $s > 1{,}5 \cdot D$ . . . . $q = 0{,}30 \div 0{,}33$,,
,, ,, mit Kreuzkopf $(s \sim 1{,}6 \cdot D)$ . . . . $q = 0{,}40 \div 0{,}50$,,
,, ,, für Kraftwagen . . . . $q = 0{,}03 \div 0{,}05$,,
,, ,, in Reihenanordnung . . . . $q = 0{,}60 \div 0{,}75$,,
doppelt ,, einzylindrig ohne hintere Führungsbahn . . . $q = 0{,}50 \div 0{,}60$,,
,, ,, einzylindrig mit hinterer Führungsbahn . . . $q = 0{,}60 \div 0{,}70$,,
,, ,, in Reihenanordnung . . . . $q = 0{,}75 \div 0{,}90$,,
,, ,, ,, ,, mit Gebläsezylinder . . . . $q \sim 1{,}0$,,

Bei Dieselmotoren erhöht sich q i. M. um $0{,}05$ kg/cm².

2. Die mechanische Arbeit und Leistung.

Auf einen bisher ruhenden Körper wirke von einem bestimmten Zeitpunkt ab eine nach Größe und Richtung unveränderliche Kraft ein, die größer ist als die entgegenwirkenden Reibungswiderstände. Die überschießende Kraft P bewegt dann den Körper in Richtung ihrer Wirkungslinie, und zwar in einer bestimmten Zeit t um eine gewisse Strecke s.

Die auf den Körper ausgeübte Wirkung der Kraft P kann unmittelbar durch die Länge des von ihm unter ihrem Einfluß zurückgelegten Weges s gemessen werden und ist andererseits von der Größe der Kraft im gleichen Verhältnis abhängig. Demnach wird die Wirkung durch das Produkt von Kraft und Weg angegeben, das als **mechanische Arbeit** bezeichnet wird:

$$A = s \cdot P.$$

Das Maß der Arbeit ist mithin das mkg, wenn der Weg s in m und die Kraft P in kg gemessen wird. Oft rechnet man auch mit cmkg oder mt.

Hatte der Körper bereits, bevor die Kraft P auf ihn einwirkte, eine bestimmte Bewegung oder beeinflussen ihn noch andere Kräfte, so ist seine Bahn im allgemeinen krummlinig (Abb. 174). Die Arbeit ist dann das Produkt aus der Kraft P und der Projektion $A'B$ des Gesamtweges AB auf die Kraftrichtung, denn nur die Strecke $A'B = s$ ist von dem Körper durch den Einfluß der Kraft P zurückgelegt worden.

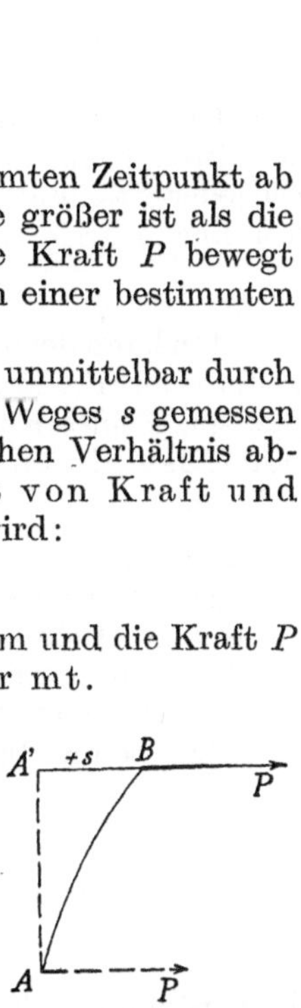

Abb. 174.

Die Weglänge wird als positiv eingesetzt, wenn sie im Sinne der Kraftrichtung durchlaufen wird (Abb. 174), dagegen als negativ, wenn sie gegen die Kraftrichtung durchlaufen wird (Abb. 175). Im letzteren Fall ist also die Arbeit negativ; sie wird zur Überwindung der der Bewegung entgegenwirkenden Kraft aufgewendet.

Es folgt hieraus, daß die Arbeit einer Kraft, deren Wirkungslinie senkrecht zur Bewegungsrichtung steht, Null ist.

Ändert sich während der Bewegung die Größe und Richtung der Kraft P oder auch nur eine dieser Angaben, so ist mit den Bezeichnungen der Abb. 176 die auf dem Wege $s = AB$ von der veränderlichen Kraft P verrichtete Arbeit

$$A = \int_1^2 P \cdot \cos \alpha \cdot ds .$$

Ist der Zusammenhang zwischen der Änderung von s, P, α durch eine Formel gegeben, so kann die Arbeit hiernach rechnerisch bestimmt werden. Häufig ist es bequemer, sie zeichnerisch zu ermitteln als Summe der Flächenteilchen, die bei Streckung des im allgemeinen gekrümmten Weges s zu einer Geraden und Auftragung der Werte von $P \cdot \cos \alpha$ senkrecht dazu entstehen, also als Flächeninhalt der Kraftkurve.

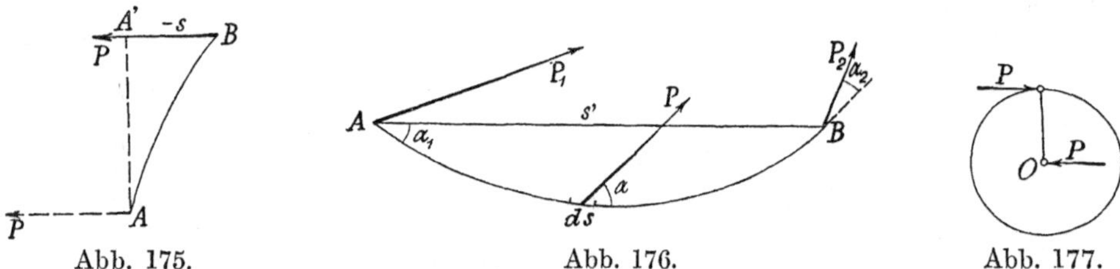

Abb. 175.   Abb. 176.   Abb. 177.

Da das Drehmoment M in demselben Maß gemessen wird, wie die mechanische Arbeit A, so können sich beide nur durch einen Zahlenbeiwert unterscheiden. Wirkt auf die Kurbel vom Halbmesser r in jedem Punkt senkrecht die der Größe nach unveränderliche Kraft P ein (Abb. 179), so ist das Drehmoment bei jeder Stellung der Kurbel dasselbe: $M = P \cdot r$. Die bei einer Drehung um den Bogen arc φ verrichtete Arbeit ist also

$$A = M \cdot \operatorname{arc} \varphi .$$

Man kann demnach den Satz vom Drehmoment der Mittelkraft (S. 9 u. 10) ohne weiteres auf die Arbeit übertragen: Die mechanische Arbeit, die sich bei der Bewegung eines Körpers für die Mittelkraft aller auf ihn einwirkenden Kräfte ergibt, ist gleich der algebraischen Summe der Arbeiten der Einzelkräfte.

Auch eine sehr kleine Kraft kann schließlich in hinreichend langer Zeit bei der Bewegung eines Körpers eine erhebliche Arbeit verrichten. Von zwei an gleichen Körpern verrichteten gleichen Arbeiten ist nun diejenige die wertvollere, die in der kürzeren Zeit geleitstet worden ist. Zur vollen Beurteilung ist also die Angabe nötig, in welcher Zeit t eine Arbeit A geleistet wurde.

Man nennt das Verhältnis

$$N = \frac{A}{t} = \frac{P \cdot s}{t} ,$$

mithin bei gleichförmiger Bewegung

$$N = P \cdot v$$

die **Leistung** der Kraft P. Hierin ist stets s bzw. v auf der Wirkungslinie von P zu bestimmen. Gemessen wird die Leistung in mkg/sk.

In der technischen Praxis rechnet man gewöhnlich mit den größeren Einheiten Pferdestärke (PS) oder Kilowatt (KW):

$$1 \text{ PS} = 75 \text{ mkg/sk}, \qquad 1 \text{ KW} = 102 \text{ mkg/sk}.$$

Wird eine bestimmte **Leistung** von N_1 PS bzw. N_2 KW dadurch erhalten, daß ein Kräftepaar vom **Drehmoment** $M = P \cdot r$ mkg den Körper um eine feste Achse O (Abb. 177) mit n Umdrehungen in der Minute dreht, so ist

$$M = \frac{60}{2 \cdot \pi \cdot n} \cdot 75 \cdot N_1 = 716{,}2 \cdot \frac{N_1}{n}$$

bzw

$$M = \frac{60}{2 \cdot \pi \cdot n} \cdot 102 \cdot N_2 = 974{,}0 \cdot \frac{N_2}{n},$$

Die Arbeitsgleichung $A = P \cdot s$ und entsprechend die Leistungsgleichungen enthalten als Weg s stets den **Relativweg**, den die Kraft zurücklegt.

3. Das Arbeitsvermögen.

Von einem gegebenen Augenblick ab wirke auf einen Körper vom Gewicht G allein die unveränderliche Kraft P ein. Der Körper bewegt sich dann mit der Beschleunigung $p = g \cdot \dfrac{P}{G}$. Nach einer bestimmten Zeit t hat er so in der Kraftrichtung den Weg $s = \frac{1}{2} \cdot p \cdot t^2$ zurückgelegt und dabei die Geschwindigkeit angenommen $v = p \cdot t = \sqrt{2 \cdot p \cdot s}$. Die Arbeit, die die Kraft P auf dem Wege s verrichtet hat, ist $A = P \cdot s$. Setzt man jetzt aus den vorstehenden Gleichungen ein

$$P = \frac{p}{g} \cdot G \quad\text{und}\quad s = \frac{v^2}{2 \cdot p},$$

so ergibt sich

$$A = \frac{G \cdot v^2}{2 \cdot g} = \frac{1}{2} \cdot m \cdot v^2.$$

Die von der Kraft P auf dem Wege s an dem Körper vom Gewicht G geleistete Arbeit hat sich umgewandelt in die Geschwindigkeit v des Gewichtes G. Man bezeichnet den neuen, als Arbeit in mkg gemessenen Ausdruck als das **Arbeitsvermögen** des Körpers. Es stellt die Arbeit dar, die der Körper in dem betreffenden Augenblick enthält und die wieder in einer bestimmten Zeit t' gegen eine widerstehende Kraft P' auf dem Wege s' abgegeben werden kann.

Hatte der Körper bereits im Augenblick der ersten Einwirkung der Kraft P die Geschwindigkeit v_0 in Richtung von P, so besaß er schon das Arbeitsvermögen $\dfrac{G \cdot v_0^2}{2 \cdot g}$, und wenn sich jetzt die Geschwindigkeit auf v erhöht, so gilt nach dem obigen

$$\frac{G \cdot v_0^2}{2g} + P \cdot s = \frac{G \cdot v^2}{2g}.$$

Die von der wirkenden Kraft aufgewendete Arbeit ist gleich der Zunahme an Arbeitsvermögen.

Umgekehrt ist auch die Abnahme des Arbeitsvermögens des Körpers gleich der dabei geleisteten Arbeit der gegenwirkenden Kraft.

Wirken mehrere Kräfte gleichzeitig auf den Körper, so kann P als ihre Mittelkraft angesehen werden, deren Arbeit ja gleich der Summe der Arbeiten der Einzelkräfte ist:

$$A = \Sigma(P \cdot s) = \frac{G}{2g} \cdot (v^2 - v_0^2).$$

Ist jede Kraft P veränderlich, so erhält der Ausdruck $\Sigma\,(P \cdot s)$ einen anderen Wert $\int\limits_{0}^{s} P \cdot ds$ und damit auch die Endgeschwindigkeit v, jedoch bleibt die Formel dem Inhalt nach unverändert.

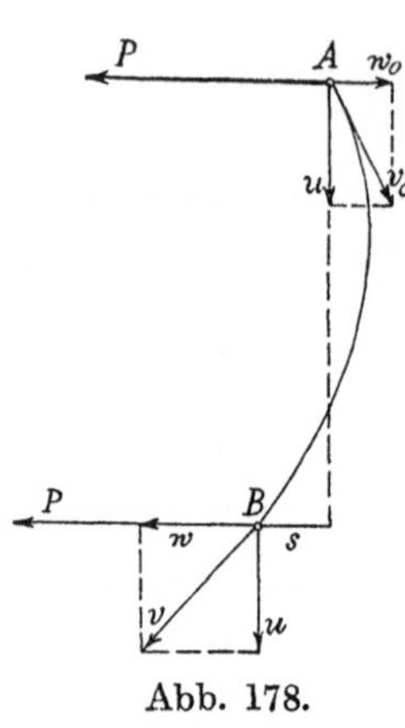

Abb. 178.

Besaß der Körper bereits vor der Einwirkung der Kraft P die Geschwindigkeit v_0 nach irgendeiner beliebigen Richtung, so ist seine Bahn im allgemeinen eine ebene Kurve. Man kann dann die Geschwindigkeit v_0 zerlegen in eine u senkrecht zu P und eine in die Wirkungslinie von P fallende w_0; ebenso kann die nach einer gewissen Zeit t erhaltene Endgeschwindigkeit v in die Seitengeschwindigkeiten u und w zerlegt werden (Abb. 178). Die senkrecht zu P stehende Seitengeschwindigkeit u ist ja unveränderlich, da keine Kraft vorhanden ist, die eine Beschleunigung oder Verzögerung nach dieser Richtung hervorbringen könnte. Für die mit der Wirkungslinie der Kraft zusammenfallenden Seitengeschwindigkeiten gilt jetzt die Gleichung:

$$\frac{G \cdot w^2}{2\,g} - \frac{G \cdot w_0^2}{2\,g} = P \cdot s.$$

Nun ist nach Abb. 177

$$w^2 = v^2 - u^2, \qquad w_0^2 = v_0^2 - u^2,$$

also

$$\left(\frac{G \cdot v^2}{2\,g} - \frac{G \cdot u^2}{2\,g}\right) - \left(\frac{G \cdot v_0^2}{2\,g} - \frac{G \cdot u^2}{2\,g}\right) = P \cdot s$$

oder

$$\frac{G \cdot v^2}{2\,g} - \frac{G \cdot v_0^2}{2\,g} = P \cdot s.$$

Das ist wieder die obige Formel. Sie gilt somit auch für den Fall, daß die Geschwindigkeit des Körpers nicht allein von den Kräften herrührt, als deren Mittelkraft P betrachtet wurde, und beliebige Richtung hat.

4. Die Bewegungsgröße, der Schwerpunktsatz.

Ein Körper oder ein Körpersystem von dem Gesamtgewicht G setze sich aus einer Anzahl kleiner Einzelteile dG zusammen, die in bezug auf ein beliebiges rechtwinkliges Achsenkreuz in einem bestimmten Augenblick die Abstände x_1, y_1, z_1; x_2, y_2, $z_2 \ldots$ haben, während der Gesamtschwerpunkt zu derselben Zeit die Abstände x_0, y_0, z_0 hat. Es gilt dann (S. 12)

$$G \cdot x_0 = \int x \cdot dG, \qquad G \cdot y_0 = \int y \cdot dG, \qquad G \cdot z_0 = \int z \cdot dG.$$

Der Körper bewege sich jetzt derart, daß in dem bestimmten Augenblick sein Schwerpunkt in Richtung der x-Achse die Geschwindigkeit v_0 hat und die Einzelteile in derselben Richtung die Geschwindigkeiten v_1, $v_2 \ldots$ besitzen. Nach Ablauf des sehr kleinen Zeitteilchens dt hat dann der Schwerpunkt in der x-Richtung den Abstand $x_0 + v_0 \cdot dt$ und irgendein beliebig herausgegriffenes Teilstück des Körpers den Abstand $x + v \cdot dt$. Die obige Schwerpunktsgleichung geht damit über in

$$G \cdot (x_0 + v_0 \cdot dt) = \int (x + v \cdot dt) \cdot dG.$$

Wird die ursprüngliche Gleichung davon abgezogen, so erhält man nach Hebung von dt und Division durch die Erdbeschleunigung g

$$G \cdot \frac{v_0}{g} = \int dG \cdot \frac{v}{g} \qquad \text{oder} \qquad m \cdot v_0 = \int v \cdot dm.$$

Man bezeichnet den Ausdruck $\dfrac{G}{g} \cdot v$ als **Bewegungsgröße** oder auch **Schwung** des betreffenden Körpers bzw. Körperstückes, die in $kg \cdot sk$ gemessen wird, und kann somit aussprechen: Wird das Gewicht eines Körpers in seinem Schwerpunkt vereinigt gedacht, so ist die Bewegungsgröße des Schwerpunktes gleich der Summe der Bewegungsgrößen aller Einzelteile.

Wirkt eine gleichbleibende Kraft P während der Zeit t auf einen Körper vom Gewicht G, so erhält er die Beschleunigung $p = \dfrac{P}{G} \cdot g$ und hat also am Ende der Zeit t die Geschwindigkeit $v = p \cdot t$ angenommen. Wird dieser Wert in die Beschleunigungsgleichung eingesetzt, so ergibt sich der Satz vom **Antrieb**:

$$P \cdot t = \frac{G \cdot v}{g}.$$

Nun ändert sich die Geschwindigkeit v_0 des Schwerpunktes infolge der Beschleunigung p_0 bzw. diejenige v irgendeines Teiles infolge der Beschleunigung p; dann läßt sich wie oben für ein Zeitteilchen dt schreiben

$$\frac{G}{g} \cdot (v_0 + p_0 \cdot dt) = \int \frac{dG}{g} \cdot (v + p \cdot dt).$$

Nach Subtraktion der Gleichung hiervon und Hebung des gemeinsamen Faktors dt wird

$$G \cdot \frac{p_0}{g} = \int dG \cdot \frac{p}{g}.$$

Die rechte Seite dieser Gleichung stellt die Summe aller Trägheitskräfte des Körpers in Richtung der x-Achse dar. Werden ferner alle auf ihn einwirkenden Kräfte P_1, $P_2 \ldots$ ebenfalls nach den drei Achsenrichtungen zerlegt in X_1, Y_1, $Z_1 \ldots$, so gilt nach dem Satz von d'Alembert

$$\int dG \cdot \frac{p}{g} = \Sigma X.$$

Durch Einsetzen dieses Wertes in die vorstehende Gleichung folgt schließlich

$$p_0 = g \cdot \frac{\Sigma X}{G}$$

und entsprechend für die anderen beiden Achsenrichtungen:

Der **Schwerpunkt** eines Körpers bewegt sich so, als ob er das Gewicht des ganzen Körpers enthielte und alle äußeren Kräfte parallel zu sich selbst verschoben darin angriffen.

Dieser Satz bringt die Rechtfertigung der in früheren Beispielen vorgenommenen Beziehung der Bewegungen und Kräfte auf den Schwerpunkt des betreffenden Körpers.

Wirken auf den Körper bzw. das Körpersystem keine äußeren Kräfte ein, so liefert die vorstehende Gleichung $p_0 = 0$:

Wenn auch beliebige **innere Kräfte** in dem Körpersystem auftreten, so bewegt es sich **als Ganzes** doch geradlinig und mit gleichförmiger Geschwindigkeit, wenn **keine äußeren Kräfte** vorhanden sind. Befindet sich der Schwerpunkt in Ruhe, so vermögen innere Kräfte nicht, ihn zu verschieben.

5. Die Momente zweiter Ordnung.

Es sei in Abb. 179 O eine beliebige, senkrecht zur Zeichenebene verlaufende Achse, durch die in der Zeichenebene die beiden senkrecht aufeinander stehenden Bezugsachsen der x- und y-Richtung gelegt sind. Ferner ist dm ein beliebiges Massenteilchen eines mit der Achse O starr verbundenen Körpers von der Gesamtmasse

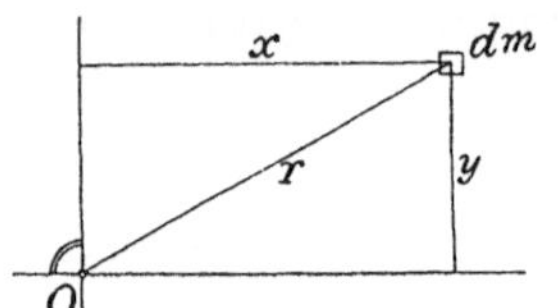

$$m = \frac{G}{g}.$$

Abb. 179.   Man bezeichnet dann die Ausdrücke

$$S = \int r \cdot dm, \qquad S_x = \int y \cdot dm, \qquad S_y = \int x \cdot dm,$$

genommen über den ganzen Körper, also auch in allen zur Zeichenebene parallelen Ebenen, als **statisches Moment** des Körpers in bezug auf die Achse O bzw. in bezug auf die Grundebene der x und y.

Nach dem Schwerpunktsatz (S. 12) ist

$$S = \frac{G \cdot r_0}{g}, \qquad S_x = \frac{G \cdot y_0}{g}, \qquad S_y = \frac{G \cdot x_0}{g},$$

wenn r_0, x_0, y_0 die betreffenden Abstände des Gesamtschwerpunktes von der Achse bzw. den Grundebenen angeben.

Man rechnet hier — wenigstens in den Ausgangsformeln — nicht mit den Gewichten, sondern mit den Massen, weil dann der Körper um die Achse O beliebig gedreht werden kann, ohne daß diese Momente erster Ordnung dabei ihren Wert ändern. Maß des statischen Momentes ist das $\mathrm{kg} \cdot \mathrm{sk}^2$.

In gleicher Weise kann man die Momente zweiter Ordnung bilden:

$$J = \int r^2 \cdot dm, \qquad J_x = \int y^2 \cdot dm, \qquad J_x = \int x^2 \cdot dm,$$

die als **Trägheitsmomente** des betreffenden Körpers in bezug auf die Achse O bzw. die Grundebenen der x und y bezeichnet werden. Sie werden gemessen in $\mathrm{mkg} \cdot \mathrm{sk}^2$.

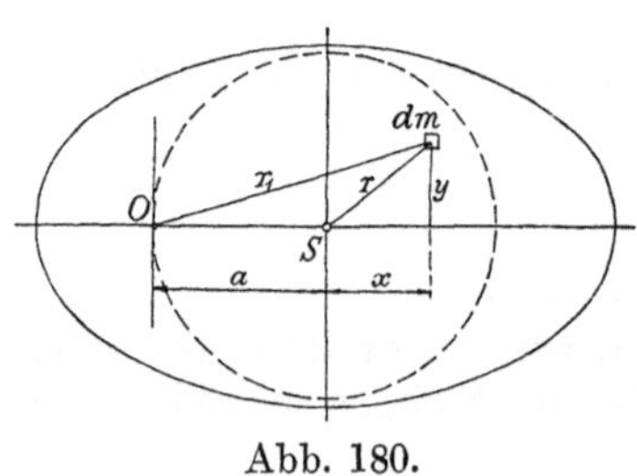

Aus der Erklärung folgt ohne weiteres, daß das Trägheitsmoment eines aus mehreren Teilen zusammengesetzten Körpers in bezug auf eine bestimmte Achse oder Ebene gleich der Summe der Trägheitsmomente der einzelnen Teile in bezug auf dieselbe Achse oder Ebene ist.

Nach dem Satz des Pythagoras ist nun (Abb. 180)

$$r^2 = x^2 + y^2,$$

Abb. 180.

also
$$J = \int (x^2 + y^2) \cdot dm = \int x^2 \cdot dm + \int y^2 \cdot dm$$

oder
$$J = J_x + J_y.$$

In Abb. 180 wird das Trägheitsmoment des Körpers von der Masse m bezogen auf eine durch den Schwerpunkt S gehende Achse: $J_c = \int r^2 \cdot dm$. Eine zweite, zur ersteren parallele Achse O habe in Richtung der beliebig gewählten x-Achse von ihr den Abstand a. Dann gilt entsprechend in bezug auf diese Achse

$$J = \int r_1^2 \cdot m.$$

Nun ist wieder nach dem Satz des Pythagoras

$$r_1^2 = (a + x)^2 + y^2 = a^2 + 2 \cdot a \cdot x' + x^2 + y^2$$

oder
$$r_1^2 = a^2 + 2 \cdot a \cdot x + r^2.$$

Damit wird

$$J = a^2 \cdot \int d\,m + 2 \cdot a \cdot \int x \cdot d\,m + \int r^2 \cdot d\,m.$$

Nun ist nach S. 12 in bezug auf jede Schwerachse

$$\int x \cdot d\,m = 0,$$

so daß man erhält

$$J = J_s + \frac{G}{g} \cdot a^2.$$

Es folgt daraus, daß das Trägheitsmoment in bezug auf die Schwerachse das kleinste von allen in bezug auf parallele Achsen angebbaren ist.

Alle durch den Umfang des in Abb. 180 gestrichelten Kreises gehenden parallelen Achsen ergeben dasselbe Trägheitsmoment, gleichgültig, welche Form der Körper hat.

1. **Prismatischer Stab** (Abb. 181). In bezug auf eine senkrecht zur Stabachse durch die Endfläche A gelegte Bezugsachse erhält man, da zur Länge $d\,x$ von der Stabmasse m der Anteil $m \cdot \dfrac{d\,x}{l}$ gehört,

$$J = \int_0^l \left(m \cdot \frac{d\,x}{l} \right) \cdot x^2 = \frac{m}{l} \cdot \int_0^l x^2 \cdot d\,x = \frac{m}{l} \cdot \frac{l^3}{3},$$

also

$$J = \frac{1}{3} \cdot \frac{G}{g} \cdot l^2.$$

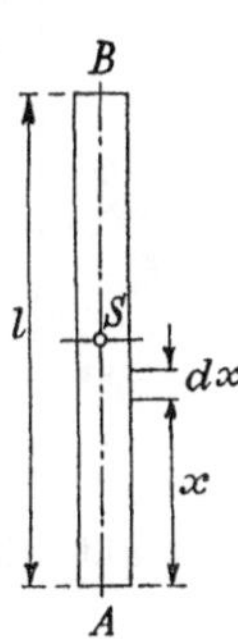

Abb. 181.

In bezug auf die senkrecht zur Stabachse verlaufende Schwerachse ergibt die Formel

$$J_s = \frac{1}{3} \cdot \frac{G}{g} \cdot l^2 - \frac{G}{g} \cdot \left(\frac{l}{2} \right)^2 = \frac{1}{12} \cdot \frac{G}{g} \cdot l^2.$$

In bezug auf eine gegen die Stabachse um den Winkel α geneigte, durch die Endfläche A gelegte Achse erhält man mit den Bezeichnungen der Abb. 182.

$$J = \int_0^l \left(m \cdot \frac{d\,x}{l} \right) \cdot (x \cdot \sin\alpha)^2 = \frac{m}{l} \cdot \sin^2\alpha \cdot \int_0^l x^2 \cdot d\,x,$$

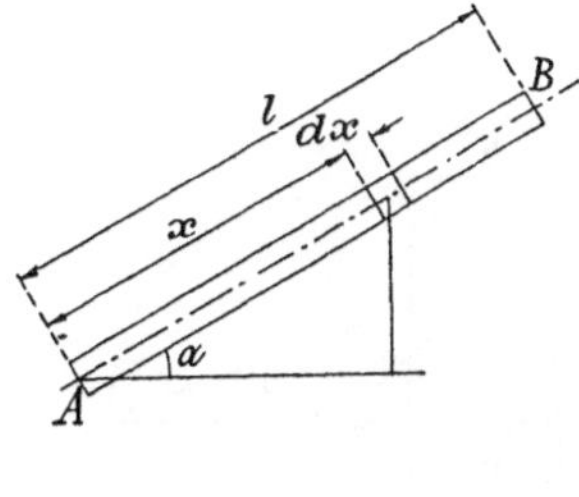

Abb. 182.

also

$$J = \frac{1}{3} \cdot \frac{G}{g} \cdot (l \cdot \sin\alpha)^2.$$

2. **Dünnwandiger Reifen oder Hohlzylinder** (Abb. 183). In bezug auf die Schwerachse des Reifens oder Hohlzylinders ist

$$J_s = \int r^2 \cdot d\,m = r^2 \cdot \int d\,m$$

oder

$$J_s = m \cdot r^2 = \frac{G \cdot D^2}{4 \cdot g}.$$

In bezug auf eine Schwerebene ist

$$J_x = J_y = \frac{1}{2} \cdot J = \frac{1}{2} \cdot \frac{G \cdot D^2}{4\,g}\,.$$

3. Voller Kreiszylinder (Abb. 184) von der Länge l. In bezug auf die Schwerachse des Zylinders ist

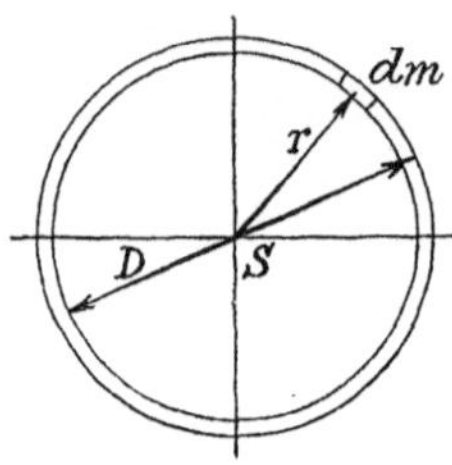

Abb. 183.

$$J_s = \int_0^{\frac{1}{2}D} r^2 \cdot d\,m,$$

worin $d\,m$ die Masse des beliebigen Hohlzylinders vom Halbmesser r und der Stärke $d\,r$ ist. Sie verhält sich zur Gesamtmasse des Zylinders wie die zugehörigen Flächen in dem Querschnitt der Abb. 184

$$d\,m = m \cdot \frac{2\,\pi \cdot r \cdot d\,r}{\frac{\pi}{4} \cdot D^2} = \frac{8 \cdot m}{D^2} \cdot r \cdot d\,r.$$

Damit wird

$$J_s = \int_0^{\frac{1}{2}D} \frac{8 \cdot m}{D^2} \cdot r^3 \cdot d\,r = \frac{8 \cdot m}{D^2} \cdot \frac{1}{4} \cdot \left(\frac{D}{2}\right)^4$$

oder

$$J_s = \frac{1}{2} \cdot \frac{G \cdot D^2}{4\,g}\,.$$

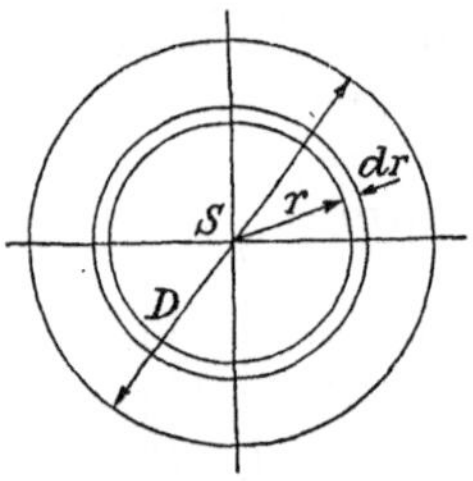

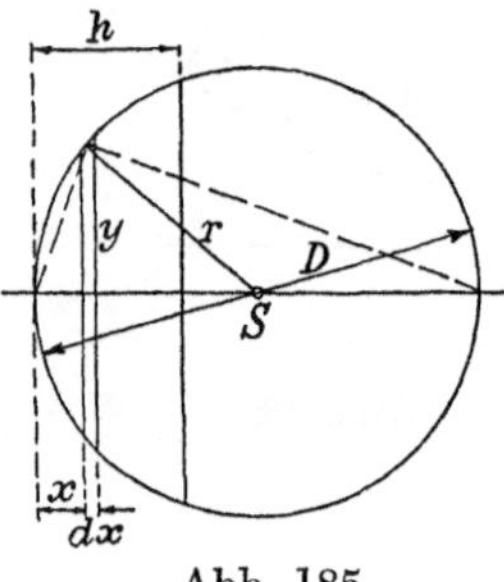

Abb. 184.

Für einen **Hohlzylinder** vom Außendurchmesser D und dem Innendurchmesser d ergibt sich so

$$J_s = \frac{1}{8 \cdot g} \cdot (G_1 \cdot D^2 - G_2 \cdot d^2).$$

Nun ist das Gesamtgewicht des Hohlzylinders

$$G = G_1 - G_2,$$

ferner gilt wie vorher

$$G_2 = G_1 \cdot \left(\frac{d}{D}\right)^2.$$

Aus beiden Gleichungen folgt leicht

$$G_1 = \frac{G}{1 - \left(\frac{d}{D}\right)^2}\,, \qquad G_2 = \frac{G}{1 - \left(\frac{d}{D}\right)^2} \cdot \left(\frac{d}{D}\right)^2,$$

und durch Einsetzen in die Ausgangsgleichung wird

$$J_s = \frac{1}{2} \cdot \left[1 + \left(\frac{d}{D}\right)^2\right] \cdot \frac{G \cdot D^2}{4 \cdot g}\,.$$

4. Kugel. Die Kugelkalotte von der Höhe h (Abb. 185) wird durch Schnitte senkrecht zur Schwerachse in sehr dünne Scheiben vom Rauminhalt $\pi \cdot y^2 \cdot d\,x$ zerlegt. Die Masse einer solchen Scheibe ist demnach

$$d\,m = m \cdot \frac{\pi \cdot y^2 \cdot d\,x}{\frac{\pi}{6} \cdot D^3} = \frac{3}{4} \cdot m \cdot \frac{y^2 \cdot d\,x}{r^2}$$

Abb. 185.

und ihr Trägheitsmoment in bezug auf die Schwerachse

$$d\,J = \tfrac{1}{8} \cdot d\,m \cdot (2\,y)^2.$$

Nun ergibt das gestrichelte Dreieck der Abb. 185

$$y^2 = x \cdot (2\,r - x),$$

und damit wird

$$J_s = \int_0^h d J_s = \frac{4}{8} \cdot \frac{3}{4} \cdot \frac{m}{r^3} \cdot \int_0^h (4\, r^2 \cdot x^2 - 4\, r \cdot x^3 + x^4) \cdot d x$$

$$= \frac{3 \cdot m}{D^3} \cdot \left(\frac{1}{3} \cdot h^3 \cdot D^2 - \frac{2}{4} \cdot h \cdot D + \frac{1}{5} \cdot h^5 \right)$$

oder

$$J_s = \frac{G \cdot D^2}{4 \cdot g} \cdot \left[4 \cdot \left(\frac{h}{D} \right)^3 - 6 \cdot \left(\frac{h}{D} \right)^4 + \frac{12}{5} \cdot \left(\frac{h}{D} \right)^5 \right],$$

worin G das Gewicht der ganzen Kugel angibt.

Setzt man jetzt $h = D$, so erhält man das Trägheitsmoment der ganzen Kugel

$$J_s = \frac{2}{5} \cdot \frac{G \cdot D^2}{4 g}.$$

Für die **Hohlkugel** vom Innendurchmesser d gilt hiernach

$$J_s = \frac{2}{5} \cdot \frac{1}{4 g} \cdot (G_1 \cdot D^2 - G_3 \cdot d^2),$$

wenn G_1 das Gewicht der Vollkugel und G_3 das der fehlenden inneren darstellt. Nun ist

$$G_2 = G_1 \cdot \left(\frac{d}{D} \right)^3$$

und

$$G_1 - G_2 = G_1 \cdot \left[1 - \left(\frac{d}{D} \right)^3 \right] = G$$

das Gewicht der Hohlkugel. Damit wird

$$J_s = \frac{2}{5} \cdot \frac{G \cdot D^2}{4 \cdot g} \cdot \frac{1 - \left(\dfrac{d}{D} \right)^5}{1 - \left(\dfrac{d}{D} \right)^3}.$$

Sämtliche vorstehenden Formeln lassen sich zurückführen auf die **gemeinsame Form**

$$J_s = \frac{\vartheta}{4 g} \cdot G \cdot D^2.$$

Man kann nun den Zahlenwert ϑ mit dem Gewicht G zusammenfassen, wobei man als D den Außendurchmesser des betreffenden Körpers einsetzt, und nennt dann $\vartheta \cdot G$ das **auf den Umfang bezogene Gewicht.** Ebenso kann man auch mit dem vollen Wert des Gewichtes G rechnen und $\vartheta \cdot D^2$ zusammenfassen. Man nennt dann $D \cdot \sqrt{\vartheta}$ den **Trägheitsdurchmesser** des Körpers.

Das Produkt $\vartheta \cdot G \cdot D^2$ heißt das in $\mathrm{kg} \cdot \mathrm{m}^2$ gemessene **Schwungmoment** des Körpers.

Ein weiteres **Moment zweiter Ordnung,** das in bezug auf die Achse O der Abb. 179 gebildet werden kann, ist

$$C_z = \int x \cdot y \cdot d m,$$

wenn die Richtung der in Abb. 179 senkrecht zur Zeichenebene verlaufenden Achse O als die z-Richtung bezeichnet wird. Entsprechend lassen sich angeben

$$C_y = \int x \cdot z \cdot d m, \qquad C_x = \int y \cdot z \cdot d m.$$

Man nennt diese Momente, die die Produkte der Koordinaten aller Massenteilchen des Körpers in bezug auf zwei von drei aufeinander rechtwinkligen Grundebenen mit den Massenteilchen selbst enthalten, **Zentrifugalmomente.**

Ist der Körper zu einer der beiden Bezugsebenen des betreffenden Zentrifugalmomentes symmetrisch (Abb. 186), so läßt sich zu jedem dm ein zweites angeben,
das dieselben Koordinaten x, y hat, die eine jedoch,
z. B. y, mit dem umgekehrten Vorzeichen, so daß die
Summe sich aufhebt. Das Zentrifugalmoment hat
also den Wert 0. Das gilt aber nicht mehr, wenn
die zweite Hälfte gleich der ersten ist, aber die umgekehrte Lage hat. wie in Abb. 186 gestrichelt.

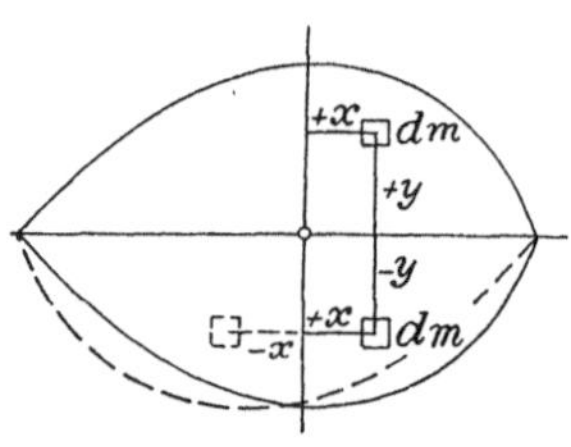

Abb. 186.

6. Die Drehbewegung.

Auf einen um die Achse O drehbaren Körper
wirke dauernd in gleichem Drehsinn und gleichbleibender Stärke das Drehmoment M, das aus der algebraischen Summe
der treibenden und widerstehenden Einzelmomente entstanden ist. Der
Körper macht dann eine gleichförmig beschleunigte Drehbewegung, und auf ein
beliebig herausgegriffenes Massenteilchen dm im Abstande r von der Achse
(Abb. 187) wirken in einem bestimmten Augenblick ein:
nach außen in Richtung von r die Schleuderkraft
$Z = dm \cdot r \cdot \omega^2$, senkrecht zu r entgegengesetzt zur Drehrichtung die Trägheitskraft $P = dm \cdot r \cdot \varepsilon$. Hierin gibt
ω die augenblickliche Winkelgeschwindigkeit und ε die
gleichbleibende Winkelbeschleunigung an.

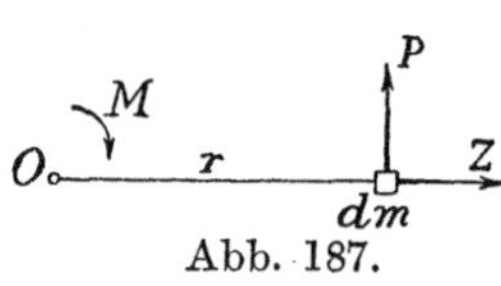

Abb. 187.

Nach dem Satz von d'Alembert müssen die am Körper wirkenden drei
Drehmomente in bezug auf die Drehachse zusammen 0 ergeben:

$$+ M - \int P \cdot r + Z \cdot 0 = 0$$

oder mit dem obigen Wert von P:

$$M = \varepsilon \cdot \int dm \cdot r^2,$$

also

$$M = \varepsilon \cdot J = \frac{\varepsilon}{4g} \cdot (\vartheta \cdot G \cdot D^2).$$

Durch die Integration der Gleichung

$$\varepsilon = \frac{d\omega}{dt} = \frac{M}{J}$$

erhält man das Gegenstück zum Satz vom Antrieb:

$$M \cdot t = J \cdot \omega = \frac{\vartheta \cdot G \cdot D^2}{4g} \cdot \omega.$$

Zu der Zeit, wo der Körper die Winkelgeschwindigkeit ω besitzt, beträgt
sein Arbeitsvermögen

$$A = \int \frac{1}{2} \cdot dm \cdot (r \cdot \omega)^2 = \frac{\omega^2}{2} \cdot \int dm \cdot r^2,$$

also

$$A = \frac{1}{2} \cdot J \cdot \omega^2 = \frac{1}{2} \cdot \frac{\vartheta \cdot G \cdot D^2}{4 \cdot g} \cdot \omega^2,$$

Die Leistung ergibt sich mit $v = r \cdot \omega$ zu

$$N = P \cdot v = P \cdot r \cdot \omega$$

oder

$$N = M \cdot \omega .$$

Wird die Drehbewegung hervorgerufen durch eine am Umfang des etwa zylindrischen Körpers vom Halbmesser r angreifende Kraft P, gegebenenfalls durch ein herumgelegtes Seil od. dgl. (Abb. 188), so gilt

$$P \cdot r = \frac{\varepsilon}{g} \cdot (\vartheta \cdot G \cdot r^2)$$

oder mit der Umfangsbeschleunigung $p = r \cdot \varepsilon$

$$P = \vartheta \cdot G \cdot \frac{p}{g} .$$

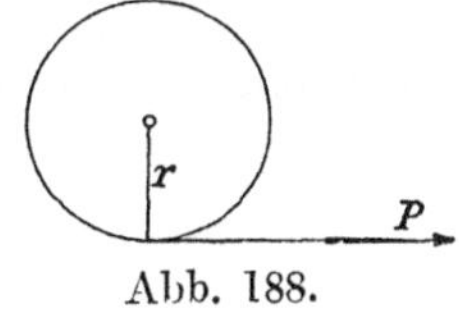

Abb. 188.

Das ist die für die fortschreitende Bewegung geltende Formel, wenn nur statt des wirklichen Gewichtes G das auf den Umfang bezogene $\vartheta \cdot G$ eingesetzt wird.

Hat der Schwerpunkt eines Körpers vom Gewicht G in einem bestimmten Augenblick die fortschreitende Geschwindigkeit v und führt der Körper gleichzeitig eine Drehbewegung mit der augenblicklichen Winkelgeschwindigkeit ω um eine durch den Schwerpunkt gehende, ihre Richtung nicht ändernde Achse aus, so ist nach dem Prinzip von der Summierung der Wirkungen das **Arbeitsvermögen**

$$A = \frac{1}{2} \cdot \frac{G}{g} \cdot v^2 + \frac{1}{2} \cdot \frac{\vartheta \cdot G \cdot D^2}{4g} \cdot \omega^2$$

oder

$$A = \frac{1}{2} \cdot \frac{G}{g} \cdot \left[v^2 + \left(\frac{D}{2} \cdot \sqrt{\vartheta} \cdot \omega \right)^2 \right] .$$

III. Besondere Anwendungen.

1. Der Stoß.

Laufen zwei Körper von den Gewichten G_1 und G_2 mit den Geschwindigkeiten v_1 und v_2 aufeinander, so erfolgt ein Stoß, der die weitere Bewegung der Körper in sehr kurzer Zeit erheblich ändert. An der Berührungsstelle beider Körper treten Druckkräfte N auf, die in jedem Augenblick einander gleich, aber entgegengesetzt gerichtet sind. Sie rufen eine Formänderung der beiden Körper hervor, die mit steigendem N solange anwächst, bis beide Körper dieselbe Geschwindigkeit angenommen haben.

Sind die Körper vollkommen **unelastisch**, wie etwa weiche Tonkugeln oder schweißwarme Eisenstücke, so behalten sie die erhaltene Formänderung bei und bewegen sich mit der erzielten gemeinsamen Geschwindigkeit zusammen weiter. **Elastische** Körper haben dagegen das Bestreben, die während dieses ersten Stoßabschnittes erlittene Formänderung während eines zweiten Stoßabschnittes wieder mehr oder weniger rückgängig zu machen. Die in diesem zweiten Stoßabschnitt auftretenden Druckkräfte bewirken, daß sich die Körper wieder trennen und mit verschiedenen Geschwindigkeiten weiterbewegen. Bei vollkommen elastischen Körpern sind nun die in dem zweiten Stoßabschnitt hervorgebrachten Geschwindigkeitsänderungen gleich den im ersten Stoßabschnitt erzielten, bei unvollkommen elastischen Körpern sind sie kleiner.

Das Verhältnis der im zweiten Stoßabschnitt entstandenen Geschwindigkeitsänderungen zu denjenigen des ersten Stoßabschnittes ist die Stoßziffer.

Sie ist im wesentlichen abhängig von dem Material der betreffenden Körper und beträgt i. M. für

	Elfenbein	Glas	Stahl	Kork	Holz
$k =$	$^8/_9$	$^{15}/_{16}$	$^5/_9$	$^5/_9$	$^1/_2$

Die Gerade, die zur gemeinsamen Berührungsebene der beiden Körper in
der Mitte der Berührungsstelle senkrecht steht, heißt die Stoßlinie. Befinden
sich die Schwerpunkte beider Körper in dieser Linie, so ist der Stoß ein zen-
trischer, andernfalls ein exzentrischer. Sind die Bewegungen der Schwerpunkte beider Körper mit der Stoßlinie parallel, so spricht man von einem geraden
Stoß im Gegensatz zu einem schiefen.

Der gerade zentrische Stoß.

a) Unelastische Körper.

Die Abb. 189 zeigt die beiden Körper mit gleichgerichteten Geschwindigkeiten
kurz vor dem Stoß und die Abb. 190 im Verlauf des Stoßes. Hat die Stoßkraft

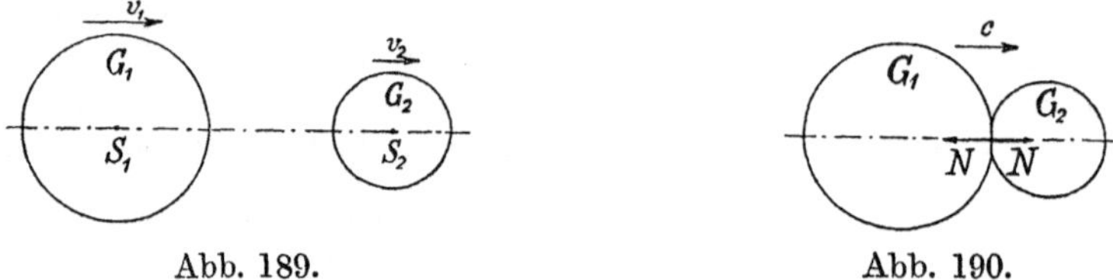

Abb. 189.   Abb. 190.

in einem beliebigen Augenblick der Stoßdauer den Wert N, so wird der Körper 1
verzögert mit dem Betrag $p_1 = g \cdot \dfrac{N}{G_1}$ und der Körper 2 beschleunigt mit $p_2 = g \cdot \dfrac{N}{G_2}$,
und es gilt

$$\frac{-p_1 \cdot dt}{+p_2 \cdot dt} = \frac{-dv_1}{+dv_2} = \frac{G_2}{G_1}:$$

Die Geschwindigkeitsänderungen verhalten sich umgekehrt wie die Gewichte der
Körper, und ihr Verhältnis ist unabhängig von der Größe der veränderlichen Stoßkraft N.

Die Gleichung kann auch geschrieben werden

$$-dv_1 \cdot G_1 = +dv_2 \cdot G_2,$$

deren Integration ergibt

$$\int_{v_1}^{c} (-dv_1) \cdot G_1 = \int_{v_2}^{c} dv_2 \cdot G_2$$

oder aufgelöst

$$(v_1 - c) \cdot G_1 = (c - v_2) \cdot G_2.$$

Hieraus folgt

$$c = \frac{G_1 \cdot v_1 + G_2 \cdot v_2}{G_1 + G_2}.$$

Die Gleichung entspricht der Schwerpunktformel S. 12. Sie kann auch geschrieben
werden

$$(G_1 + G_2) \cdot \frac{c}{g} = G_1 \cdot \frac{v_1}{g} + G_2 \cdot \frac{v_2}{g}:$$

Die Bewegungsgröße nach dem Stoß ist gleich der Summe der Bewegungsgrößen vor dem Stoß.

Bewegt sich G_2 gegen G_1, so ist die Geschwindigkeit v_2 mit dem negativen Vorzeichen einzusetzen.

b) Vollkommen elastische Körper

haben nach Ablauf des ersten Stoßabschnittes die berechnete gemeinsame Geschwindigkeit c angenommen. In dem zweiten Stoßabschnitt wirken nun die gleichen Kräfte N in umgekehrter Reihenfolge und Richtung, so daß die Geschwindigkeit des Körpers 1 noch weiter um den gleichen Betrag zu c_1 verringert und die des Körpers 2 ebenso weiter auf c_2 vergrößert wird.

Es ist also die Endgeschwindigkeit von Körper 1

$$c_1 = v_1 - 2 \cdot (v_1 - c) = 2c - v_1$$

und ebenso die Endgeschwindigkeit von Körper 2

$$c_2 = v_2 + 2 \cdot (c - v_2) = 2c - v_2,$$

worin c aus der Gleichung einzusetzen ist. Dies ergibt schließlich

$$c_1 = \frac{(G_1 - G_2) \cdot v_1 + 2 \cdot G_2 \cdot v_2}{G_1 + G_2}, \quad c_2 = \frac{(G_2 - G_1) \cdot v_2 + 2 \cdot G_1 \cdot v_1}{G_1 + G_2}.$$

Bewegt sich G_2 gegen G_1, so ist wieder v_2 mit dem negativen Vorzeichen zu nehmen.

c) Unvollkommen elastische Körper.

Der Körper 1 erfährt im ersten Stoßabschnitt die Geschwindigkeitsabnahme $v_1 - c$ und im zweiten $k \cdot (v_1 - c)$, also insgesamt die Geschwindigkeitsabnahme $(v_1 - c) \cdot (1 + k)$. Ebenso erhält der Körper 2 die Geschwindigkeitszunahme $(c - v_2) \cdot (1 + k)$. Folglich ist nach dem Stoß

$$c_1 = v_1 - (v_1 - c) \cdot (1 + k) = c \cdot (1 + k) - v_1 \cdot k,$$
$$c_2 = v_2 + (c - v_2) \cdot (1 + k) = c \cdot (1 + k) - v_2 \cdot k$$

Hierin ist wieder c aus dem Satz von der Bewegungsgröße einzusetzen, womit folgt

$$c_1 = \frac{G_1 \cdot v_1 + G_2 \cdot v_2 - G_2 \cdot k \cdot (v_1 - v_2)}{G_1 + G_2},$$
$$c_2 = \frac{G_1 \cdot v_1 + G_2 \cdot v_2 + G_1 \cdot k \cdot (v_1 - v_2)}{G_1 + G_2}.$$

Der Verlust an Arbeitsvermögen des ersten Körpers beträgt

$$A_1 = \frac{G_1}{2 \cdot g} \cdot (v_1^2 - c_1^2) = \frac{G_1 \cdot G_2}{(G_1 + G_2)^2} \cdot \frac{v_1 - v_2}{2 \cdot g} \cdot [2 \cdot G_1 \cdot v_1 \cdot (1 + k)$$
$$+ G_2 \cdot (v_1 + v_2 + 2 \cdot k \cdot v_2 - k^2 \cdot (v_1 - v_2))]$$

und die Zunahme des Arbeitsvermögens von Körper 2

$$A_2 = \frac{G_2}{2 \cdot g} \cdot (c_2^2 - v_2^2) = \frac{G_1 \cdot G_2}{(G_1 + G_2)^2} \cdot \frac{2 \cdot g}{v_1 - v_2} \cdot [2 \cdot G_2 \cdot v_2 (1 + k)$$
$$+ G_1 \cdot (v_1 + v_2 + 2 \cdot k \cdot v_1 + k^2 \cdot (v_1 - v_2))].$$

Der durch die unelastische Formänderung der Körper entstehende **Gesamtarbeitsverlust** ist

$$A = A_1 - A_2 = \frac{G_1 \cdot G_2}{G_1 + G_2} \cdot \frac{(v_1 - v_2)^2}{2 \cdot g} \cdot (1 - k^2).$$

Er ist am größten für vollkommen unelastische Körper, für die ja $k = 0$ ist, und ist bei vollkommen elastischen Körpern 0, weil dort $k = 1$ ist.

Die vorstehende Rechnung nimmt an, daß Formänderungen der stoßenden Körper nur an der Stoßstelle selbst stattfinden. Tatsächlich pflanzen sich jedoch elastische Dehnungswellen durch die Körper bis an ihr Ende fort und kehren wieder zurück. Die obigen Ergebnisse sind also nur erste, allerdings schon ziemlich genaue Annäherungen.

Als Stoßdauern sind ermittelt bei

	Blei	Kupfer	Messing	Stahl	Nieteisen und Stahl
Zeit . . . . sek	$t = 0{,}0054$	0,00176	0,00138	0,00125	0,00155
Stauchung . . . mm	—	5,7	3,45	3,37	4,41
um . . . . mm	4	—	—	2,0	—

je nach Form des Probestückes. Die Zeiten verhalten sich ungefähr wie die Quadratwurzeln aus den Stauchungen, gleiche Probekörper, wie in Zeile 1 der Stauchungen, vorausgesetzt.

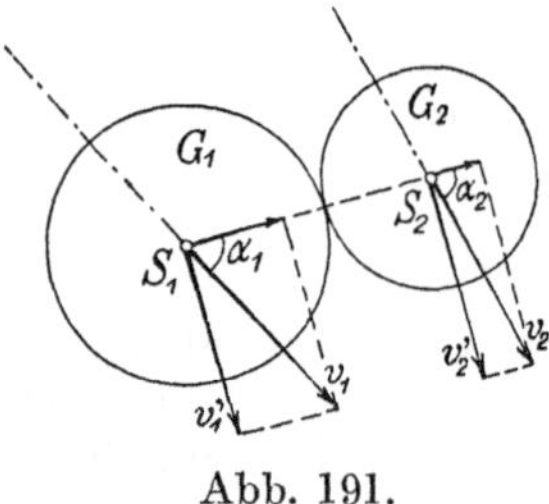

Abb. 191.

Den **schiefen zentrischen Stoß** stellt die Abb. 191 dar. Die Schwerpunkte der beiden Gewichte G_1 und G_2 haben im Augenblick des Zusammentreffens die Geschwindigkeiten v_1 und v_2, die mit der Stoßlinie $S_1 S_2$ die Winkel α_1 bzw. α_2 bilden. Diese Geschwindigkeiten lassen sich nun zerlegen in die Seitengeschwindigkeiten $v_1 \cdot \cos \alpha_1$ bzw. $v_2 \cdot \cos \alpha_2$ nach der Richtung der Stoßlinie und $v_1' = v_1 \cdot \sin \alpha_1$ bzw. $v_2' = v_2 \cdot \sin \alpha_2$ senkrecht dazu. Die letzteren bleiben ungeändert, wenn man von der im allgemeinen belanglosen Reibung zwischen den beiden Körpern absieht. Die beiden anderen Seitengeschwindigkeiten setzen sich nach den Regeln über den geraden zentrischen Stoß zusammen zu

$$c_1' = \frac{G_1 \cdot v_1 \cdot \cos \alpha_1 + G_2 \cdot v_2 \cdot \cos \alpha_2 - G_2 \cdot (v_1 \cdot \cos \alpha_1 - v_2 \cdot \cos \alpha_2) \cdot k}{G_1 + G_2},$$

$$c_2' = \frac{G_1 \cdot v_1 \cdot \cos \alpha_1 + G_2 \cdot v_2 \cdot \cos \alpha_2 + G_1 \cdot (v_1 \cdot \cos \alpha_1 - v_2 \cdot \cos \alpha_2) \cdot k}{G_1 + G_2}.$$

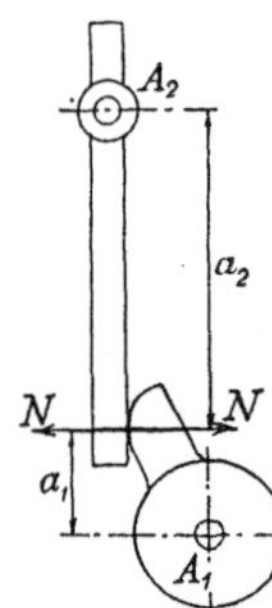

Abb. 192.

Diese beiden Geschwindigkeiten sind nun mit den senkrecht dazu verlaufenden v_1' und v_2' zusammenzusetzen zu den Endgeschwindigkeiten c_1 und c_2.

Die Darlegung gilt für den unvollkommen elastischen Stoß. Für den vollkommen elastischen ist $k = 1$ und für den unelastischen $k = 0$ zu setzen.

Beim **geraden exzentrischen Stoß** sind die beiden Körper um die parallelen Achsen A_1 und A_2 drehbar und treffen mit den an der Berührungsstelle gemessenen Umfangsgeschwindigkeiten v_1 und v_2 zusammen. Es entsteht dann zwischen ihnen die Stoßkraft N, die im Stoßpunkt senkrecht zur Ebene der beiden Achsen angreift; ihr Abstand von den Achsen ist a_1 bzw. a_2 (Abb. 192). Nach dem Stoß haben die Körper die in denselben Abständen gemessenen Geschwindigkeiten c_1 bzw. c_2.

Der gestoßene Körper erhält durch die Stoßkraft N die Umfangsbeschleunigung $p_2 = g \cdot \dfrac{N}{\vartheta_2 \cdot G_2}$, worin $\vartheta_2 \cdot G_2$ das auf den Stoßpunkt bezogene Gewicht des Körpers ist. Entsprechend erfährt der stoßende Körper die Verzögerung $p_1 = g \cdot \dfrac{N}{\vartheta_1 \cdot G_1}$. Durch Division folgt

$$\frac{p_1}{p_2} = \frac{\vartheta_2 \cdot G_2}{\vartheta_1 \cdot G_1}.$$

Die Gleichung entspricht der beim geraden zentrischen Stoß erhaltenen; nur sind jetzt die auf den Stoßpunkt bezogenen Gewichte zu nehmen.

Durch die gleiche Rechnung wie oben erhält man die am Stoßpunkt geltenden Umfangsgeschwindigkeiten nach dem Stoß zu

$$c_1 = \frac{\vartheta_1 \cdot G_1 \cdot v_1 + \vartheta_2 \cdot G_2 \cdot v_2 - \vartheta_2 \cdot G_2 \cdot (v_1 - v_2) \cdot k}{\vartheta_1 \cdot G + \vartheta_2 \cdot G_2},$$

$$c_2 = \frac{\vartheta_1 \cdot G_1 \cdot v_1 + \vartheta_2 \cdot G_2 \cdot v_2 + \vartheta_2 \cdot G_2 \cdot (v_1 - v_2) \cdot k}{\vartheta_1 \cdot G_1 + \vartheta_2 \cdot G_2}.$$

Für den vollkommen elastischen Stoß ist hierin $k = 1$ und für den unelastischen $k = 0$ zu setzen.

Ist der stoßende Körper frei und bewegt er sich in der Richtung der Stoßlinie vorwärts (Abb. 193), so ist sein volles Gewicht G_1 einzusetzen.

Beim **schiefen exzentrischen Stoß** sind dieselben Zerlegungen und nachherigen Zusammensetzungen vorzunehmen, wie beim schiefen zentrischen Stoß.

Die vorstehenden Näherungsrechnungen werden allerdings dann ziemlich ungenau, wenn G_2 gegenüber G_1 klein ist oder wenn die Längenabmessungen des gestoßenen Körpers groß sind.

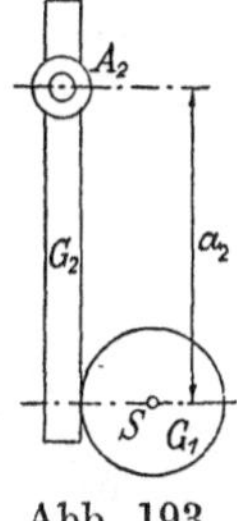

Abb. 193.

2. Das Pendel.

Als Pendel bezeichnet man jeden Körper, der regelmäßige Schwingungsbewegungen um eine feste Achse ausführt.

Bewegt sich der Körper derart, daß seine Hauptachse sich auf dem Mantel eines Kegels bewegt, so nennt man den Apparat Kegelpendel im Gegensatz zu dem ebenen Pendel, bei dem die Hauptachse des Körpers in einer Ebene hin und her schwingt.

Besteht das Pendel nur aus einem Körper von nach jeder Richtung kleinen Abmessungen und einem gewichtslos gedachten Faden, so heißt es mathematisches Pendel im Gegensatz zum physischen Pendel von beliebig großen Abmessungen auch der Verbindung mit der Befestigungsstelle.

Das mathematische Kegelpendel stellt die Abb. 194 dar. Auf den augenblicklich im Punkt A befindlichen kleinen Körper, der durch den Faden von der Länge l in O festgehalten wird, wirkt ein: lotrecht nach unten sein Gewicht G, in der Richtung AO die Fadenspannkraft S. Da sich der Körper auf einer wagerechten Kurve bewegt, die in A den Krümmungshalbmesser r hat, so erfährt er noch die nach dem Krümmungsmittelpunkt gerichtete Beschleuni-

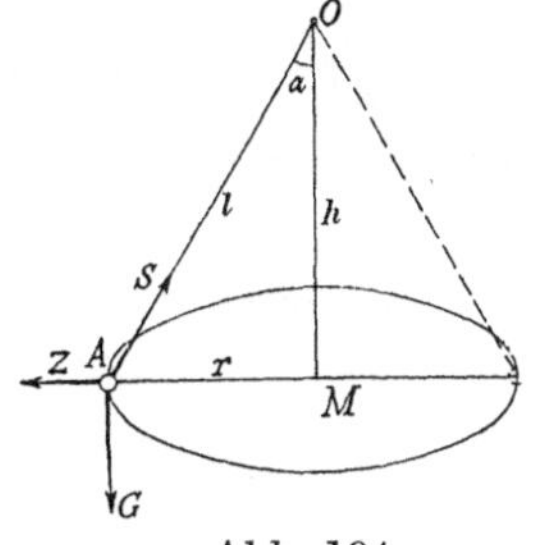

Abb. 194.

gung $p = r \cdot \omega^2$, und nach dem Satz von d'Alembert ist also die nach außen gerichtete Schleuderkraft Z als dritte einzutragen. Die drei Kräfte wirken in derselben, durch die Punkte AOM bestimmten Ebene; es ist mithin keine Kraft in tangentialer Richtung vorhanden und die Bewegung also eine gleichförmige Kreisbewegung.

Das nach dem Satz von d'Alembert zu zeichnende Kräftedreieck ist bereits als AOM in der Abb. 194 enthalten. Man entnimmt ihm

$$\operatorname{tg} \alpha = \frac{r}{h} = \frac{Z}{G} = \frac{r \cdot \omega^2}{g},$$

woraus die Winkelgeschwindigkeit folgt

$$\omega = \sqrt{\frac{g}{h}},$$

ferner

$$\frac{S}{G} = \frac{l}{h} = \sqrt{\frac{h^2 + r^2}{h^2}} = \sqrt{1 + tg^2 \alpha} = \sqrt{1 + \left(\frac{r \cdot \omega^2}{g}\right)^2}.$$

Die Zeitdauer eines vollen Umlaufes ergibt sich zu

$$t = \frac{2 \cdot \pi \cdot r}{r \cdot \omega} = 2 \cdot \pi \cdot \sqrt{\frac{h}{g}}.$$

Die vorstehenden Darlegungen gelten auch für das physische Kegelpendel, wenn der Punkt A der Abb. 194 durch den Schwerpunkt S des aus dem Pendelgewicht und der Aufhängestange zusammengesetzten Pendelkörpers ersetzt wird.

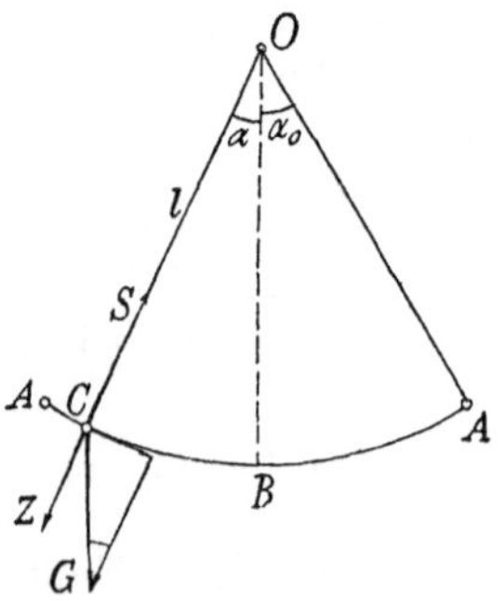

Das ebene mathematische Pendel zeigt die Abb. 195 in der äußersten Lage OA mit dem größten Ausschlagwinkel α_0 aus der Mittellage OB und in einer beliebigen Stellung OC mit dem Ausschlagwinkel α. Der Gewichtskörper G wird beschleunigt durch die in Richtung des Kreisbogenweges verlaufende Seitenkraft $G \cdot \sin \alpha$. Seine Beschleunigung berechnet sich zu

$$p = l \cdot \varepsilon = l \cdot \frac{d\omega}{dt} = g \cdot \sin \alpha.$$

Abb. 195.

Die Winkelgeschwindigkeit ω wird um so größer, je mehr sich α verkleinert; es gilt also $\omega = \dfrac{-d\alpha}{dt}$. Wird hieraus der Wert von dt in die obige Gleichung eingesetzt, so ergibt sich

$$\omega \cdot d\omega = -\frac{g}{l} \cdot \sin \alpha \cdot d\alpha,$$

und die Integration zwischen den Stellen A und C liefert mit

$$\int \sin \alpha \cdot d\alpha = -\cos \alpha + C$$

$$\int_0^\varphi \omega \cdot d\omega = -\frac{g}{l} \cdot \int_{\alpha_0}^\alpha \sin \alpha \cdot d\alpha$$

oder

$$\frac{\omega^2}{2} = +\frac{g}{l} \cdot (\cos \alpha - \cos \alpha_0).$$

Hiermit läßt sich die Spannkraft in dem Faden bestimmen:

$$S = G \cdot \cos\alpha + Z = G \cdot \left(\cos\alpha + \frac{l}{g} \cdot \omega^2\right) = G \cdot (3\cos\alpha - 2\cos\alpha_0).$$

Setzt man nochmals in die Gleichung für die Winkelgeschwindigkeit ein

$$\omega = -\frac{d\alpha}{dt},$$

so folgt

$$-\frac{d\alpha}{dt} = \pm\sqrt{\frac{2 \cdot g}{l} \cdot (\cos\alpha - \cos\alpha_0)}$$

oder

$$dt \cdot \sqrt{\frac{2 \cdot g}{l}} = -\frac{d\alpha}{\sqrt{\cos\alpha - \cos\alpha_0}}$$

Man formt den Ausdruck um durch den Übergang auf den halben Winkel

$$\cos\alpha = \cos\left(\frac{\alpha}{2} + \frac{\alpha}{2}\right) = 1 - 2 \cdot \sin^2\frac{\alpha}{2},$$

was ergibt

$$dt \cdot \sqrt{\frac{2 \cdot g}{l}} = -\frac{d\alpha}{\sqrt{2 \cdot \left(\sin^2\frac{\alpha}{2} - \sin_2\frac{\alpha_0}{2}\right)}} \cdot$$

Hierin setzt man jetzt

$$\sin\frac{\alpha}{2} = \sin\frac{\alpha_0}{2} \cdot \sin\varphi,$$

deren Differentiation liefert

$$\cos\frac{\alpha}{2} \cdot d\frac{\alpha}{2} = \sin\frac{\alpha_0}{2} \cdot \cos\varphi \cdot d\varphi$$

oder

$$d\alpha = \frac{2 \cdot \sin\frac{\alpha_0}{2}}{\sqrt{1 - \sin^2\frac{\alpha}{2}}} \cdot \cos\varphi \cdot d\varphi.$$

Damit geht die obige Gleichung über in

$$dt \cdot \sqrt{\frac{g}{l}} = -\frac{\sin\frac{\alpha_0}{2}}{\sqrt{1 - \sin^2\frac{\alpha_0}{2} \cdot \sin^2\varphi}} \cdot \frac{\cos\varphi \cdot d\varphi}{\sin\frac{\alpha_0}{2} \cdot \sqrt{1 - \sin^2\varphi}}$$

oder

$$dt \cdot \sqrt{\frac{g}{l}} = -\frac{d\varphi}{\sqrt{1 - \sin^2\frac{\alpha_0}{2} \cdot \sin^2\varphi}} \cdot$$

Für den größten Ausschlag ist $\frac{\alpha}{2} = \frac{\alpha_0}{2}$, also $\sin\varphi = 1$; für die Mittelstellung ist $\frac{\alpha}{2} = 0$, also $\sin\varphi = 0$. Die neue Veränderliche φ ist demnach zwischen den Grenzen $\frac{\pi}{2}$ und 0 zu nehmen.

Die Zeitdauer für den Weg $\widehat{AA} = 2 \cdot \widehat{AB}$ (Abb. 195) ist also gegeben durch

$$t \cdot \sqrt{\frac{g}{l}} = -2 \cdot \int_{\frac{\pi}{2}}^{0} \frac{d\varphi}{\sqrt{1 - \sin^2\frac{\alpha_0}{2} \cdot \sin\varphi}} = +2 \cdot \int_{0}^{\frac{\pi}{2}} \frac{d\varphi}{\Delta\varphi}.$$

Die Ausrechnung geschieht durch Auflösen des Ausdruckes $\dfrac{1}{\Delta\varphi}$ in eine konvergierende Reihe. Aus dem binomischen Lehrsatz

$$(a + b)^n = a^n + \frac{n}{1} \cdot a^{n-1} \cdot b + \frac{n \cdot (n-1)}{1 \cdot 2} \cdot a^{n-2} \cdot b^2 + \dots,$$

ergibt sich

$$\left(1 - \sin^2\frac{\alpha_0}{2} \cdot \sin\varphi\right)^{-\frac{1}{2}} = 1 + \frac{1}{2} \cdot \sin^2\frac{\alpha_0}{2} \cdot \sin^2\varphi + \frac{1 \cdot 3}{2 \cdot 4} \cdot \sin^4\frac{\alpha_0}{2} \cdot \sin^4\varphi + \dots$$

Damit wird

$$t = \sqrt{\frac{l}{g}} \cdot 2 \cdot \int_{0}^{\frac{\pi}{2}} d\varphi + \frac{1}{2} \cdot \sin^2\frac{\alpha_0}{2} \cdot \sin^2\varphi \cdot d\varphi + \frac{1 \cdot 3}{2 \cdot 4} \cdot \sin^4\frac{\alpha_0}{2} \cdot \sin^4\varphi \cdot d\varphi + \dots$$

Es ist nun

$$\int_{0}^{\frac{\pi}{2}} d\varphi = \frac{\pi}{2}, \qquad\qquad \int_{0}^{\frac{\pi}{2}} \sin^2\varphi \cdot d\varphi = \frac{1}{2} \cdot \frac{\pi}{2}$$

$$\int_{0}^{\frac{\pi}{2}} \sin^4\varphi \cdot d\varphi = \int_{0}^{\frac{\pi}{2}} \sin^2\varphi \cdot d\varphi \cdot (1 - \cos^2\varphi) = \frac{1}{2} \cdot \frac{\pi}{2} - \int_{0}^{\frac{\pi}{2}} \frac{\sin^2 2\varphi}{4} \cdot \frac{d\,2\varphi}{2}$$

$$= \frac{1}{2} \cdot \frac{\pi}{2} - \frac{1}{8} \cdot \frac{1}{2} \cdot \pi = \frac{3}{4} \cdot \frac{1}{2} \cdot \frac{\pi}{2},$$

entsprechend $\displaystyle\int_{0}^{\frac{\pi}{2}} \sin^6\varphi \cdot d\varphi = \frac{5}{6} \cdot \frac{3}{4} \cdot \frac{1}{2} \cdot \frac{\pi}{2} \dots$

Somit ist schließlich die Dauer einer einfachen Schwingung

$$t = \pi \cdot \sqrt{\frac{l}{g}} \cdot \left[1 + \left(\frac{1}{2} \cdot \sin\frac{\alpha_0}{2}\right)^2 + \left(\frac{1 \cdot 3}{2 \cdot 4} \cdot \sin^2\frac{\alpha_0}{2}\right)^2 + \dots\right]$$

oder mit $g = 9{,}81$ m/sk²

$$t = 1{,}0030 \cdot \sqrt{l} \cdot \zeta.$$

Die Werte von $1{,}0030 \cdot \zeta$ enthält die Abb. 196 in Abhängigkeit von α_0 für die gebräuchlichen Größtausschläge.

Das physische Pendel besteht aus einem festen Körper, der um eine gewöhnlich innerhalb des Körpers gelegene Achse schwingt. Seine Schwingungsdauer wird bestimmt, indem man die Länge eines mathematischen Pendels aufsucht, dessen Schwingung mit der des physischen Pendels übereinstimmt.

Bilden beide zu Anfang denselben Winkel α_0 mit der Lotrechten, so sollen also ihre Bewegungen in jedem Augenblick dieselbe Winkelgeschwindigkeit und

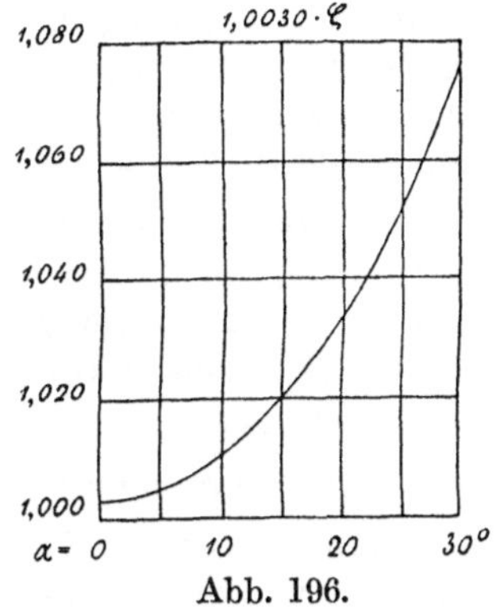
Abb. 196.

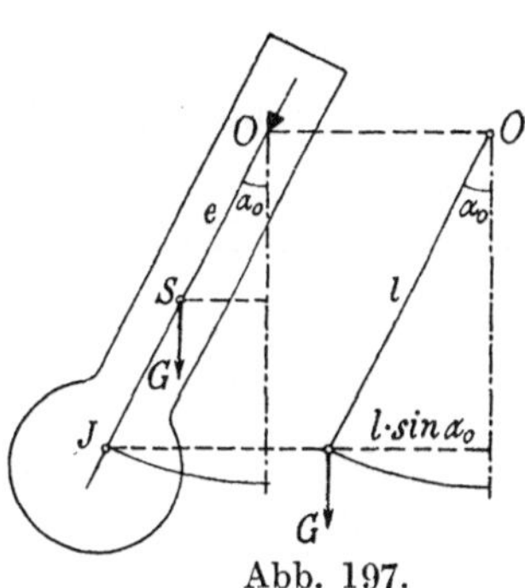
Abb. 197.

infolgedessen auch Beschleunigung haben. Mit den Bezeichnungen der Abb. 197 ist die Winkelbeschleunigung des physischen Pendels

$$\varepsilon = \frac{G \cdot e \cdot \sin \alpha_0}{J},$$

worin J das Trägheitsmoment des Pendelkörpers in bezug auf die Drehachse O ist. Für das entsprechende mathematische Pendel gilt ebenso

$$\varepsilon = \frac{G \cdot l \cdot \sin \alpha_0}{\dfrac{G \cdot l^2}{g}}.$$

Durch Gleichsetzen beider Werte ergibt sich die gesuchte Länge des mathematischen Pendels zu

$$l = \frac{J \cdot g}{G \cdot e}.$$

Wird diese Länge l auf der Geraden OS von O aus bis zum Punkt J abgetragen, so erhält man den Schwingungspunkt des physischen Pendels, dessen Schwingungen so vor sich gehen, als wenn das ganze Gewicht des Körpers in ihm vereinigt wäre.

Setzt man den Abstand des Schwingungspunktes in die Gleichung für die Schwingungsdauer ein, so wird

$$t = \zeta \cdot \pi \cdot \sqrt{\frac{J}{G \cdot e}} = 1{,}0030 \cdot \zeta \cdot \sqrt{\frac{g \cdot J_s}{G \cdot e} + e},$$

worin J_s das Trägheitsmoment des Körpers in bezug auf die zur Schwingungsachse parallele Schwerachse ist.

3. Der Kreisel.

Der Kreisel der technischen Praxis ist ein Umdrehungskörper, der sich um seine geometrische Hauptachse so schnell dreht, daß die Geschwindigkeiten der sonstigen Schwankungen der Achsen gegen die dieser Drehung sehr klein sind.

Geometrische Hauptachse sei die z-Achse der Abb. 198, als Drehachse werden aber vorläufig die mit der z-Achse den Winkel γ einschließende Schwerachse SN angenommen. In der durch SN und die z-Achse gelegten Ebene wählt man die zur letzteren senkrecht stehende x-Achse und dann senkrecht zu beiden die ebenfalls durch S gehende y-Achse. Irgendein Punkt A des Kreiselkörpers, in dem sich das Massenteilchen dm befindet, habe von der Drehachse den senkrechten Abstand $\overline{OA} = r$. Infolgedessen wirkt auf ihn die Schwungkraft $Z = r \cdot \omega^2 \cdot dm$, deren Seitenkraft in der Richtung der Strecke $\overline{OB} = a$ den Wert $Z_1 = a \cdot \omega^2 \cdot dm$ hat. Wird noch die Länge $\overline{OS} = h$ angesetzt, so ist das Drehmoment der Schwungkraft Z_1 in bezug auf die y-Achse $dM_1 = Z_1 \cdot h$, also für den ganzen Körper

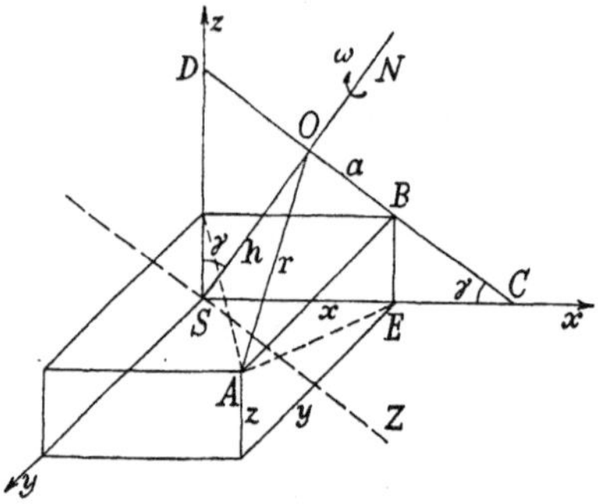

$$M_1 = \int \omega^2 \cdot a \cdot h \cdot dm$$
$$= \omega^2 \cdot \int a \cdot h \cdot dm = \omega^2 \cdot C.$$

C ist das **Zentrifugalmoment des Kreiselkörpers** in bezug auf das Achsenkreuz NSZ.

Zu einer Umformung von C entnimmt man dem Dreieck SOC

$$h = (x + z \cdot \operatorname{cotg}\gamma) \cdot \sin\gamma$$
$$= x \cdot \sin\gamma + z \cdot \cos\gamma,$$

$$a = (x + z \cdot \operatorname{cotg}\gamma) \cdot \cos\gamma - \frac{z}{\sin\gamma}$$
$$= x \cdot \cos\gamma - z \cdot \sin\gamma.$$

Abb. 198.

Setzt man beide Ausdrücke in den Wert von C ein, so wird

$$C = \int a \cdot h \cdot dm = \int dm \cdot [(x^2 - z^2) \cdot \sin\gamma \cdot \cos\gamma + x \cdot z \cdot (\cos^2\gamma - \sin^2\gamma)]$$
$$= \tfrac{1}{2} \cdot \sin 2\gamma \cdot \int (x^2 - z^2) \cdot dm + \cos 2\gamma \cdot \int x \cdot z \cdot dm.$$

Nun ist nach Abb. 198

$$J_1 = \int (y^2 + z^2) \cdot dm$$

das Trägheitsmoment des Körpers in bezug auf die x-Achse und

$$J_3 = \int (x^2 + y^2) \cdot dm$$

das in bezug auf die z-Achse.

Das letzte Glied des Ausdruckes für C verschwindet, da zu jedem Teilchen dm im Abstande $+x$ ein gleiches im Abstande $-x$ befindliches vorhanden ist, und man erhält

$$M = \omega^2 \cdot C = \frac{\omega^2}{2} \cdot \sin 2\gamma \cdot (J_3 - J_1).$$

Dieses Drehmoment wird 0 für $\gamma = 0$ bzw. $\gamma = \dfrac{\pi}{2}$, d. h. wenn die Achse SN entweder mit der z- oder der x-Achse zusammenfällt. In den beiden Fällen braucht die Drehachse in keiner Weise gegen Drehungen durch die auftretenden Schwungkräfte gesichert zu werden. Diese beiden ausgezeichneten Achsen heißen infolgedessen **freie Achsen**. Man bemerkt sogleich, daß dieselbe Überlegung auch für die Ebene zSy durchgeführt werden kann, daß also die y-Achse ebenfalls eine freie ist. Da nun die x-Achse beliebig gewählt war, so ist jede beliebige, zur z-Achse des Umdrehungskörpers senkrecht verlaufende Achse eine freie. Das gilt auch dann, wenn sie nicht durch den Schwerpunkt S geht, sondern durch einen beliebigen anderen Punkt auf der z-Achse etwa im Abstand z_0 von S. Nur ist dann statt des Trägheitsmomentes J_1 einzusetzen $J_1 + m \cdot z_0^2$, während natürlich J_3 unverändert bleibt.

Wird die Drehachse um einen kleinen Winkel $d\gamma$ aus der z-Achse verlegt, so ändert sich nach Abb. 199 x in $x \mp z \cdot d\gamma$. Damit geht der Ausdruck $J_3 - J_1$ über in

$$\int dm \cdot (x^2 \mp 2 \cdot x \cdot z \cdot d\gamma + 0 - z^2);$$

es ist also

$$d(J_3 - J_1) = \mp 2 \cdot d\gamma \cdot \int x \cdot z \cdot dm = 0$$

nach dem vorhergehenden. Das bedeutet, die freien Achsen des Körpers sind diejenigen, in bezug auf welche die Trägheitsmomente entweder die kleinsten oder die größtmöglichen sind.

Ist in der Gleichung für M $J_3 > J_1$, so wird M positiv, d. h. der Körper wird durch die auftretenden Schwungkräfte so gedreht, daß die geometrische z-Achse sich der Drehachse SN nähert. Ist dagegen $J_3 < J_1$, so wird M negativ, und der Körper bewegt sich so, daß die x-Achse, die des größten Trägheitsmomentes, der Drehachse näher rückt. Der Körper hat also stets das Bestreben, sich um die freie Achse mit dem **größten** Trägheitsmoment zu drehen.

Nun kann die Drehung mit der Winkelgeschwindigkeit ω um die Achse SN der Abb. 198 nach S. 77 entstanden sein aus drei Einzeldrehungen um die Achsen x, y, z. Dann sagt der vorstehende Satz aus, daß die etwaige Drehung um andere als die Achse des größten Trägheitsmomentes vom Kreisel selbsttätig unterdrückt wird.

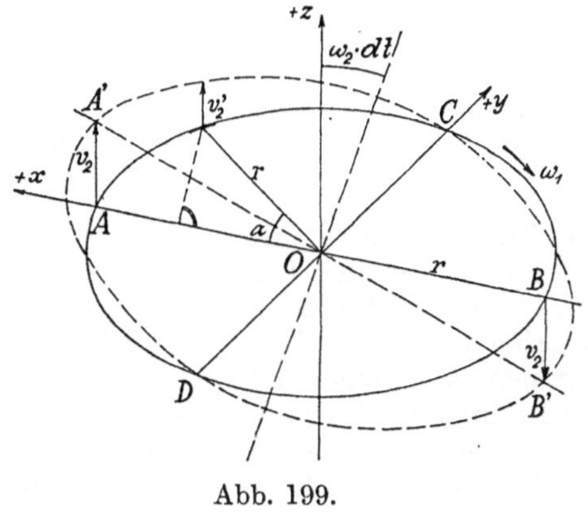

Abb. 199.

Der in Abb. 199 dargestellte Kreisel besteht der Einfachheit halber aus einem kreisförmigen Reifen vom Durchmesser $\overline{AB} = \overline{CD} = d$ und dem Gewicht G, er dreht sich mit der Winkelgeschwindigkeit ω_1 um seine senkrecht zur Kreisebene stehende Hauptachse Oz. Besondere Wirkungen ergeben sich nur dann, wenn die Hauptebene um die senkrecht zur z-Achse stehende, ebenfalls durch die Mitte O gehende y-Achse CD mit einer Winkelgeschwindigkeit ω_2 gedreht wird, so daß der Kreisel nach einer kleinen Zeit dt die in Abb. 199 gestrichelte Lage angenommen hat. Ein Gewichtsteilchen dG des Ringes, das sich augenblicklich in A befindet, hat dort die in Abb. 199 angegebene größte Geschwindigkeit v_2. Nach einer Drehung um den Winkel α ist seine Geschwindigkeit v_2' kleiner geworden, und im Punkte C, also für $\alpha = \dfrac{\pi}{2}$ ist sie 0, um für $\alpha > \dfrac{\pi}{2}$ sogar negativ zu werden, bis der größte negative Betrag $-v_2$ in B erreicht ist. Das Teilchen erfährt also auf dem Wege ACB eine Verzögerung und auf dem Wege BDA eine Beschleunigung.

Die Größe der Beschleunigung an irgendeiner Stelle ist nun nach S. 77 $p = 2 \cdot \omega_1 \cdot v_2'$ und ist entgegengesetzt zu v_2' gerichtet. Das Dreh moment der

Beschleunigungskräfte in bezug auf die Achse ist somit, wenn noch F den Querschnitt des Ringes angibt,

$$M = 4 \cdot \int_0^{\frac{\pi}{2}} dG \cdot \frac{p}{g} \cdot r \cdot \sin\alpha = 4 \cdot \int_0^{\frac{\pi}{2}} (\gamma \cdot F \cdot r \cdot d\alpha) \cdot \frac{2\,\omega_1 \cdot \omega_2 \cdot r \cdot \sin\alpha}{g} \cdot r \cdot \sin\alpha$$

$$= \frac{\gamma \cdot F d^3}{g} \cdot \omega_1 \cdot \omega_2 \cdot \int_0^{\frac{\pi}{2}} \sin^2\alpha \cdot d\alpha.$$

Das Integral hat nach S. 98 den Wert $\frac{\pi}{4}$. Damit wird

$$M = \frac{(\gamma \cdot F \cdot d)}{g} \cdot \frac{d^2}{4} \cdot \omega_1 \cdot \omega_2 = \frac{G \cdot d^2}{4 \cdot g} \cdot \omega_1 \cdot \omega_2.$$

Nun ist $\frac{G \cdot d^2}{4\,g} = J$ das Trägheitsmoment des Ringes, und man erkennt leicht, daß für jede beliebige Form des Kreisels gilt

$$M = J \cdot \omega_1 \cdot \omega_2 = \frac{\vartheta \cdot G \cdot d^2}{4\,g} \cdot \omega_1 \cdot \omega_2 = D \cdot \omega_2.$$

Hierin heißt

$$D = \frac{\vartheta \cdot G \cdot d^2}{4\,g} \cdot \omega_1$$

der **Drall** des Kreisels.

Die Ebene des Drehmomentes geht durch die Hauptdrehachse z und die zweite dazu senkrechte Präzessionsachse y. Es sucht die z-Achse in die y-Achse zu bringen. Für die **Richtung** erhält man so die **Linke-Hand-Regel:** Man spreizt Daumen, Zeigefinger und Mittelfinger der linken Hand senkrecht zueinander. Gibt der Daumen die Richtung der Hauptdrehachse und der Zeigefinger die Achse der Präzession an, so zeigt der Mittelfinger die Achse der Drehung des Kreiselmomentes M; alle drei Achsen werden im Sinne des Uhrzeigers umlaufen, wenn man auf die Fingerspitzen sieht.

An den Verhältnissen ändert eine beliebige fortschreitende Bewegung des ganzen Kreisels, deren wirkende Kraft ja durch den Mittelpunkt O geht, gar nichts. Nur Drehmomente sind auf die Kreiselwirkung von Einfluß.

C. Die Festigkeitslehre.

I. Die einfachen Beanspruchungen.

Nur in erster Annäherung können die Körper als starr betrachtet werden. Eine genaue Untersuchung muß die Formänderungen berücksichtigen, die unter der Einwirkung von Kräften eintreten.

Die **Formänderung** betrifft im allgemeinen sowohl die Gestalt als auch den Rauminhalt. Die dabei an den Außenflächen oder im Innern des Körpers auftretenden Kraftwirkungen werden durchweg auf die Flächeneinheit bezogen und heißen **Spannungen**.

Um mit bequemen Zahlen zu arbeiten, wählt man hier als Flächenmaß fast ausschließlich das cm² und als Maß der Kraft das kg.

Für jedes Körperstück gelten wieder die allgemeinen Gleichgewichtsbedingungen, da bei ihrer Herleitung über die Art der Kräfte, ob äußere oder innere, keine bestimmten Voraussetzungen gemacht wurden. Sie sind sogar Vorbedingungen für einen richtigen Ansatz.

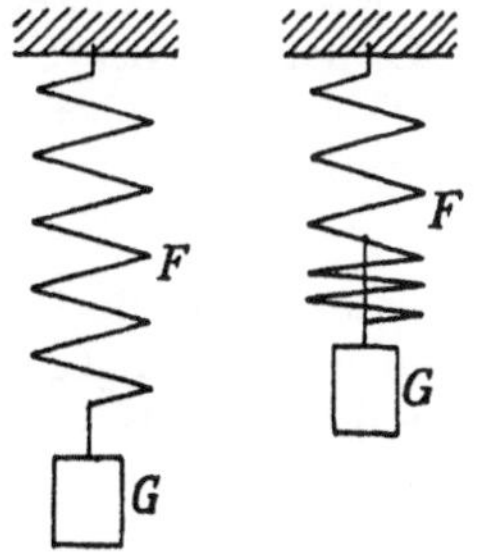

Der in der Mechanik starrer Körper oft benutzte Satz, daß die Angriffsstelle einer Kraft in ihrer Wirkungslinie beliebig verschoben werden kann (S. 2), trifft jedoch hier **nicht** mehr zu, wie der Vergleich der Abb. 200 und 201 sofort zeigt. Die Wirkung des Gewichtes G auf die Feder F ist wesentlich von seiner Angriffsstelle abhängig. Wohl aber ist die Einwirkung auf die obere Befestigungsstelle der Feder in beiden Fällen dieselbe, so daß man zur Berechnung der Wirkung des Gewichtes auf die Tragkonstruktion die zwischengeschaltete Feder ohne Fehler als starr auffassen kann.

Im folgenden werden zuerst an geraden stabförmigen Körpern die verschiedenen einfachen Beanspruchungsfälle erörtert werden, die je nach der Art der Wirkung der äußeren Kräfte als Zug-, Druck-, Biegungs-, Schub- und Verdrehungsbeanspruchung bezeichnet werden.

Bei der Herleitung der betreffenden Grundformeln werden die Körper als **isotrop** angesehen, bei denen die einzelnen kleinen Teilchen, aus welchen der Körper aufgebaut ist, nach allen Richtungen gleichartig gelagert sind, wie etwa bei den reinen Metallen. Nicht isotrop ist beispielsweise Holz, wo sehr genau darauf geachtet werden muß, ob die Beanspruchung parallel oder quer zur Faserrichtung erfolgt.

1. Die Zugbeanspruchung.

Reine Zugbeanspruchung findet statt, wenn die an den beiden Enden eines prismatischen Stabes angreifenden Kräfte je eine Mittelkraft ergeben, deren Wirkungslinien mit der Achse des Stabes zusammenfallen und die auf seine Verlängerung hinwirken.

In genügender Entfernung von der Befestigungsstelle sieht man die Kraft als gleichmäßig über jeden senkrecht zur Stabachse verlaufenden Querschnitt F verteilt an (Abb. 202). Die Größe der im Stab herrschenden Zugspannung ergibt sich dann als die auf die Flächeneinheit des Querschnittes entfallende Kraft:

$$\sigma_z = \frac{P}{F}.$$

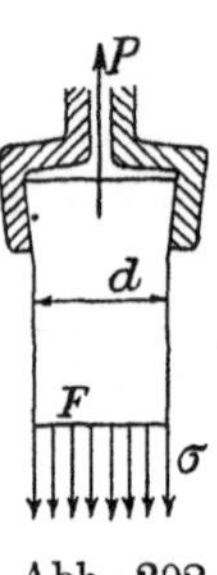

Abb. 202.

Sie wird gemessen in kg/cm².

Wird ein prismatischer Stab nach und nach stärker belastet, so verlängert er sich mehr und mehr. Dabei zeigt sich, daß innerhalb nicht zu hoher Beanspruchungsgrenzen die Verlängerung λ einer bestimmten Meßlänge l des Stabes an jeder Stelle dieselbe ist und der Größe der bestehenden Zugspannung σ_z entspricht. Man pflegt die Verlängerung ebenfalls auf die Längeneinheit zu beziehen:

$$\varepsilon = \frac{\lambda}{l},$$

und bezeichnet diesen Quotienten aus Verlängerung und ursprünglicher Länge als Dehnung des Stabes.

Der beschriebene Versuch ergibt dann, daß die Dehnung der Spannung entspricht:

$$\varepsilon = \alpha \cdot \sigma.$$

Hierin ist die Unveränderliche α die Dehnungsziffer des Stabmaterials, die in cm²/kg angegeben wird. Oft wird auch mit dem umgekehrten Wert, der Elastizitätsziffer gerechnet:

$$E = \frac{1}{\alpha} = \frac{\sigma}{\varepsilon}.$$

Es ist i. M. für

Schweißeisen	$E \sim$ 2 050 000 kg/cm²	Deltametall		$E \sim$ 1 000 000 kg/cm²
Flußeisen	2 100 000 „	Duranametall		1 054 000 „
Flußstahl	2 150 000 „	Zinnbronze		{ 900 000 „
Nickelstahl	2 000 000 „			{ ÷ 967 000 „
Chromnickelstahl	2 000 000 „	Manganbronze		1 155 000 „
Nickelstahl mit 25%. Ni	1 810 000 „	Manganbronze (Durana)		1 290 000 „
Nickelstahl mit 35%. Ni	1 470 000 „	Phosphorbronze		1 216 000 „
Stahlformguß	1 500 000 „	Nickelbronze		1 620 000 „
Temperguß	1 500 000 „	Aluminium		660 000 „
Zink	150 000 „	Duralumin		{ 700 000 „
Messing gezogen	{ 900 000 „			{ ÷ 730 000 „
	{ ÷ 1 000 000 „	Aluminiumbronze		1 150 000 „

Maschinengußeisen	bis $\sigma_z =$ 300 kg/cm²	$E \sim$	810 000 kg/cm²
Kupfer	„ 450 „		1 700 000 „
Kupfer	„ 600 „		1 500 000 „
Messing (gegossen)	„ 600 „	800 000 ÷	900 000 „
Beton	„ 40 „		140 000 „
Kernleder in der Nähe der Höchstbeanspruchung			3 500 „
Prima Kernleder in der Nähe der Höchstbeanspruchung			5 000 „
Chromleder in der Nähe der Höchstbeanspruchung		2 500 ÷	3 000 „
Dünne, festgewebte Baumwollriemen			12 000 „
Dicke, lose gewebte Baumwollriemen			5 150 „
Dünne, festgewebte Kamelhaarriemen			3 000 „
Genähte Baumwoll-Tuchriemen			8 500 „
Balata-Baumwoll-Tuchriemen		9 000 ÷	12 000 „
Gummi-Baumwoll-Tuchriemen		3 000 ÷	4 000 „
Geflochtene Baumwollriemen		15 000 ÷	25 000 „

Die Gültigkeit des linearen Dehnungsgesetzes ist aber eine eng begrenzte. Trägt man etwa für ein gewöhnliches Flußeisen die bei dem Zugversuch bestimmten Dehnungen auf einer Achse auf und senkrecht dazu die zugehörigen Spannungen, so ergibt sich die **Dehnungskurve** der Abb. 203. Die Linie verläuft anfänglich gerade bis zum Punkt σ_E, der als Proportionalitätsgrenze bezeichnet wird. Bei den schmiedbaren Eisenarten ist es zugleich die Elastizitätsgrenze, d. i. diejenige Beanspruchung, bis zu der die erlittenen Formänderungen nach Aufhören der Kraftwirkung praktisch völlig verschwinden.

Von σ_E an krümmt sich die Dehnungskurve bei größer werdenden bleibenden Dehnungen etwas, bis plötzlich im Punkte σ_S bei fallender Spannung eine ziemlich erhebliche bleibende Dehnung eintritt, während der die Spannung mehrmals auf- und abschwankt. Es erfolgt jetzt eine gewisse Umlagerung in diesem Zustand des unsicheren Gleichgewichtes, nach Überschreiten der Streckgrenze, für die statt der beiden Grenzwerte gewöhnlich nur ein natürlich etwas schwankender Mittelwert angegeben wird.

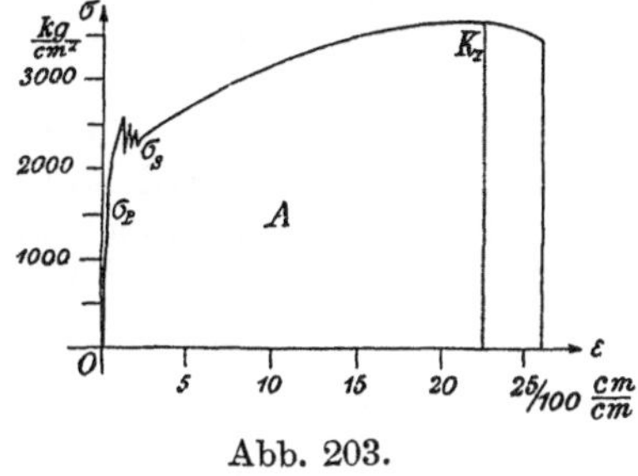

Abb. 203.

Nach dieser Streckung steigt die Spannung wieder langsam, bei allerdings größer bleibender Verlängerung, bis zum Höchstbetrag K_z, der Zerreißfestigkeit des Materials. Der Bruch erfolgt jedoch noch nicht, denn nun tritt bei weichem Material an einer Stelle eine Einschnürung des Stabes ein, und das Material gibt nur noch an jener einen Stelle, freilich sehr stark, nach, wobei die Belastung des Stabes sogar zurückgeht.

Mit der Verlängerung ist eine **Querzusammenziehung** verbunden: Der Durchmesser des zylindrisch gedachten Stabes der Abb. 202 nimmt von dem ursprünglichen Durchmesser d um δ ab. Das Verhältnis

$$\frac{\delta}{d} = \varepsilon_q$$

heißt die Querzusammenziehung. Sie entspricht unterhalb der Elastizitätsgrenze unmittelbar der Längsdehnung ε, und zwar gilt

$$\varepsilon_q = \nu \cdot \varepsilon.$$

Theoretische Untersuchungen ergeben $\nu = 0{,}25$, welcher Zahl sich an dünnen Metallstäben gewonnene Versuchsergebnisse nähern. Einzelangaben sind folgende:

Aluminium	$\nu = 0{,}33$	Kupfer	$\nu = 0{,}34$
Blei	0,43	Platin	0,21
Bronze	0,36	Zink	0,25
Flußeisen und -stahl	0,28	Zinn	0,33
Gußeisen	0,25	Weicher Kautschuck	0,47

Die Zahlenwerte steigen mit der Temperatur; in der Nähe des Schmelzpunktes der Metalle ist durchweg $\nu \backsim 0{,}50$.

Die Querdehnung beim Bruch ist ein Maß für die Bildsamkeit des betreffenden Stoffes, hat also für das Walzen und Ziehen hohen Wert. Die Verminderung des Durchmessers beträgt z. B. für Flußeisen i. M. $\dfrac{d - \delta}{d} = 0{,}55 \div 0{,}65$.

Die Beanspruchung σ_z wird auch bei stärkster Querzusammenziehung bzw. Einschnürung immer mit dem ursprünglichen Querschnitt F errechnet.

Die von der Dehnungskurve eingeschlossene Fläche stellt das **Arbeitsvermögen** des Stoffes dar:

$$A_0 = \int \sigma_z \cdot d\varepsilon,$$

gemessen in cmkg/cm³.

Es ist i. M. bei

Schweißeisen	$A_0 = 500 \div 700$ cmkg/cm³
Flußeisen	$650 \div 850$
Flußstahl	> 800
Nickelstahl.	$\left\{ \begin{array}{l} > 470 \text{ (roh)} \\ > 730 \text{ (geglüht)} \end{array} \right.$
Chromnickelstahl	$\left\{ \begin{array}{l} > 680 \text{ (roh)} \\ > 520 \text{ (geglüht)} \end{array} \right.$
Stahlformguß.	$750 \div 850$
Messing (gezogen).	140
Zinnbronze.	700

Da der letzte, abfallende Teil der Dehnungskurve schon nach Beginn des Bruches aufgenommen wird, so sollte A_0 nur bis zu der in Abb. 203 bei K_z gezogenen Senkrechten gerechnet werden.

Setzt man in die vorstehende Formel für ε seinen Wert ein, so ergibt sich

$$A_0 = \int_0^{\sigma} \alpha \cdot \sigma_z \cdot d\sigma_z = \tfrac{1}{2} \cdot \alpha \cdot \sigma_z^2$$

als elastische Dehnungsarbeit unterhalb der Elastizitätsgrenze. Die Abb. 203 zeigt ohne weiteres, daß sie sehr klein im Verhältnis zu der unelastischen Dehnungsarbeit ist. Ein Maschinen- oder Bauteil aus einem Stoff von großer unelastischer Dehnungsarbeit vermag auch bei zufälligen großen Überanstrengungen noch standzuhalten, allerdings bei mitunter bedeutenden bleibenden Formänderungen, ohne zu brechen.

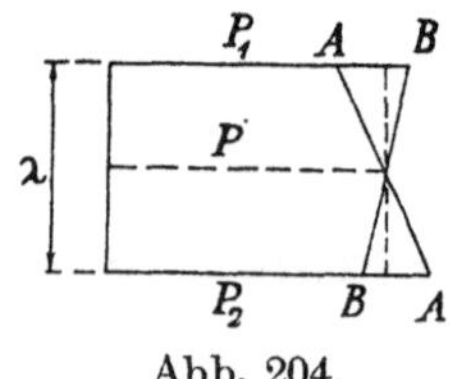

Abb. 204.

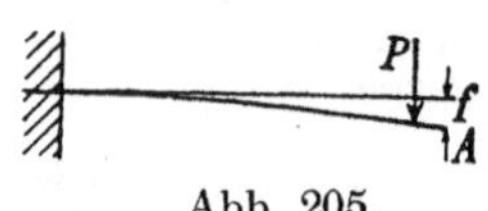

Abb. 205.

Wird die Belastung **schlagartig** aufgebracht, so setzt ein Stab von größerem Gewicht der Bewegung bzw. Dehnung im ersten Augenblick schon einen ziemlich hohen Trägheitswiderstand entgegen, so daß die Gegenkraft etwa nach der Linie AA der Abb. 204 von P_1 auf P_2 steigt. Unter Umständen kann sogar der Trägheitswiderstand größer sein als der elastische, so daß die Kraft nach der Linie BB von P_1 auf P_2 sinkt. Man pflegt in diesen Fällen überschlägig mit dem Mittelwert von P zu rechnen und erhält dann aus der Abb. 204 sofort $A = P \cdot \lambda$ oder

$$A_0 = \alpha \cdot \sigma_z^2.$$

Wird irgendeine Tragkonstruktion, etwa die in Abb. 205 dargestellte Biegungsfeder, durch langsames und gleichmäßiges Auflegen einer Anzahl von Gewichtsstücken mit einer Kraft P belastet, so erfährt sie die gezeichnete Durchbiegung f und demnach an der Einspannungsstelle die Beanspruchung σ. Wird die

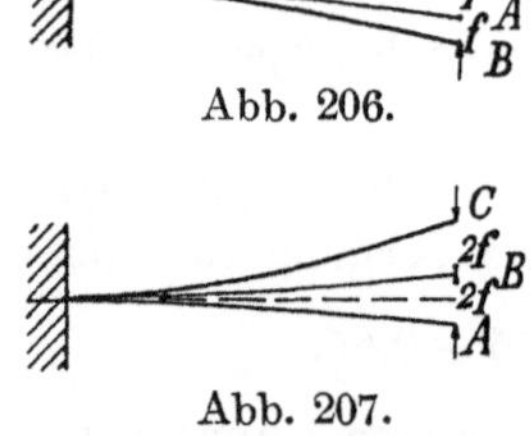

Abb. 207.

ganze Last P plötzlich aufgebracht, so gerät die Feder in Schwingungen um die Gleichgewichtslage der Abb. 205. Fällt nun zufällig der unbelastete Zustand mit der obersten Lage einer solchen Eigenschwingung der Feder

Abb. 206.

zusammen, so bewegt sich die Last um den gleichen Betrag f über die Gleichgewichtslage A hin aus nach B (Abb. 206). Die Gesamtdurchbiegung und damit auch die Gesamtbeanspruchung ist also doppelt so groß wie im ersten Fall.

War die Feder etwa durch die nach unten wirkende Kraft P in der Gleichgewichtslage A der Abb. 207 festgehalten worden und wird nun plötzlich die Kraft bei unveränderter Größe umgekehrt, so ist die neue Gleichgewichtslage B von der ersten um den Betrag $2\,f$ entfernt. Die Feder kommt also dort mit einer diesem Weg entsprechenden Geschwindigkeit an und schießt darüber hinaus, derart, daß sie erst nach dem Weg $2\,f$ bei C wieder zur Umkehr kommt. Der Ausschlag aus der Nullage ist somit $3\,f$ und demgemäß die Höchstbeanspruchung $3\,\sigma$.

Gilt für ruhende Belastung eine bestimmte zulässige Beanspruchung, so ist nach den Versuchen von Wöhler für eine regelmäßig zwischen 0 und dem Höchstwert P schwellende Belastung nur $\frac{2}{3}$ davon zulässig und für eine regelmäßig zwischen $+\,P$ und $-\,P$ wechselnde Belastung nur $\frac{1}{3}$.

Von Bedeutung ist noch die als elastische Nachwirkung bezeichnete Erscheinung, die in zwei Formen auftritt: Wirkt auf einen Körper eine bestimmte Zugkraft P, etwa ein angehängtes Gewicht, dauernd ein, so vergrößert sich die Dehnung ε mit der Zeit immer mehr. Wird der Körper mit einer bestimmten Dehnung ε angespannt, so verringert sich die Kraft P, die zur Aufrechterhaltung dieser Dehnung nötig ist, mit der Zeit. Die Erscheinung erklärt sich dadurch, daß die zuerst ganz oder nahezu rein elastische Dehnung sich mit der Zeit mehr und mehr zu einer bleibenden umsetzt, zu deren Aufrechterhaltung keine Kraft mehr erforderlich ist.

Bei allen Körpern sinkt die Elastizitäts- bzw. Streckgrenze und damit die zulässige Beanspruchung mit steigender Temperatur.

Von der bei gewöhnlicher Temperatur zulässigen Beanspruchung ist nur noch zulässig bei

		200°	300°	400°
für	Flußeisen	0,88	0,71	0,47
„	Gußeisen	0,88	0,87	0,77
„	Stahlformguß	0,74	0,66	0,57
„	Kupfer	0,94	0,47	0,30.

2. Die Druckbeanspruchung.

Reine Druckbeanspruchung findet statt, wenn die an den beiden Enden eines im Verhältnis zu den Querabmessungen nicht zu langen, jedoch auch nicht zu kurzen, geraden Stabes angreifenden Kräfte je eine Mittelkraft ergeben, deren Wirkungslinien mit der Achse des Stabes zusammenfallen und die auf seine Verkürzung hinwirken.

In genügender Entfernung von den Endflächen kann man die Kraft P als gleichmäßig über irgendeinen senkrecht zur Stabachse gelegenen Querschnitt F verteilt ansehen. Die Größe der **Druckspannung** ergibt sich dort als die auf die Flächeneinheit des Querschnittes entfallende Kraft

$$\sigma_d = \frac{P}{F},$$

gemessen in kg/cm^2.

Die Gleichung entspricht der Formel für die Zugbeanspruchung, und sinngemäß gelten auch die Formeln für die **Dehnung,** die hier das Verhältnis der Verkürzung zur ursprünglichen Länge darstellt, und ihren Zusammenhang mit der Spannung. Für die auf S. 104 aufgeführten Stoffe ist auch die Dehnungsziffer wenigstens nahezu gleich der dort für die Zugbeanspruchung genannten.

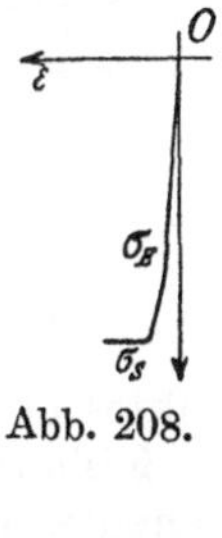

Werden die bei einem Druckversuch bestimmten Spannungen senkrecht zu den zugehörigen Dehnungen aufgetragen, so entsteht bei einem plastischen Stoff, wie es z. B. auch Flußeisen ist, die **Dehnungskurve** der Abb. 208, die völlig dem

Abb. 208.

Anfang der Abb. 203 entspricht. Nur heißt hier σ_S die **Fließgrenze** des Materials, bei der eine größere bleibende Formänderung eintritt.

Der Wert der Elastizitäts- und der Fließgrenze ist bei den S. 104 genannten Stoffen ebenfalls ziemlich genau der gleiche wie bei Zugbeanspruchung, nur bei Flußstahl liegt er etwa $10 \div 12\,^0/_0$ höher. Auch die elastische Querdehnung hat den gleichen Betrag wie S. 105 angegeben.

Geht die Beanspruchung über die Fließgrenze hinaus so staucht sich ein zylindrischer Körper aus einem plastischen Stoff im mittleren Teil gleichmäßig, dagegen entstehen in der Nähe der Enden Verdickungen. Erst bei ziemlich starker Zusammendrückung bildet sich die Tonnenform aus.

Bei der Stauchung muß die Kraft dauernd erhöht werden, weil der Querschnitt F sich entsprechend vergrößert. Der Quotient $\sigma_d = \dfrac{P}{F}$ der jeweiligen Kraft und des zugehörigen Querschnittes ist unveränderlich.

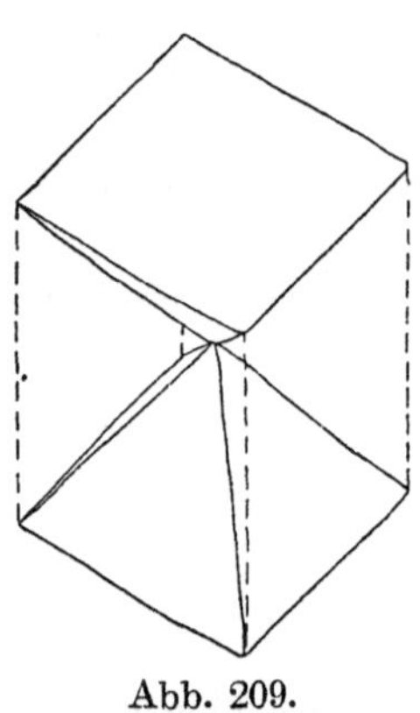

Spröde Stoffe wie Gesteine u. dgl., verhalten sich unterhalb der Quetschgrenze, wie man hier statt Fließgrenze sagt, ebenso. Bei Beanspruchung darüber hinaus fangen die Teile auf der mittleren Höhe des Würfels an abzusplittern, bis schließlich nur noch die beiden Rutschungskegel stehen bleiben, die sich mit den Spitzen ineinander drücken (Abb. 209).

Wird die Querausdehnung des Körpers gehindert, so erhöht sich seine Druckfestigkeit ganz erheblich. Im allgemeinen läßt man in solchen Fällen das Doppelte der sonst zulässigen Beanspruchung zu.

Diese Erscheinungen zeigen sich aber nur bei plastischen Körpern, die den eingenommenen Raum völlig ausfüllen. Poröse Körper, wie z. B. Bausteine und auch Holz, drücken sich zusammen, so daß die Poren kleiner werden, und zerbröckeln schließlich.

Abb. 209.

3. Die Flächenmomente.

Durch einen beliebigen Punkt O einer Fläche F werden zwei zueinander senkrechte Achsen gelegt (Abb. 210). Die über die ganze Fläche genommenen Summen

$$S_x = \int y \cdot dF, \qquad S_y = \int x \cdot dF, \qquad S = \int r \cdot dF$$

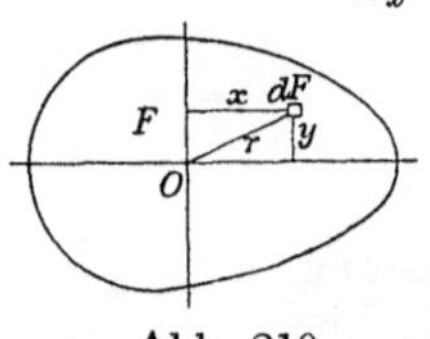

bezeichnet man als **statische Momente** der Fläche in bezug auf die x- bzw. y-Achse bzw. den Punkt O; gemessen werden sie in cm³.

Nach dem Schwerpunktssatz (S. 13) ist nun

$$S_x = F \cdot y_0, \qquad S_y = F \cdot x_0, \qquad S = F \cdot r_0,$$

Abb. 210.

worin r_0, y_0, x_0 die betreffenden Abstände des Schwerpunktes der Fläche von O bzw. den dadurch gelegten Achsen bedeuten.

Fällt O mit dem Schwerpunkt der Fläche zusammen, so sind die statischen Momente 0.

Die Momente zweiter Ordnung

$$J_x = \int y^2 \cdot dF, \qquad J_y = \int x^2 \cdot dF, \qquad J = \int r^2 \cdot dF$$

heißen in Übereinstimmung mit den Bezeichnungen S. 86 die **Trägheitsmomente** der Fläche in bezug auf die x- bzw. y-Achse bzw. den Pol O; sie werden gemessen in cm⁴.

Aus der Erklärung folgt sofort: Das Trägheitsmoment einer Fläche in bezug auf eine gegebene Achse ist gleich der Summe der Trägheitsmomente der Teile dieser Fläche in bezug auf dieselbe Achse.

Da bei einer Verschiebung der einzelnen Flächenteilchen parallel zur Bezugsachse kein Glied der ersten beiden Formeln geändert wird, so behält das Trägheitsmoment denselben Wert. Die Abbildungen 211 zeigen demnach Flächen gleichen Trägheitsmomentes in bezug auf eine beliebige wagerechte Achse.

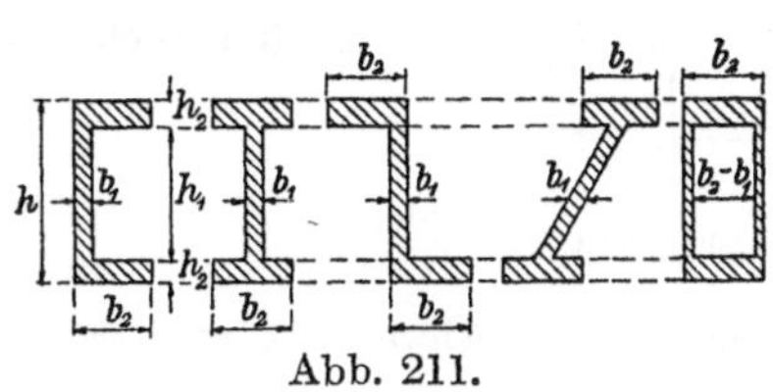

Abb. 211.

Ebenso bleibt das Trägheitsmoment in bezug auf einen Punkt unverändert, wenn einzelne Flächenteile um den Punkt beliebig gedreht werden.

Mit Hilfe des Satzes des Pythagoras erhält man sogleich den Zusammenhang

$$J = J_x + J_y.$$

Fällt O mit dem Schwerpunkt der Fläche zusammen, so ergeben sich ganz bestimmte, sogenannte Hauptträgheitsmomente in bezug auf die Schwerachsen bzw. den Schwerpunkt

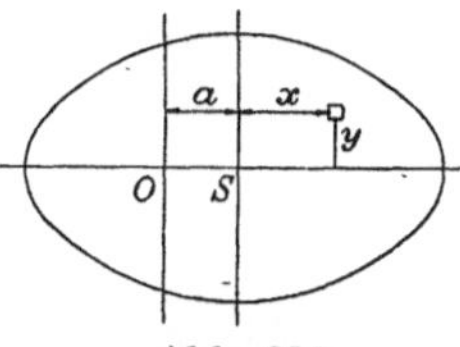

Abb. 212.

Ist $J_s = \int x^2 \cdot dF$ das Trägheitsmoment in bezug auf eine Schwerachse, so ist das in bezug auf eine dazu parallele, im Abstand a gelegene Achse (Abb. 212)

$$J = \int (x + a)^2 \cdot dF = \int x^2 \cdot dF + \int 2\,a \cdot x \cdot dF + \int a^2 \cdot dF.$$

Da nun in bezug auf den Schwerpunkt

$$S_y = \int x \cdot dF = 0$$

ist, so wird

$$J = J_s + F \cdot a^2.$$

Auf welcher Seite der Schwerachse der Punkt O liegt, ist dabei gleichgültig. Das Hauptträgheitsmoment ist das kleinste in bezug auf alle möglichen parallelen Achsen bzw. alle möglichen Pole.

Ist J_1 das Trägheitsmoment der Fläche in bezug auf irgendeine Achse im Abstand a_1 von der parallelen Schwerachse, und J_2 das in bezug auf eine andere dazu parallele Achse im Abstande a_2 von derselben Schwerachse, so gilt

$$J_1 = J_s + F \cdot a_1^2 \quad \text{und} \quad J_2 = J_s + F \cdot a_2^2.$$

Durch Subtraktion beider Gleichungen findet man

$$J_1 = J_2 + F \cdot (a_1^2 - a_2^2) = J_2 + F \cdot (a_1 + a_2) \cdot (a_1 - a_2), \quad .$$

worin nur die absoluten Beträge der a ohne Rücksicht auf das durch die Lage gegebene Vorzeichen einzusetzen sind.

Dividiert man das Trägheitsmoment in bezug auf eine Schwerachse durch den zu ihr senkrechten Abstand des äußersten Flächenteilchens, so ergeben sich im allgemeinen zwei verschiedene **Widerstandsmomente** (Abb. 213)

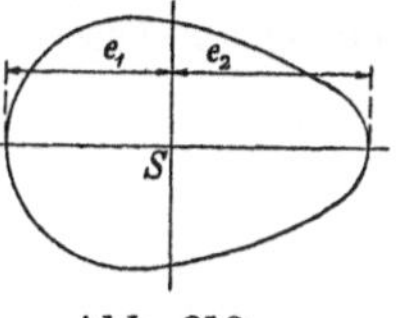

Abb. 213.

$$W_1 = \frac{J}{e_1} \quad \text{und} \quad W_2 = \frac{J}{e_2},$$

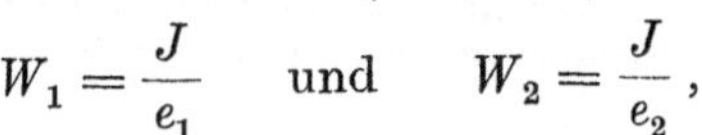

gemessen in cm³. Bei Flächen, deren Einzelteile symmetrisch zu der gewählten Schwerachse liegen, sind die beiden Widerstandsmomente einander gleich:

$$W = \frac{J}{e}.$$

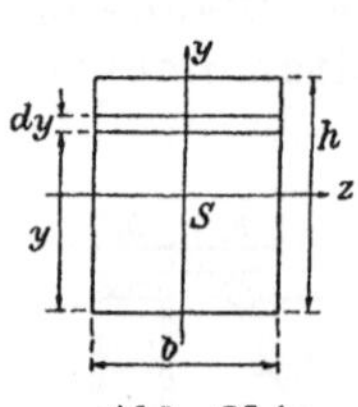

Abb. 214.

1. Rechteck (Abb. 214). In bezug auf die eine Kante b ist

$$J_1 = \int_0^h y^2 \cdot dF = \int_0^h y^2 \cdot b \cdot dy,$$

oder

$$J_1 = \tfrac{1}{3} \cdot b \cdot h^3.$$

Für die parallele Schwerachse wird dann das **Hauptträgheitsmoment**

$$J = J_1 - F \cdot \left(\frac{h}{2}\right)^2 = b \cdot h^3 \cdot \left(\frac{1}{3} - \frac{1}{4}\right),$$

also

$$J = \frac{b \cdot h^3}{12}.$$

Hieraus ergibt sich das **Widerstandsmoment** mit $e = \dfrac{h}{2}$

$$W = \frac{b \cdot h^2}{6}.$$

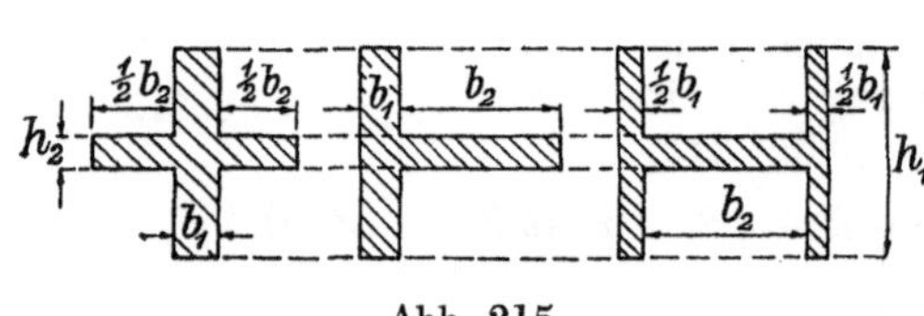

Abb. 215.

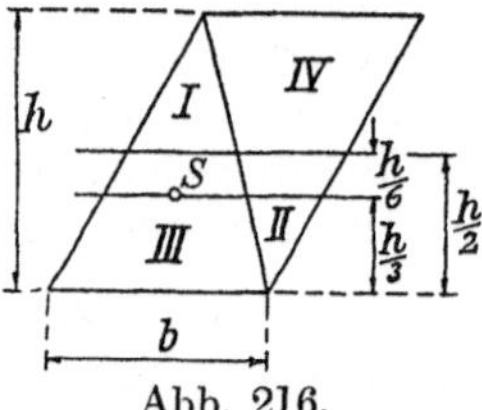

Abb. 216.

Beide Formeln gelten auch für ein Parallelogramm von gleicher Breite und Höhe.

Für das **Quadrat** von der Seitenlänge h erhält man in bezug auf eine zur Kante parallele Schwerachse

$$J = \frac{h^4}{12} \quad \text{bzw.} \quad W = \frac{h^3}{6}.$$

Für das symmetrische, **hohle Rechteck** der Abb. 211 und die daraus durch seitliche Parallelverschiebung gebildeten Flächen ergibt sich in bezug auf die zur Breite parallel Schwerachse das Trägheitsmoment

$$J = \frac{1}{12} \cdot [b_2 \cdot h^3 - (b_2 - b_1) \cdot h_1^3],$$

das Widerstandsmoment beträgt demnach

$$W = \frac{1}{6} \cdot \left(b_2 \cdot h^2 - \frac{b_2 - b_1}{h} \cdot h_1^3\right).$$

In gleicher Weise folgt für den **Kreuzquerschnitt** und die daraus durch parallele Verschiebung abgeleiteten der Abb. 215

$$J = \frac{1}{12} \cdot (b_1 \cdot h_1^3 + b_2 \cdot h_2^3),$$

$$W = \frac{1}{6} \cdot \left(b_1 \cdot h_1^2 + \frac{b_2}{h_1} \cdot h_2^3\right).$$

2. Dreieck. Das Parallelogramm der Abb. 216 wird durch die zur Seite b parallele Schwerachse und die eine Diagonale in 4 Flächen zerlegt, die zu je zwei symmetrisch zur Schwerachse liegen. Infolgedessen ist

$$J_1 = J_2 \quad \text{und} \quad J_3 = J_4.$$

Die Addition der beiden Gleichungen ergibt dann

$$J_1 + J_3 = J_2 + J_4 = J'.$$

Die Trägheitsmomente J' der beiden durch die Diagonale gebildeten Dreiecke sind in bezug auf die Schwerachse des Parallelogramms einander gleich und daher halb so groß als das J_0 des Parallelogramms.

In bezug auf die zur Grundlinie b parallele Schwerachse des Dreiecks erhält man nun

$$J = J' - F \cdot \left(\frac{h}{6}\right)^2 = \frac{1}{2} \cdot \frac{b \cdot h^3}{12} - \frac{b \cdot h^3}{2 \cdot 36},$$

also

$$J = \frac{b \cdot h^3}{36}.$$

Daraus ergeben sich die beiden Widerstandsmomente

$$W_1 = \frac{b \cdot h^3}{36} \cdot \frac{3}{h} = \frac{b \cdot h^2}{12},$$

$$W_2 = \frac{b \cdot h^3}{36} \cdot \frac{3}{2 \cdot h} = \frac{b \cdot h^2}{24}.$$

Für eine durch die Dreieckspitze gehende, zur Grundlinie parallele Achse ist

$$J_h = J + F \cdot \left(\frac{2}{3} h\right)^2 = \frac{b \cdot h^3}{36} + \frac{b \cdot h^3 \cdot 4}{2 \cdot 9} = \frac{b \cdot h^3}{4}.$$

Für ein gleichschenkliges Dreieck von der Schenkellänge h mit einem rechten Winkel an der Spitze beträgt die Höhe nach dem Satz des Pythagoras $h_1 = \frac{1}{2} \cdot \sqrt{2} \cdot h$. Damit gibt der Wert von J' das Trägheitsmoment in bezug auf die Grundlinie von der Länge $2\,h_1$ (Abb. 217).

$$J' = \frac{1}{12} \cdot h \cdot \sqrt{2} \cdot \left(\frac{1}{2} \cdot \sqrt{2} \cdot h\right)^3 = \frac{h^4}{24}.$$

Das Trägheitsmoment des **Quadrates** von der Seitenlänge h in bezug auf die Diagonale ist das Doppelte hiervon:

$$J = \frac{h^4}{12},$$

ebenso groß wie in bezug auf die zur Seite parallele Schwerachse. Das Widerstandsmoment in bezug auf die Diagonale ist jedoch

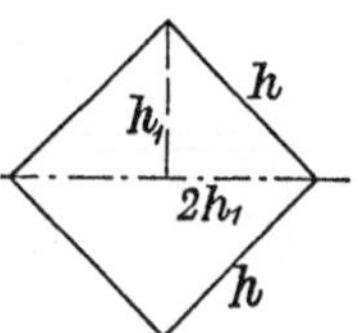

Abb. 217.

$$W = \frac{J}{h_1} = \frac{h^4}{12} \cdot \frac{2}{h \cdot \sqrt{2}} = \frac{h^3 \cdot \sqrt{2}}{12}$$

3. Kreis. Zerlegt man die Kreisfläche durch Halbmesser in sehr schmale Dreiecke von der Grundlinie $d\,b$ (Abb. 218), so ist für jedes Dreieck das Trägheitsmoment in bezug auf eine parallel zu $d\,b$ durch den Kreismittelpunkt gelegte Gerade

$$dJ = \frac{r^3}{4} \cdot d\,b.$$

Durch Summierung über den ganzen Kreis erhält man so sein Trägheitsmoment in bezug auf den Mittelpunkt

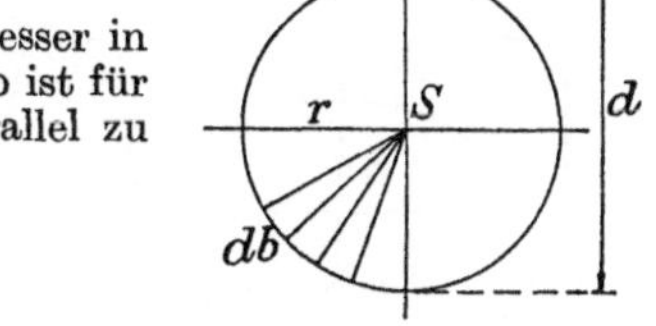

Abb. 218.

$$J_p = \frac{r^3}{4} \cdot \int d\,b = \frac{r^3}{4} \cdot 2 \cdot \pi \cdot r = \frac{\pi}{2} \cdot r^4,$$

oder mit $r = \frac{1}{2}\,d$

$$J_p = \frac{\pi}{32} \cdot d^4.$$

Da im Kreis $J_x = J_y$ ist, so folgt das Trägheitsmoment in bezug auf eine Schwerachse zu

$$J = \frac{\pi}{64} \cdot d^4,$$

und daraus das Widerstandsmoment

$$W = \frac{\pi}{32} \cdot d^3 = 0{,}098\,175 \cdot d^3.$$

Für die konzentrische **Kreisringfläche** vom Außendurchmesser D und dem inneren d wird in bezug auf eine Schwerachse

$$J = \frac{\pi}{64} \cdot D^4 \cdot \left[1 - \left(\frac{d}{D}\right)^4\right] \quad \text{und} \quad W = \frac{\pi}{32} \cdot D^3 \cdot \left[1 - \left(\frac{d}{D}\right)^4\right].$$

Für verschiedene Höhlungsverhältnisse $\dfrac{d}{D}$ kann der Faktor $\dfrac{\pi}{32} \cdot \left[1 - \left(\dfrac{d}{D}\right)^4\right]$ der Abb. 219 entnommen werden.

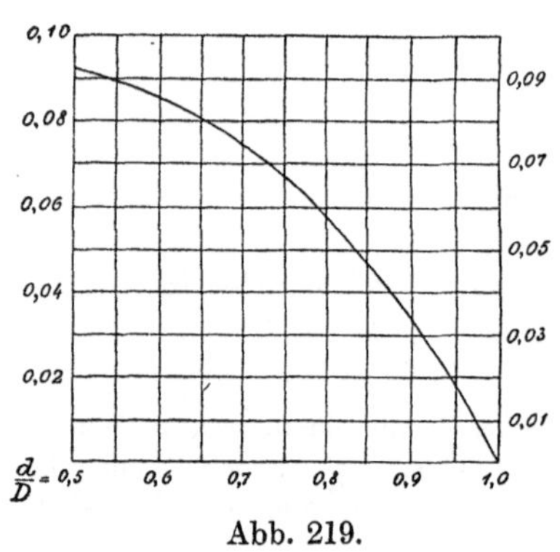

Abb. 219.

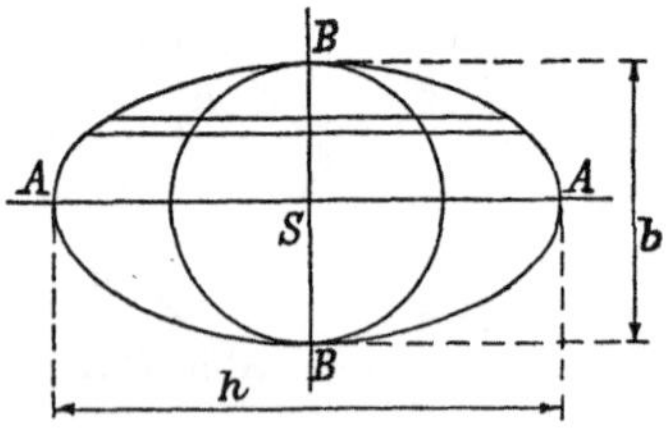

4. Ellipse. Aus dem Kreis erhält man eine Ellipse, indem man alle parallelen Sehnen des Kreises im Verhältnis $\dfrac{h}{b}$ (Abb. 220) vergrößert (S. 15). Nun ist ja für den Kreis in bezug auf die Achse AA

$$J_0 = \int y^2 \cdot dF,$$

also für die Ellipse

$$J = \int y^2 \cdot \frac{h}{b} \cdot dF = \frac{h}{b} \cdot J_0 = \frac{h}{b} \cdot \frac{\pi}{64} \cdot b.$$

also

$$J = \frac{\pi}{64} \cdot h \cdot b^3.$$

Hieraus folgt das Widerstandsmoment

$$W = \frac{\pi}{32} \cdot h \cdot b^2.$$

In bezug auf die Achse BB der Abb. 220 sind b und h zu vertauschen.

Das einfachste Verfahren zur zeichnerischen Ermittlung des Trägheitsmomentes zusammengesetzter Flächen in bezug auf eine gegebene Achse ist das folgende: Man zerlegt die Fläche in die Einzelflächen $F_1, F_2, F_3 \ldots$, berechnet deren Inhalte und bestimmt ihre Schwerpunkte, zieht durch die letzteren die Parallelen zu der gegebenen Bezugsachse, sowie im

Abb. 220.

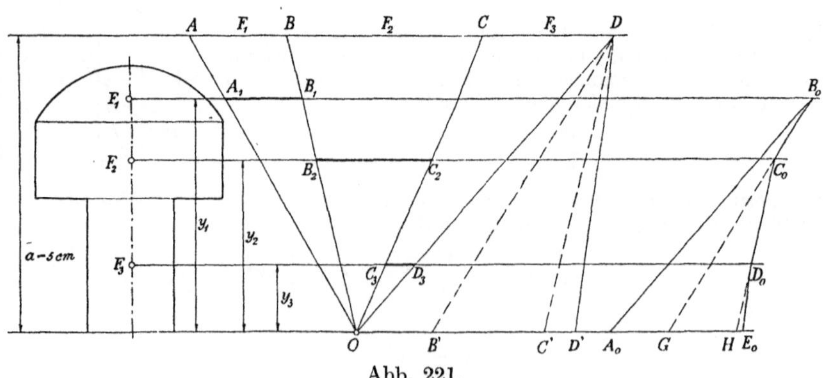

Abb. 221.

Abstande $a = 5$ oder besser 10 cm davon eine weitere Parallele (Abb. 221). Auf ihr trägt man von einem beliebigen Punkt A aus die Inhalte $F_1, F_2, F_3 \ldots$ in einem beliebigen Längenmaßstab, etwa 1 cm² = 2 mm, als $\overline{AB}, \overline{BC}, \overline{CD} \ldots$ hintereinander ab und zieht dann von einem beliebig auf der Bezugsachse angenommenen Pol O die Strahlen OA, OB..., die auf den einzelnen Schwerlinien die Strecken $\overline{A_1B_1}$, $\overline{B_2C_2}$, $\overline{C_3D_3}$... abschneiden. Ähnlichen Dreiecken entnimmt man z. B.

$$\overline{A_1 B_1} = \frac{F_1 \cdot y_1}{a_1},$$

d. h. diese Strecke stellt das statische Moment des Flächenstückes für die Bezugsachse dar, und zwar bei dem gewählten Maßstab $1\ \mathrm{cm} = \frac{1}{100}\ \mathrm{cm}^4$.

Man trägt sie jetzt mit dem Zirkel von O aus auf der Bezugsachse hintereinander als $OB'C'D'$ ab und zieht von D aus die Strahlen nach B', C', D'. Das parallel zu diesen Strahlen zwischen die Schwerlinien eingetragene Seileck $A_0B_0C_0D_0E_0$ schneidet dann mit seinen äußersten Seiten auf der Bezugsachse die Strecke $\overline{A_0E_0}$ ab, die das Trägheitsmoment der ganzen Fläche darstellt. Denn es ist z. B. aus ähnlichen Dreiecken

$$\overline{A_0C} = \frac{\overline{OB'} \cdot y_1}{a} = \overline{A_1 B_1} \cdot \frac{y_1}{a} = \frac{\overline{AB} \cdot y_1}{a} \cdot \frac{y_1}{a} = \frac{F_1 \cdot y_1^2}{a^2},$$

und zwar ist bei den gewählten Maßstäben $1\ \mathrm{cm} = \frac{1}{500}\ \mathrm{cm}^3$.

Das Verfahren läßt deutlich den Anteil der einzelnen Flächenteile am statischen und Trägheitsmoment hervortreten.

Dividiert man das Trägheitsmoment in bezug auf eine Schwerachse durch die ganze Fläche, so erhält man das Quadrat des Trägheitsarmes der Fläche in bezug auf die gewählte Achse:

$$i^2 = \frac{J}{F}.$$

Dividiert man das Widerstandsmoment W durch die Fläche F, so erhält man die **Kernweite** o der Fläche in bezug auf die betreffende Schwerachse:

$$o = \frac{W}{F}.$$

4. Die Biegungsbeanspruchung.

Reine Biegungsbeanspruchung findet statt, wenn die äußeren Kräfte **zwei in derselben Ebene nach entgegengesetzten Richtungen wirkende Drehmomente** ergeben, wie z. B. im Fall der Abb. 222, wo die äußeren Belastungen P und die zugehörigen Auflagerkräfte N die beiden **Biegungsmomente** M_b liefern.

Die auf der einen Seite der Trägerhöhe h befindlichen Längsfasern erfahren eine Streckung, so daß dort Zugbeanspruchung auftritt, und die auf der Gegenseite befindlichen werden gestaucht, erleiden also Druckbeanspruchung. Dazwischen liegt eine Faserschicht, die unverändert, also spannungslos, bleibt, die **Nullschicht**.

Ein Versuch mit hinreichend biegsamen Stoffen, wie Weichgummi oder Blei, zeigt, daß, abgesehen von geringfügigen Abweichungen, ursprünglich parallele, zur Biegungsachse senkrecht verlaufende, gerade Mantellinien des Stabes nach der Biegung gerade

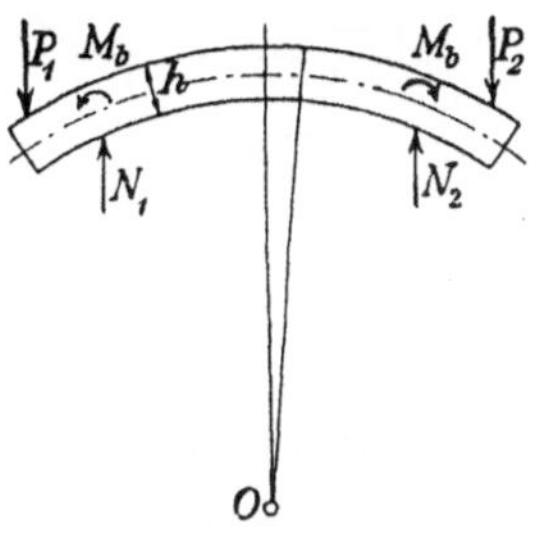

Abb. 222.

geblieben sind, jetzt aber einen kleinen Winkel miteinander bilden. Man nimmt nun an, und bei hinreichend schmalen Trägern auch mit voller Berechtigung, daß die ganzen Querschnitte sich in derselben Ebene bewegen wie ihre äußeren Mantellinien, daß also zwei benachbarte, ursprünglich parallele Querschnitte sich in einer senkrecht zur Ebene der biegenden Kräftepaare liegenden Geraden O schneiden (Abb. 222). Die Lage dieser Schnittachse wird dadurch bestimmt, daß die beiden Querschnittsflächen, wie im unverbogenen Zustand, senkrecht zur Nullschicht stehen.

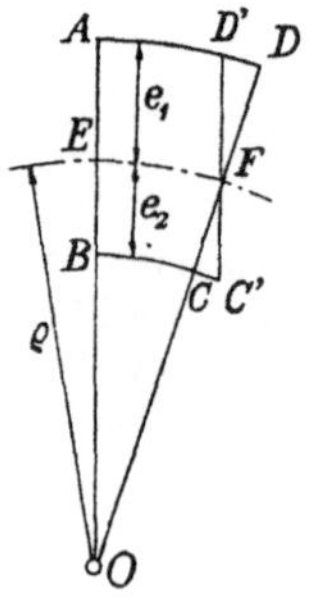

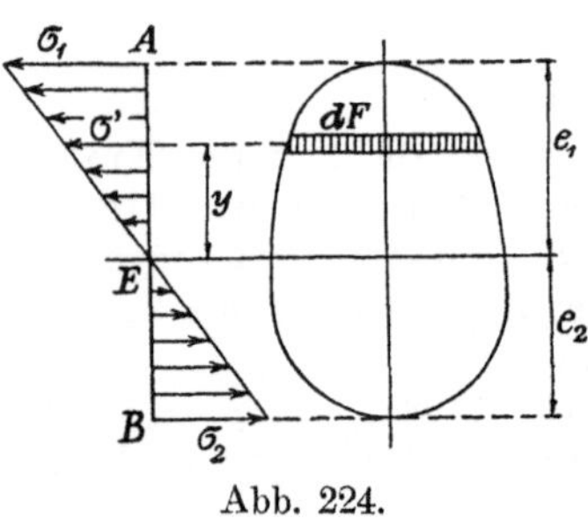

Abb. 223.

In der Abb. 223 sind zwei benachbarte Querschnitte $A\,B$ und $C\,D$ herausgezeichnet, die ursprünglich überall den gleichen Abstand $\overline{E\,F} = d\,l$ hatten. Trägt man noch die ursprünglichen Abstände $B\,D'$ und $A\,C'$ ein, so erhält man als größte Verlängerung im Abstande e_1 von der Nullschicht $d\,\lambda_1 = \overline{D'\,D}$ und als größte Verkürzung im Abstande e_2 von der Nullschicht $d\,\lambda_2 = \overline{C'\,C}$. Aus den ähnlichen Dreiecken

$$F\,D\,D' \sim F\,C\,C' \sim O\,E\,F$$

folgt nun

$$\frac{d\,\lambda_1}{d\,l} = \frac{e_1}{\varrho}, \qquad \frac{d\,\lambda_2}{d\,l} = \frac{e_2}{\varrho}.$$

Solange die Dehnungen den Spannungen unmittelbar entsprechen, kann man beide Gleichungen umformen in

$$\alpha \cdot \sigma_x = \frac{e_1}{\varrho}, \qquad \alpha \cdot \sigma_d = \frac{e_2}{\varrho}.$$

Sie gestatten, innerhalb der angegebenen Grenzen die Spannungen zu berechnen, die in einem Körper auftreten, der nach einem gegebenen Krümmungshalbmesser ϱ gebogen wird, wenn die Lage der Nullschicht bekannt ist.

Abb. 224.

Ist der Querschnitt des Trägers symmetrisch zur Ebene der auf ihn einwirkenden Biegungsmomente M_b und verlaufen die Spannungen bei dem fraglichen Baustoff innerhalb der Beanspruchungsgrenzen entsprechend den Dehnungen, so ergibt sich bei der Biegung das Spannungsbild des linken Teiles der Abb. 224. Die Spannungen stehen senkrecht zur Querschnittsfläche, sie haben in der Nullschicht E den Wert 0; die Zugbeanspruchungen steigen von dort geradlinig bis zu σ_1 im Abstande e_1 von der Nullschicht, entsprechend die Druckspannungen bis zu σ_2 im Abstande e_2. Die Spannung σ' an beliebig herausgegriffener Stelle ist über die ganze Breite des zugehörigen Querschnittsteiles $d\,F$ dieselbe, da ja die Dehnungen überall dieselben sind. Die gesamte im Abstande y von der Nullschicht wirkende Spannkraft ist also $d\,P = \sigma' \cdot d\,F$.

Die allgemeinen Gleichgewichtsbedingungen ergeben jetzt für die Kräfte:

$$\int \sigma' \cdot d\,F = 0,$$

für die Momente:

$$\int \sigma' \cdot d\,F \cdot y = M_b,$$

worin die Summierung über den ganzen Querschnitt zu erfolgen hat. Nun ist aus ähnlichen Dreiecken

$$\sigma' = \frac{\sigma_1}{e_1} \cdot y = \frac{\sigma_2}{e_2} \cdot y.$$

Damit lautet die erste Bedingung

$$\frac{\sigma_2}{e_2} \cdot \int y \cdot dF = 0.$$

Hierin ist $\int y \cdot dF = S_x$ das statische Moment der Fläche in bezug auf die Nullschicht. Es wird nach S. 12 gleich 0, wenn es auf eine Schwerachse bezogen wird.

Demnach geht die **Nullschicht** bei dem vorausgesetzten Dehnungsgesetz durch den **Schwerpunkt jedes Querschnittes**; das gilt auch, wenn der Träger nicht prismatisch ist.

Die zweite Bedingung lautet entsprechend

$$M_b = \frac{\sigma_1}{e_1} \cdot \int y^2 \cdot dF.$$

Die Summe ist das Trägheitsmoment der Querschnittsfläche in bezug auf die Nullschicht oder zur Biegungsebene senkrechten Schwerachse:

$$M_b = \frac{J}{e_1} \cdot \sigma_1 = \frac{J}{e_2} \cdot \sigma_2.$$

Der Ausdruck $\dfrac{J}{e} = W$ ist das Widerstandsmoment der Querschnittsfläche, und man erhält so die **Grundgleichung der Biegungslehre**

$$\boldsymbol{M_b = W \cdot \sigma_b},$$

worin bei einem zur Nullschicht unsymmetrischen Querschnitt das kleinere W einzusetzen ist.

Die zulässige Biegungsbeanspruchung ist im allgemeinen gleich der zulässigen Zugbeanspruchung.

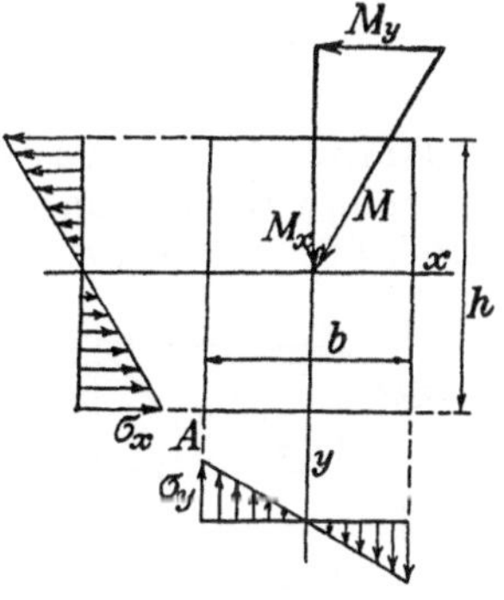

Abb. 225.

Ist der Trägerquerschnitt ein **Rechteck** oder der Unterschied zweier oder mehr Rechtecke mit **derselben Schwerachse**, wie das I- oder ⊏-Profil, jedoch nicht das ∟- oder ⌐-Profil, so läßt sich die Untersuchung auch für eine **schiefe Belastung** sehr bequem rechnerisch durchführen.

Das gegebene Biegungsmoment wird zerlegt in die beiden Seitenmomente M_x senkrecht zur Hauptachse x des Querschnittes und M_y senkrecht zur Haupt-achse y (Abb. 225). Jedes für sich liefert die in den Nebenfiguren gezeichneten Spannungen σ_x bzw. σ_y, die sich in den Ecken des Querschnittes addieren zur größten Biegungsbeanspruchung

$$\sigma_b = \frac{M_x}{W_x} + \frac{M_y}{W_y} = \frac{M_x}{W_x} \cdot \left(1 + \frac{M_y}{M_x} \cdot \frac{W_x}{W_y}\right)$$

oder

$$\sigma_b = \frac{M_x}{W_x} \cdot \left(1 + \frac{M_y}{M_y} \cdot c\right).$$

Für einen rechteckigen Balken ist $c = \dfrac{W_x}{W_y} = \dfrac{h}{b}$.

Für das ⌷ und I-Profil ist c der folgenden Zusammenstellung zu entnehmen:

⌷	$6\frac{1}{2}$	8	10	12	14	16	18	20	22	24	26	28	30
$c =$	3,49	4,70	4,85	5,46	5,84	6,34	6,70	7,08	7,30	7,58	7,78	7,84	7,89
I	10	12	14	16	18	20	22	24	26	28	30	32	34
$c =$	7,02	7,38	7,66	7,91	8,13	8,23	8,40	8,48	8,67	8,86	9,04	9,23	9,38

Der Querschnitt prismatischer Träger wird aus dem größten, gewöhnlich nur an einer Stelle auftretenden Biegungsmoment berechnet, so daß der Baustoff an allen anderen Stellen nicht voll ausgenutzt wird. Für die Materialausnützung günstiger sind Träger, bei denen in allen Querschnitten die gerade zulässige Biegungsbeanspruchung stattfindet. Bedingung für diese **Träger überall gleicher Biegungsanstrengung** ist

$$\sigma_b = \frac{M_x}{W_x} = \text{const}.$$

Freilich verlangen die Rücksichten auf andere Konstruktionsanforderungen und bequeme Herstellung gewöhnlich Abweichungen von der genauen Innehaltung dieser Gleichung. Wenn es darauf ankommt, daß der betreffende Träger möglichst nachgiebig ist, also bei Federn u. dgl., die Stoßbelastungen aufnehmen sollen, so nähert man die Ausführung dem Träger überall gleicher Biegungsanstrengung nach Möglichkeit, da er weniger starr ist als der an den meisten Stellen erheblich geringer beanspruchte prismatische Träger.

5. Die Schubbeanspruchung.

Reine Schubbeanspruchung liegt vor, wenn die äußeren Kräfte senkrecht zur Stabachse auf denselben Querschnitt einwirken und zwei Mittelkräfte ergeben, deren Wirkungslinien zusammenfallen und durch den Schwerpunkt des Querschnittes gehen. Sie tritt bei Konstruktionsteilen gewöhnlich nur in Verbindung mit anderen Beanspruchungen auf.

Bezeichnet wieder

Q die Größe jeder Mittelkraft in kg,

F die Größe des Stabquerschnittes in cm²,

so kann für die in kg/cm² gemessene Schubspannung angesetzt werden:

$$\tau = \frac{Q}{F},$$

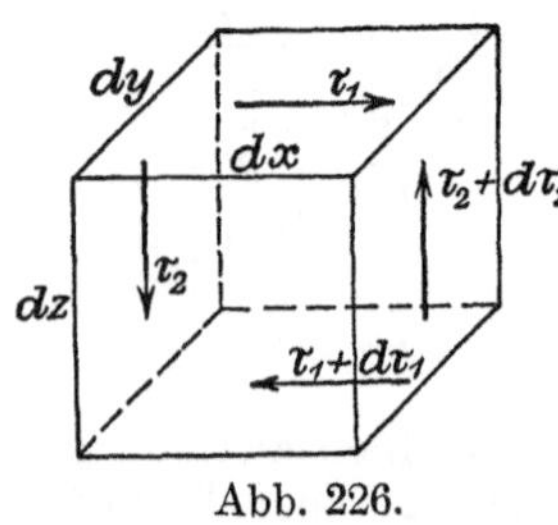

Abb. 226.

die jedoch nur einen Mittelwert der Schubspannung liefert.

Im allgemeinen verteilen sich die in einem Stab auftretenden Schubspannungen immer über eine Anzahl paralleler Querschnitte. In zwei dicht benachbarten Flächenteilchen dF_1 können sich deshalb die Schubspannungen nicht wesentlich voneinander unterscheiden, da die sehr kleine Zu- oder Abnahme $d\tau$ dem endlichen Wert τ gegenüber verschwindet. Auf ein zwischen den beiden Flächen befindliches Körperteilchen nach Abb. 226 wirkt nun in dem oberen Querschnitt $dF_1 = dy \cdot dx$ die Schubkraft τ_1 nach der eingetragenen Richtung und in der gegenüberliegenden gleich großen Fläche die Schubkraft $\tau_1 + d\tau_1$ auf das Körperteilchen haltend, also nach der entgegengesetzten Richtung ein. Beide ergeben zusammen ein Drehmoment

$$M_1 = (dy \cdot dx \cdot \tau_1) \cdot dz,$$

das das Körperteilchen zu drehen sucht. Tatsächlich ist es jedoch im Gleichgewicht.

Dieses Gleichgewicht kann nicht durch Zug- oder Druckspannungen hervorgerufen werden, die über die Begrenzungsflächen oder einzelne davon gleichmäßig verteilt sind und daher kein Drehmoment liefern können; dazu sind vielmehr wieder Schubspannungen τ_2 nötig, die in den Flächen $dF_2 = dy \cdot dz$ wirken, wie Abb. 226 angibt. Ihr Drehmoment ist

$$M_2 = (dy \cdot dz \cdot \tau_2) \cdot dx.$$

Durch Gleichsetzen der beiden sich aufhebenden Drehmomente erhält man $\tau_1 = \tau_2$:

An jeder Stelle eines Körpers treten etwaige Schubspannungen paarweise auf; sie sind gleich groß und bilden miteinander einen rechten Winkel.

Unter dem Einfluß dieser Schubspannungen verzerrt sich ein ursprünglich rechtwinkliges Körperteilchen $ABCD$ so, wie Abb. 227 andeutet. Dividiert man die in der Richtung der einen Schubspannung stattfindende Verschiebung $\overline{CC''} = \overline{DD''} = \xi$ durch den ursprünglichen Abstand $\overline{EC} = \overline{FD} = y$ von der unverändert bleibenden Mittelachse EF, so stellt der in Bogenmaß gemessene kleine Winkel

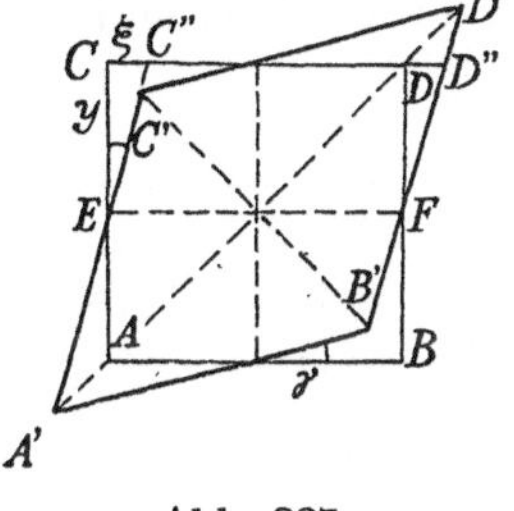

Abb. 227.

$$\gamma = \frac{\overline{CC'}}{\overline{EC}} = \frac{\xi}{y},$$

um den sich der rechte Winkel geändert hat, die Schiebung dar.

Zwischen Schiebung und Schubspannung gilt annähernd innerhalb derselben Grenzen wie zwischen Dehnung und Zug- oder Druckspannung der Zusammenhang

$$\gamma = \beta \cdot \tau = \frac{1}{G} \cdot \tau.$$

Hierin ist β die in cm²/kg gemessene Schubziffer und G die in kg/cm² gemessene Gleitziffer.

Wie die Abb. 227 zeigt, wird bei der durch die Schubspannungen hervorgerufenen Verzerrung des Körperteilchens die eine Diagonale AD gedehnt und die andere BC verkürzt. Dieselbe Verzerrung wird auch von zwei aufeinander senkrecht stehenden Zug- und Druckspannungen hervorgerufen, die gegen die Schubspannungen um je 45° geneigt sind und ebenso groß sind wie diese.

Durch Vergleich der beiden beschriebenen Verzerrungen miteinander läßt sich leicht die Schubziffer durch die Dehnungsziffer und die Querdehnungszahl ausdrücken:

$$\beta = 2 \cdot (1 + \nu) \cdot \alpha.$$

Je nach der Größe von ν erhält man:

$\nu =$	0,25	0,28	0,30	0,33	0,35	0,40
$\dfrac{\beta}{\alpha} =$	2,50	2,56	2,60	2,66	2,70	2,80.

Der Zusammenhang gilt, wie die Versuche bestätigen, nicht nur, solange die Dehnungsziffer α unveränderlich ist. Wird die Beanspruchung weiter getrieben, so ist auch der entsprechend größere Wert von α einzusetzen.

Durch Auftragen der Schiebungen und zugehörigen Spannungen erhält man Figuren, die denen der Abb. 203 bzw. der Abb. 208 genau entsprechen; nur wird die Fließ- bzw. Streckgrenze bereits früher erreicht. Bei verhältnismäßig weichen Stoffen, wie Kupfer, weichem Flußeisen usw. ist

$$\tau_E \sim 0,80 \cdot \sigma_E,$$

bei harten Stoffen, wie Flußstahl, harter Bronze usw. ist

$$\tau_E \sim 0,50 \cdot \sigma_E.$$

6. Die Durchbiegung.

Ein irgendwie belasteter Träger sei an einem Ende wagerecht eingespannt. Unter der Last verbiegt er sich so, daß das freie Ende mit der Wagerechten den Winkel φ bildet und sich um die Strecke f senkt (Abb. 228).

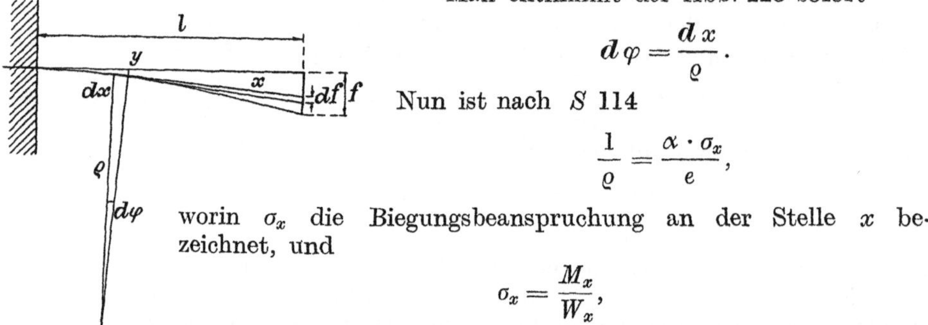

Abb. 228.

Man entnimmt der Abb. 228 sofort

$$d\varphi = \frac{dx}{\varrho}.$$

Nun ist nach S 114

$$\frac{1}{\varrho} = \frac{\alpha \cdot \sigma_x}{e},$$

worin σ_x die Biegungsbeanspruchung an der Stelle x bezeichnet, und

$$\sigma_x = \frac{M_x}{W_x},$$

worin M_x und W_x das Biegungsmoment bzw. das Widerstandsmoment des Stabquerschnittes im Abstande x vom freien Ende darstellen.

Man erhält so

$$\frac{1}{\varrho} = \frac{\alpha \cdot M_x}{J_x},$$

und damit wird

$$\varphi = \int_0^l \frac{\alpha}{J_x} \cdot M_x \cdot dx.$$

Bei einem prismatischen Träger aus homogenem Material sind α und J unterhalb der Elastizitätsgrenze unveränderlich. In dem Fall lautet also die vorstehende Gleichung

$$\varphi = \frac{\alpha}{J} \cdot \int_0^l M_x \cdot dx.$$

Die Summe gibt den Inhalt der Momentenfläche des betreffenden Trägers und seiner Belastung an:

Der Winkel, den das freie Ende des eingespannten prismatischen Trägers mit der Einspannungstangente einschließt, ist gleich dem $\frac{\alpha}{J}$-fachen des Inhaltes der Momentenfläche.

An einer beliebigen Stelle, z. B. im Abstande x vom freien Ende, erhält man den Winkel φ_x, indem man den Inhalt der Momentenfläche zwischen den Längen x und l ansetzt:

$$\varphi_x = \frac{\alpha}{J} \cdot \int_x^{\prime} M_x \cdot dx.$$

Die Durchbiegung am freien Ende ergibt sich nach Abb. 228 aus $df = x \cdot d\varphi$. Wird hierin der Wert $d\varphi = \dfrac{dx}{\varrho}$ eingesetzt und die vorstehende Rechnung wiederholt, so folgt allgemein

$$f = \int_0^l \frac{\alpha}{J_x} \cdot M_x \cdot x \cdot dx,$$

und für den prismatischen Träger

$$f = \frac{\alpha}{J} \cdot \int_0^l M_x \cdot x \cdot dx.$$

Die Summe stellt das statische Moment der Momentenfläche in bezug auf das freie Ende des Trägers dar:

Die Durchbiegung des prismatischen Trägers, von der Einspannungtangente aus gerechnet, ist gleich dem $\dfrac{\alpha}{J}$-fachen des statischen Momentes der Momentenfläche in bezug auf das freie Ende.

An einer beliebigen Stelle x vom freien Ende erhält man entsprechend der obigen die Durchbiegung

$$y = \frac{\alpha}{J} \cdot \int_x^l M_x \cdot x \cdot dx.$$

Auf zwei Stützen frei aufliegende Träger mit symmetrisch zur Mitte gelegener Belastung werden einfach in zwei gleiche eingespannte Freiträger zerlegt und entsprechend berechnet.

Ist der prismatische auf zwei Stützen liegende Träger durch eine senkrecht zur Verbindungsgeraden der beiden Stützpunkte stehende Einzellast P nach Abb. 229 unsymmetrisch belastet; so liegt die Stelle der größten Durchbiegung f, wo der durchgebogene Träger parallel zur ursprünglich geraden Länge l verläuft, nicht unter der Last P, sondern ist so verschoben, daß die Momente der beiden zugehörigen Teile der Momentenfläche in bezug auf die freien Enden A bzw. B einander gleich sind.

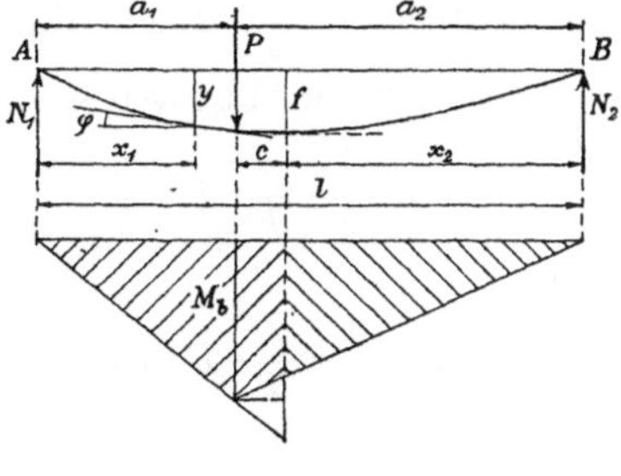

Abb. 229.

Das Moment des rechten Teiles der Momentenfläche in bezug auf die Stelle B ist nun

$$M_2 = \frac{1}{2} \cdot (a_2 - c) \cdot M_b \cdot \frac{a_2 - c}{a_2} \cdot \frac{2}{3} \cdot (a_2 - c),$$

das des linken Teiles in bezug auf die Stelle A wird zuerst, wie gezeichnet, als Dreieck gerechnet, worauf das Moment der beiden kleinen, zu viel gerechneten Dreiecke abgezogen wird:

$$M_1 = \frac{1}{2} \cdot (a_1 + c) \cdot M_b \cdot \frac{a_1 + c}{a_1} \cdot \frac{2}{3} \cdot (a_1 + c)$$

$$- \frac{1}{2} \cdot c \cdot M_b \cdot \left(\frac{c}{a_1} + \frac{c}{a_2}\right) \cdot \left(a_1 + \frac{2}{3} c\right).$$

Durch Gleichsetzen beider Ausdrücke erhält man

$$\frac{(a_2 - c)^3}{a_2} = \frac{(a_1 + c)^3}{a_1} - c^2 \cdot \frac{a_1 + a_2}{a_1 \cdot a_2} \cdot \left(\frac{3}{2} a_1 + c\right).$$

Nach Auflösen der Klammerausdrücke und Multiplikation der Gleichung mit $a_1 \cdot a_2$ ergibt sich hieraus die Bestimmungsgleichung

$$c^2 - 2 \cdot a_2 \cdot c + \tfrac{2}{3} \cdot (a_2 - a_1) \cdot a_2 = 0,$$

also

$$c = a_2 \cdot \left[1 - \sqrt{\frac{1}{3} \cdot \left(1 + 2 \cdot \frac{a_1}{a_2}\right)}\right].$$

Hierin bezeichnet a_2 den längeren und a_1 den kürzeren von der Last gebildeten Abschnitt der Trägerlänge. Die Strecke c ist von der Last aus stets nach der Seite des längeren Abschnittes abzutragen.

Die **größte Durchbiegung** selbst erhält man jetzt durch Einsetzen des Wertes von $a_2 - c$ in die obige Gleichung für M_2 mit $M_b = P \cdot \dfrac{a_1 \cdot a_2}{l}$

$$f = \frac{1}{3} \cdot \frac{\alpha}{J} \cdot P \cdot \frac{a_1}{l} \cdot a_2^3 \cdot \left(\frac{1}{3} \cdot \frac{a_2 + 2 a_1}{a_2}\right)^{\frac{3}{2}}$$

oder

$$f = \frac{1}{3} \cdot \frac{\alpha}{J} \cdot P \cdot \frac{a_1}{l} \cdot \left(\frac{l^2 - a_1^2}{3}\right)^{\frac{3}{2}},$$

worin a_1 stets den kleineren Abschnitt angibt.

Die **Neigungswinkel** an den freien Enden ergeben sich durch Multiplikation des Inhaltes der beiden bis zur Stelle der größten Durchbiegung gerechneten Momentenflächen mit dem Faktor $\dfrac{\alpha}{J}$. Läßt man also in den Gleichungen für M_2 und M_1 die letzten Faktoren weg, so wird

$$\varphi_2 = \frac{1}{2} \cdot \frac{\alpha}{J} \cdot P \cdot \frac{a_1}{l} \cdot (a_2 - c)^2 = \frac{1}{2} \cdot \frac{\alpha}{J} \cdot P \cdot \frac{a_1}{l} \cdot a_2^2 \cdot \frac{a_2 + 2 a_1}{3 a_2}$$

oder

$$\varphi_2 = \frac{1}{6} \cdot \frac{\alpha}{J} \cdot P \cdot a_1 \cdot a_2 \cdot \left(1 + \frac{a_1}{l}\right)$$

und

$$\varphi_1 = \frac{1}{2} \cdot \frac{\alpha}{J} \cdot P \cdot \frac{a_1 \cdot a_2}{l} \cdot \left[\frac{(a_1 + c)^2}{a_1} - c^2 \cdot \left(\frac{1}{a_1} + \frac{1}{a_2}\right)\right]$$

oder nach einigen einfachen Umformungen:

$$\varphi_1 = \frac{1}{6} \cdot \frac{\alpha}{J} \cdot P \cdot a_1 \cdot a_2 \cdot \left(1 + \frac{a_2}{l}\right).$$

Die **Durchbiegung** y **an einer beliebigen Stelle** C, etwa im Abstande x_1 vom Endpunkt A und x_2 vom Endpunkt B (Abb. 229) wird, wie folgt, gefunden: Der linke Trägerteil von der Länge x_1 ist an der Stelle C unter dem vorläufig noch unbekannten Neigungswinkel φ zur Wagerechten eingespannt. Die Auflagerkraft $N_1 = P \cdot \dfrac{a_2}{l}$ biegt ihn gegenüber der an C gelegten Tangente nach oben durch um den Betrag

$$f_1 = \frac{1}{3} \cdot \frac{\alpha}{J} \cdot N_1 \cdot x_1^3,$$

so daß die gesamte Durchbiegung des freien Endes A gegenüber C beträgt

$$y = f_1 + x_1 \cdot \operatorname{tg} \varphi.$$

Der rechte Trägerteil von der Länge x_2 wird gegen dieselbe Tangente am Ende B nach oben durchgebogen um den Betrag

$$f_2' = \frac{1}{3} \cdot \frac{\alpha}{J} N_1 \cdot x_2^3,$$

an der Angriffsstelle der Kraft P nach unten um

$$f_2'' = \frac{1}{3} \cdot \frac{\alpha}{J} \cdot P \cdot (x_2 - a_2)^3.$$

Diese Durchbiegung vergrößert sich bis zum Ende B um

$$f_2''' = a_2 \cdot \frac{1}{2} \cdot \frac{\alpha}{J} \cdot P \cdot (x_2 - a_2)^2.$$

Der Schnittpunkt der Tangente an C mit der Wirkungslinie von N_2 liegt um die Strecke

$$f_2'''' = x_2 \cdot \operatorname{tg} \varphi$$

unterhalb von C, so daß sich ergibt

$$y + f_2'''' + f_2'' + f_2''' = f_2'.$$

Dividiert man jetzt die erste Gleichung für y durch x_1 und die zweite durch x_2, so liefert die Addition beider

$$y \cdot \left(\frac{1}{x_1} + \frac{1}{x_2}\right) = \frac{1}{3} \cdot \frac{\alpha}{J} \cdot P \cdot \frac{a_2}{l} \cdot x_1^2 + \operatorname{tg} \varphi + \frac{1}{3} \cdot \frac{\alpha}{J} \cdot P \cdot \frac{a_1}{l} \cdot x_2^2 - \operatorname{tg} \varphi$$

$$- \frac{1}{3} \cdot \frac{\alpha}{J} \cdot P \frac{(x_2 - a_2)^3}{x_2} - \frac{1}{2} \cdot \frac{\alpha}{J} \cdot P \cdot a_2 \frac{(x_2 - a_2)^2}{x_2}.$$

Der Neigungswinkel φ hebt sich heraus, und man erhält, wenn jetzt alle Glieder mit $x_2 \cdot l$ multipliziert werden,

$$y = \frac{1}{3} \cdot \frac{\alpha}{J} \cdot P \cdot \frac{x_1}{l^2} \cdot \left[a_2 \cdot x_1^2 \cdot x_2 + a_1 \cdot x_2^3 - l \cdot (x_2 - a_2)^3 - \frac{3}{2} \cdot a_2 \cdot l \cdot (x_2 - a_2)^2\right].$$

Löst man die Potenzen von $(x_2 - a_2)$ auf, so folgt schließlich

$$y = \frac{1}{6} \cdot \frac{\alpha}{J} \cdot P_2 \cdot \frac{x_1 \cdot a_2}{l} \cdot [3\,x_2^2 - a_2^2 - 2\,x_2 \cdot (x_2 - x_1)],$$

worin die Bezeichnung P_2 angibt, daß sich die Last auf der Länge x_2 befindet.

Befindet sich die Last P_1 auf der Länge x_1, wie im Fall der Abb. 230, so lauten die beiden Gleichungen für die Durchbiegung:

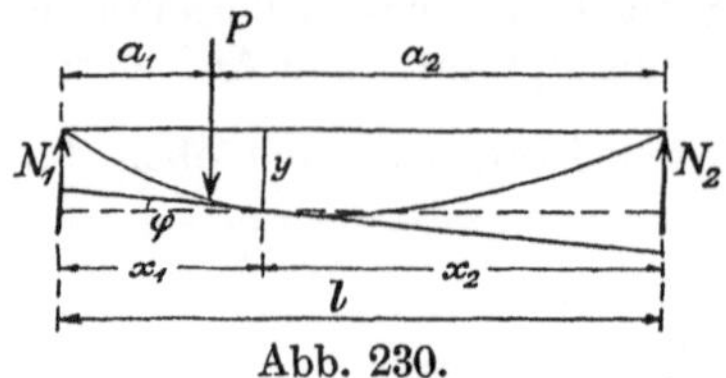

Abb. 230.

linke Seite: $y - f_1'''' + f_1'' + f_1''' = f_1'$,

rechte Seite: $y + x_2 \cdot \operatorname{tg} \varphi = f_2$.

Die gleiche Rechnung wie oben liefert dann dieselbe Gleichung, nur sind die Zeichen 1 und 2 vertauscht:

$$y = \frac{1}{6} \cdot \frac{\alpha}{J} \cdot P_1 \cdot \frac{x_2 \cdot a_1}{l} \cdot [3\,x_1^2 - a_1^2 - 2\,x_1 \cdot (x_1 - x_2)].$$

Die Durchbiegung unter der Last P ergibt sich hiernach leicht zu

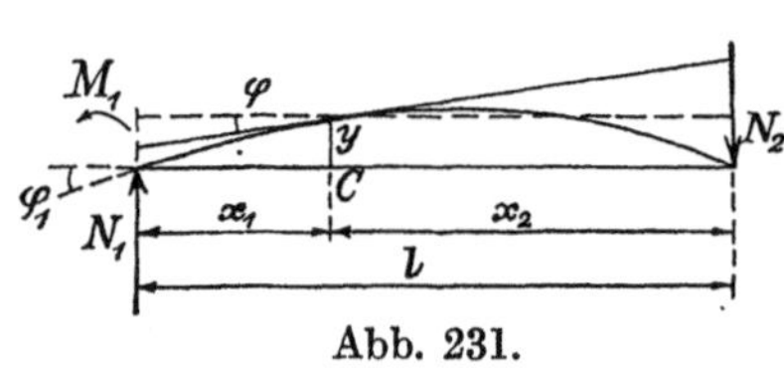

Abb. 231.

$$f_P = \frac{1}{3} \cdot \frac{\alpha}{J} \cdot P \cdot \frac{a_1^2 \cdot a_2^2}{l}.$$

Wird der Träger nur durch ein Biegungsmoment M_1 beansprucht (Abb. 231), das über der Unterstützung durch die Kraft N_1 angreift, so ergibt sich die Durchbiegung für den Teil links von C aus

$$y - x_1 \cdot \operatorname{tg} \varphi = \frac{1}{2} \cdot \frac{\alpha}{J} \cdot M_1 \cdot x_1^2 - \frac{1}{3} \cdot \frac{\alpha}{J} \cdot N_1 \cdot x_1^3,$$

und für den Teil rechts von C aus

$$y + x_2 \cdot \operatorname{tg} \varphi = \frac{1}{3} \cdot \frac{\alpha}{J} \cdot N_2 \cdot x_2^3,$$

worin $N_1 = N_2 = \dfrac{M_1}{l}$ einzusetzen ist.

Die gleiche Rechnung wie vorher liefert dann die Durchbiegung

$$y = \frac{1}{6} \cdot \frac{\alpha}{J} \cdot M_1 \cdot \frac{x_1 \cdot x_2}{l} \cdot (l + x_2).$$

Der Neigungswinkel φ_1 über der Auflagerkraft N_1 ergibt sich entsprechend zu

$$\varphi_1 = \varphi + \frac{\alpha}{J} \cdot M_1 \cdot x_1 - \frac{1}{2} \cdot \frac{\alpha}{J} \cdot N_1 \cdot x_1^2,$$

worin der aus der zweiten Gleichung für y folgende Wert von $\varphi = \operatorname{tg} \varphi$ einzusetzen ist. Damit wird schließlich

$$\varphi_1 = \frac{1}{3} \cdot \frac{\alpha}{J} \cdot M_1 \cdot l.$$

Durch Zusammennehmen der vorstehenden Gleichungen kann die Endneigung und beliebige Durchbiegung für jeden frei auf zwei Stützen liegenden, durch Einzelkräfte belasteten Träger schnell bestimmt werden.

Wird das Drehmoment über der Stützkraft N so groß, daß der Neigungswinkel $\varphi = 0$ ist, so heißt der auf zwei oder mehr Stützen liegende, durch senkrechte Kräfte belastete Träger **vollkommen eingespannt.** Das Einspannungsmoment M_e ist dann vorläufig unbekannt.

Ist die Belastung Q über die ganze Länge l des prismatischen Trägers gleichmäßig verteilt (Abb. 232), so ergibt die Gleichgewichtsbedingung mit Berücksichtigung der Symmetrie der Kräfte nur $N = \frac{1}{2}Q$. Das Einspannungsmoment liefert die Überlegung, daß die Durchbiegung f des durch Q, N, M_e belasteten Freiträgers der Abb. 233 gegenüber der Einspannungsstelle den Wert 0 hat:

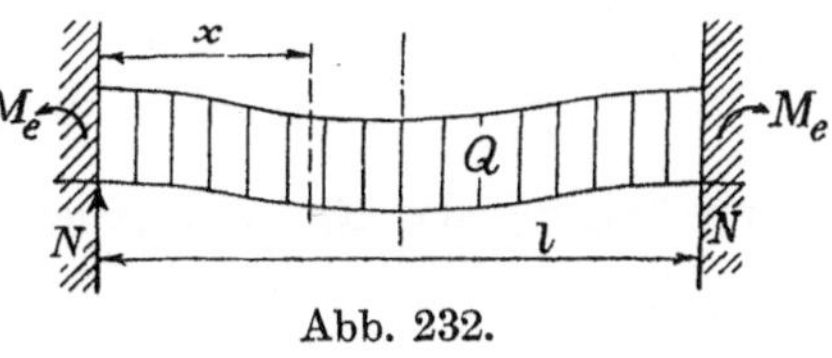

Abb. 232.

$$+ \frac{\alpha}{J} \cdot Q \cdot \frac{l^3}{8} - \frac{\alpha}{J} \cdot N \cdot \frac{l^3}{3} + \frac{\alpha}{J} \cdot M_e \cdot \frac{l^2}{2} = 0,$$

also

$$M_e = \frac{Q \cdot l}{12}.$$

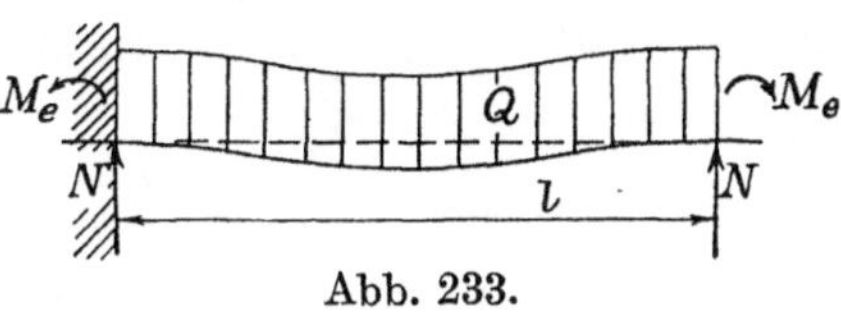

Abb. 233.

Das Biegungsmoment in der Mitte folgt jetzt nach Abb. 234 leicht zu

$$M_m = M_e - N \cdot \frac{l}{2} + \frac{Q}{2} \cdot \frac{l}{4},$$

also

$$M_m = \frac{Q \cdot l}{24} = \frac{1}{2} \cdot M_e.$$

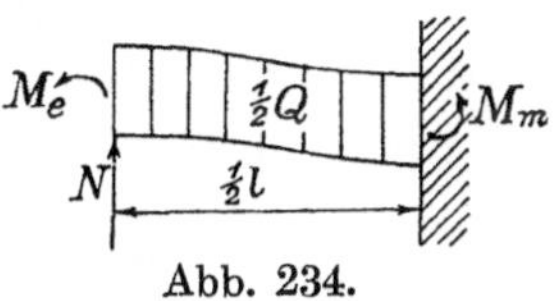

Abb. 234.

An irgendeiner beliebigen Stelle im Abstande x von der Einspannungsstelle (Abb. 232) ist

$$M_x = - M_e + N \cdot x - Q \cdot \frac{x}{l} \cdot \frac{x}{2}.$$

Die Stelle, wo das Biegungsmoment 0 ist, also der Träger gerade bleibt, die elastische Linie einen Wendepunkt hat, bestimmt sich demnach aus

$$0 = - \frac{Q \cdot l}{12} + \frac{Q}{2} \cdot x - Q \cdot \frac{x^2}{2\,l}$$

zu

$$x = \frac{l}{2} \cdot \left(1 \pm \sqrt{1 - \frac{4}{6}}\right) = 0,2113 \cdot l.$$

Der zweite Wert ist die Länge bis zum gleichgelegenen Wendepunkt auf der anderen Seite der Trägermitte.

Wirkt auf den Träger eine **Einzellast** P in der Mitte der Länge l, so lautet die Durchbiegungsgleichung des einen Endes gegenüber dem anderen:

$$\frac{\alpha}{J} \cdot \left[+ \frac{P}{3} \cdot \left(\frac{l}{2}\right)^3 + \frac{P}{2} \cdot \left(\frac{l}{2}\right)^2 \cdot \frac{l}{2} - \frac{1}{3} \cdot \frac{P}{2} \cdot l^3 + \frac{1}{2} M_e \cdot l^2\right] = 0.$$

Sie ergibt das **Einspannungsmoment**

$$M_e = \frac{P \cdot l}{8}.$$

Damit wird das in der Mitte **wirkende Biegungsmoment** ebenfalls

$$M_m = \frac{P \cdot l}{8}.$$

Bei beliebiger Stellung der Einzellast P auf dem beiderseits in derselben Höhe eingespannten prismatischen Träger (Abb. 235) ist die Durchbiegung des Endes 1 gegenüber der Einspanuungsstelle 2

$$\frac{\alpha}{J} \cdot \left[+ \frac{P}{3} \cdot a_2^3 + \frac{P}{2} \cdot a_2^2 \cdot a_1 - \frac{N_1}{3} \cdot l^3 + \frac{1}{2} M_1 \cdot l^2 \right] = 0,$$

und die Neigung des Endes 1 gegenüber der Einspannungstangente ebenso

$$\frac{\alpha}{J} \cdot \left[+ \frac{P}{2} \cdot a_2^2 - \frac{N_1}{2} \cdot l^2 + M_1 \cdot l \right] = 0.$$

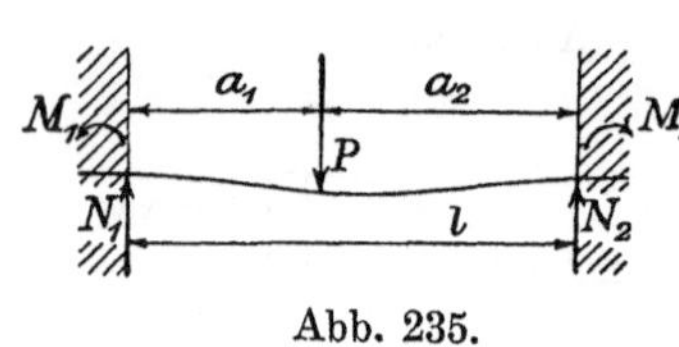

Abb. 235.

Rechnet man aus der zweiten Gleichung

$$M_1 \cdot l = \frac{N_1}{2} \cdot l^2 - \frac{P}{2} \cdot a_2^2$$

aus und setzt es in die erste ein, so folgt leicht

$$N_1 = P \cdot \frac{a_2^2}{l^3} \cdot (3\,a_1 + a_2)$$

und damit

$$M_1 = P \cdot a_1 \cdot \left(\frac{a_2}{l}\right)^2.$$

Das Biegungsmoment an der Belastungsstelle wird

$$M_P = - M_1 + N_1 \cdot a_1 = 2 \cdot P \cdot \frac{a_1^2 \cdot a_2^2}{l^3}.$$

Die Werte von N_2 und M_2 ergeben sich durch Vertauschen von a_2 und a_1 aus den vorstehenden Formeln. Man erhält so

$$\frac{M_1}{M_2} = \frac{a_2}{a_1}.$$

Das Einspannungsmoment ist das größere, dem die Last am nächsten steht. Das Lastmoment M_P ist stets kleiner, denn es gilt

$$\frac{M_P}{M_1} = \frac{2 \cdot a_1}{l}.$$

Nur bei Stellung der Last in der Mitte wird $M_P = M_1$.

Die ungünstigste Laststellung erhält man aus

$$\frac{d\,M_1}{d\,a_2} = \frac{P}{l^3} \cdot \frac{d\,(l - a_2) \cdot a_2^2}{d\,a_2} = 0$$

zu $a_2 = \tfrac{2}{3}\,l$. Dafür wird demnach

$$M_{\max} = \frac{4}{27} \cdot P \cdot l.$$

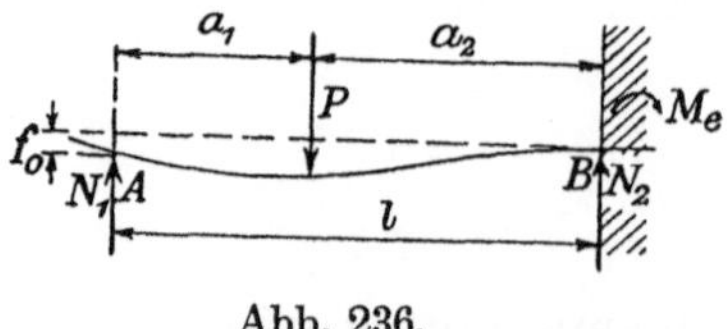

Abb. 236.

Dieser Wert des Biegungsmomentes ist maßgebend, wenn sich die Last auf dem Träger bewegt.

Für einen auf der einen Seite wagerecht eingespannten und auf der anderen Seite frei aufliegenden Träger nach Abb. 236, der durch eine

Einzelkraft P belastet wird, ergeben die Gleichgewichtsbedingungen die beiden Beziehungen

$$+ N_1 + N_2 = P,$$
$$+ N_1 \cdot a_1 - N_2 \cdot a_2 + M_e = 0.$$

Eine dritte Gleichung muß die Untersuchung der elastischen Formänderungen liefern.

Liegt die Auflagerstelle bei A um die Strecke f_a unterhalb der Einspannungsstelle bei B, so gilt bei einem prismatischen Träger

$$f_a = \frac{1}{3} \cdot \frac{\alpha}{J} \cdot P \cdot a_2^3 + \frac{1}{2} \cdot \frac{\alpha}{J} \cdot P \cdot a_2^2 \cdot a_1 - \frac{1}{3} \cdot \frac{\alpha}{J} \cdot N \cdot l^3,$$

also

$$N_1 = P \cdot \frac{a_2^2 \cdot (a_2 + 1{,}5 \cdot a_1)}{l^3} - \frac{3 \cdot J \cdot f_a}{\alpha \cdot l^3}.$$

Mit $N_2 = P - N_1$ erhält man dann das Biegungsmoment an der Einspannungsstelle

$$M_e = P \cdot a_2 - N_1 \cdot (a_1 + a_2)$$

oder

$$M_e = P \cdot \frac{a_1 \cdot a_2}{l^2} \cdot (a_1 + 0{,}5 \cdot a_2) + \frac{3 \cdot J \cdot f_a}{\alpha \cdot l^2}.$$

Das Biegungsmoment an der Belastungsstelle wird somit

$$M_P = N_1 \cdot a_1 = P \cdot \frac{a_2^2 \cdot a_1}{l^3} \cdot (a_2 + 1{,}5 \cdot a_1) - \frac{3 \cdot J \cdot f_a \cdot a_1}{\alpha \cdot l^3}.$$

Beide Biegungsmomente werden gleich, der Träger wird also am besten ausgenutzt für

$$f_a = \frac{1}{3} \cdot \frac{\alpha}{J} \cdot P \cdot \frac{a_2}{l + a_1} \cdot \left[a_2 \cdot (l + a_1) \cdot \left(l + \frac{1}{2} a_1 \right) - l^3 \right].$$

Für einen Träger auf drei gleichhohen Stützen ergibt sich nach Abb. 237, daß die Mittellinie des Trägers auf der Mittelstütze den vorläufig unbekannten Winkel φ_3 mit der Wagerechten bildet. Indem man für beide Trägerteile die Durchbiegungen f_1 und f_2 bei A bzw. B gleich 0 setzt, erhält man, wie in der vorstehenden Rechnung, die Auflagerkräfte

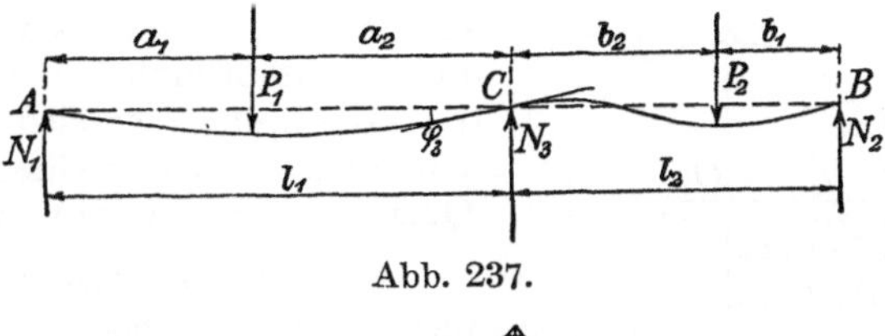

Abb. 237.

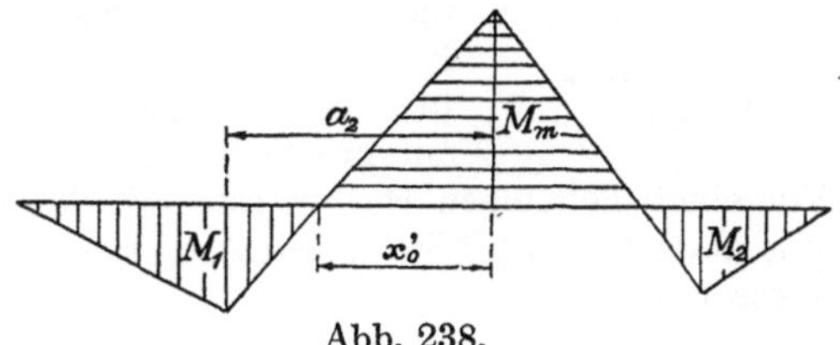

Abb. 238.

$$N_1 = \frac{1}{l_1 \cdot (l_1 + l_2)} \cdot \left[P_1 \cdot \frac{a_2}{l_1} \cdot (a_2^2 + 1{,}5 \cdot a_1 \cdot a_2 + l_1 \cdot l_2) + P_2 \cdot \frac{b_2}{l_2} \cdot (b_2^2 + 1{,}5 \cdot b_1 \cdot b_1 - l_2^2) \right]$$

und entsprechend die andere N_2. Dann kann bestimmt werden die mittlere Auflagerkraft

$$N_3 = + P_1 + P_2 - N_1 - N_2$$

und die Biegungsmomente

$$M_{P1} = N_1 \cdot a_1, \qquad M_{P2} = N_2 \cdot b_1, \qquad M_m = N_1 \cdot l_1 - P_1 \cdot a_2.$$

Den Verlauf des Biegungsmomentes stellt die Abb. 238 dar. Das Moment über der Mittelstütze ist im allgemeinen das größte, wenn nicht die Lasten P dicht bei den Außenstützen stehen.

7. Die Verdrehungsbeanspruchung.

Reine Verdrehungsbeanspruchung findet statt, wenn die äußeren Kräfte **zwei in parallelen, senkrecht zur Stabachse stehenden Ebenen wirkende Drehmomente von entgegengesetztem Drehsinn ergeben.**

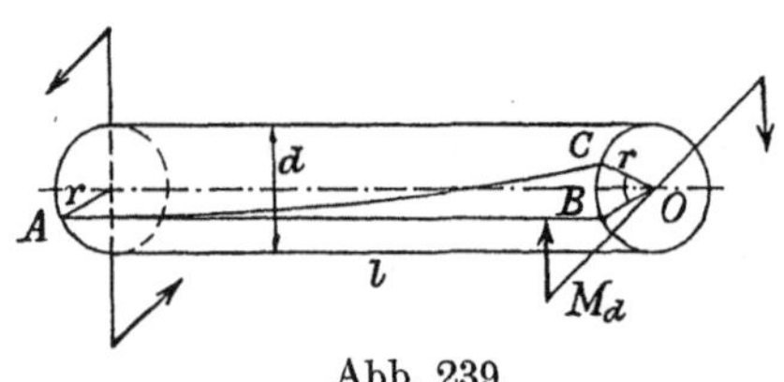
Abb. 239.

Damit Gleichgewicht an dem Stück von der auf der Stabachse gemessenen Länge l besteht, müssen die beiden Verdrehungsmomente M_d einander gleich sein. Sie wirken dahin, daß eine ursprünglich parallel zur unverzerrt bleibenden Achse verlaufende Mantellinie AB (Abb. 239) sich in eine steile Schraubenlinie AC ändert, und die beiden Halbmesser OB und OC des Endquerschnittes den Verdrehungswinkel ψ einschließen, der gewöhnlich in Bogenmaß angegeben wird.

Das Verdrehungsmoment ruft in den einzelnen, senkrecht zur Stabachse stehenden Querschnitten nur Schubspannungen τ hervor, die jedoch nach den Darlegungen auf S. 117 von gleichen, senkrecht zu ihrer Richtung verlaufenden Schubspannungen τ' begleitet sind. Infolgedessen müssen am Rande des Querschnittes die Schubspannungen stets und überall tangential zur Randbegrenzung verlaufen.

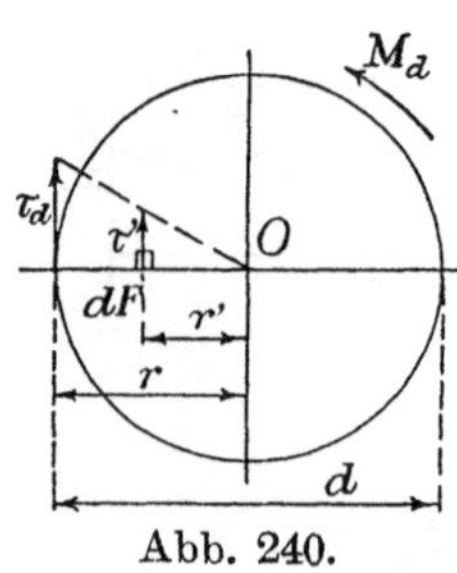
Abb. 240.

Die in Richtung der Stabachse verlaufenden Schubspannungen verschieben nun die einzelnen Teilchen etwas aus der ursprünglichen Querschnittsebene heraus, so daß **die Querschnitte sich bei der Verdrehung etwas verwölben,** jedoch bleiben **die Symmetrieachsen des Querschnittes in der ursprünglichen Ebene.**

Beim **Kreisquerschnitt** tritt demnach, da alle Durchmesser Symmetrieachsen sind, keine Verwölbung ein. Es müssen also auch die Halbmesser unverändert gerade bleiben, solange die Schiebungen den Schubspannungen entsprechen, was der Versuch mit Glasstäben bestätigt.

Für einen beliebigen Halbmesser gilt dann gemäß Abb. 240, wenn τ_d die am Umfang auftretende größte Verdrehungsspannung bezeichnet, die senkrecht zum Halbmesser steht,

$$\frac{\tau'}{\tau_d} = \frac{r'}{r}.$$

Die Gleichgewichtsbedingung für die Drehmomente in bezug auf die Stabachse erfordert

$$M_d = \int_0^r \tau' \cdot d\,F \cdot r',$$

worin die Summe auch über alle Halbmesser zunehmen, also auf die ganze Fläche auszudehnen ist. Setzt man hierin den aus der vorhergehenden Gleichung folgenden Wert von τ' ein, so wird

$$M_d = \frac{\tau_d}{r} \cdot \int r'^2 \cdot dF.$$

Nun ist

$$\int r'^2 \cdot dF = J_p = \frac{\pi}{32} \cdot d^4$$

das in bezug auf den Kreismittelpunkt genommene Trägheitsmoment der Fläche (S. 111), und man erhält so die Grundgleichung

$$M_d = \frac{J_p}{r} \cdot \tau_d = \frac{\pi}{16} \cdot d^3 \cdot \tau_d.$$

Für den **Kreisringquerschnitt** nach Abb. 241 ergibt sich entsprechend mit

$$J_p = \int_{\frac{1}{2}d}^{\frac{1}{2}D} r^2 \cdot dF = \frac{\pi}{32} \cdot (D_4 - d^4)$$

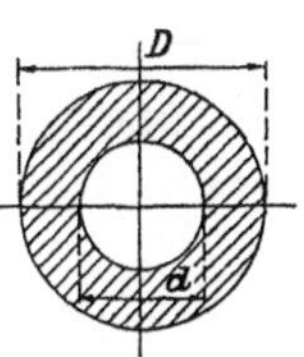

Abb. 241.

$$M_d = \frac{\pi}{16} \cdot D^3 \cdot \left[1 - \left(\frac{d}{D} \right)^4 \right] \cdot \tau_d.$$

Bei der **Ellipse** stehen die Spannungen τ nur an vier Stellen des Umfanges senkrecht zu dem betreffenden Halbmesser, da sie ja überall den Umfang tangieren müssen.

Haben die ganzen Hauptachsen die Längen b und h, so gilt für das **Verdrehungsmoment**

$$M_d = \frac{\pi}{16} \cdot h \cdot b^2 \cdot \tau_{max} = 2 \cdot W_z \cdot \tau_{max}.$$

Am Ende der längeren Achse ist die kleinste Verdrehungsspannung des Umfanges

$$\tau_{min} = \frac{M_d}{2 \cdot W_y}$$

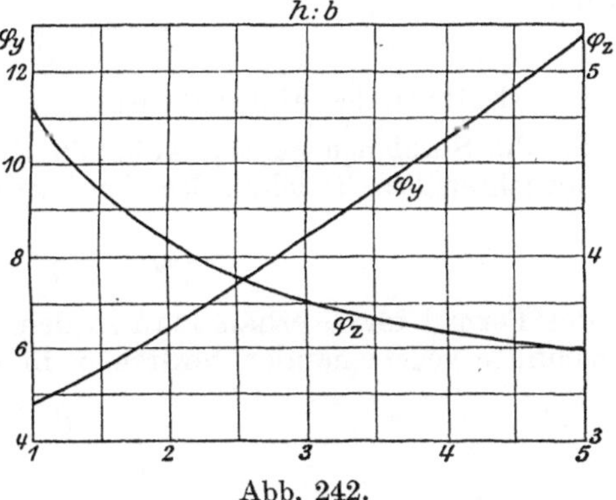

Abb. 242.

Im Innern des Querschnittes nehmen die Schubspannungen auf jedem Halbmesser von dem Außenwert nach der Mitte zu stetig ab, ihre Richtungen sind der Außentangente parallel.

Beim **Rechteckquerschnitt** gilt näherungsweise für die größte Spannung $\tau_{z\,max}$ in der Mitte der längeren Rechteckseite

$$M_d = \frac{h \cdot b^2}{4,5} \cdot \tau_{z\,max} = \frac{4}{3} \cdot W_z \cdot \tau_{z\,max}.$$

Genau erhält man

$$M_d = h \cdot b^2 \cdot \frac{\tau_{z\,max}}{\varphi_z}.$$

Entsprechend ist die Schubspannung in der Mitte der kurzen Seite

$$\tau_{y\,\mathrm{max}} = \frac{M_d}{b \cdot h^2} \cdot \varphi_y \, .$$

Die Werte von φ_z und φ_y enthält die Abb. 242.

Für die Querschnitte nach den Abb. 243 und 244 von dem Flächeninhalt F und der Stegstärke s kann man ansetzen

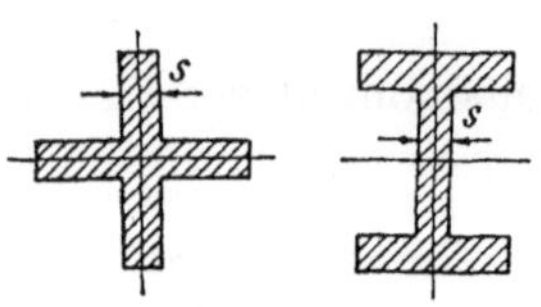

$$M_d = \frac{F \cdot s}{10{,}28} \cdot \tau_{\mathrm{max}} \, .$$

Die größte Beanspruchung tritt auch wieder an der dem Mittelpunkt zunächst gelegenen Stelle auf.

Abb. 243.   Abb. 244.

Die Verdrehungsfestigkeit beträgt im Verhältnis zur Zugfestigkeit bei

Schweißeisen . . . . $K_s : K_z = 1 \div 1{,}15$
Flußeisen . . . . $\sim 1{,}15$
Gußeisen . . . . $0{,}80 \div 0{,}82$
Kupfer . . . . $0{,}80$.

Die Verhältnisse der Streckgrenzen sind bei

weichen Eisensorten und Kupfer . $\tau_s : \sigma_s = 0{,}80$
ziemlich harten Eisensorten . . . . $0{,}60$
ganz harten Eisensorten . . . . . $0{,}50$.

Die **Verschiebung** zweier, auf derselben Parallelen zur Stabachse gelegener Querschnittsteilchen gegeneinander beträgt nach den Darlegungen S. 117

$$\gamma = \beta \cdot \tau ,$$

worin

$$\beta = 2 \cdot (1 + \nu) \cdot \alpha$$

die **Schubziffer** des Materials ist.

Ist die Stablänge gemäß Abb. 239 $AB = l$, so verschieben sich die mit τ_d beanspruchten Randteilchen des Kreiszylinders um den Betrag $r \cdot \psi$. Es gilt also

$$r \cdot \psi = l \cdot \gamma = l \cdot \beta \cdot \tau_d \, .$$

Mit der Formel für τ_d erhält man so den Winkel, um den sich die beiden Endquerschnitte gegeneinander verdrehen, in Bogenmaß zu

$$\psi = \frac{\beta \cdot l \cdot M_d}{J_p} \, .$$

Bei der elliptischen Umrandung ist der Verdrehungswinkel der im Abstande l voneinander befindlichen Endquerschnitte

$$\psi = \frac{\beta \cdot l \cdot M_d}{J_y} \cdot \left(1 + \frac{h^2}{b^2} \right) \, .$$

Für den Rechteckquerschnitt ist nahezu

$$\psi = \frac{\beta \cdot l \cdot M_d}{b \cdot h^3 \cdot \left(0{,}333 - 0{,}21 \cdot \dfrac{b}{h} \right)} \, .$$

II. Die zusammengesetzte Beanspruchung.

1. Gleichgerichtete Normalspannungen.

Wird ein Teilchen dF eines Querschnittes F durch mehrere senkrecht zur Fläche wirkende, sog. Normalspannungen σ_1, σ_2 ... beansprucht, die bei Zugbeanspruchung positiv, bei Druckbeanspruchung negativ angesetzt werden, so addieren sich die in dieselbe Wirkungslinie fallenden Kräfte $\sigma_1 \cdot dF$, $\sigma_2 \cdot dF$ ... zu einer Gesamtkraft dP. Dividiert man diese durch die Fläche dF, so ergibt sich als Gesamtspannung des betreffenden Flächenteilchens

$$\sigma = \frac{dP}{dF} = \sigma_1 + \sigma_2 + \cdots$$

Normalspannungen werden durch algebraische Addition vereinigt.

Wird also ein Querschnitt F auf Zug beansprucht durch die Kraft P, so gilt für die Spannung

$$\sigma_z = \frac{P}{F} \quad \text{bzw.} \quad \sigma_d = \frac{P}{F}$$

bei Druckbeanspruchung, deren gleichmäßige Verteilung die Abb. 245 wiedergibt. Wirkt gleichzeitig auf denselben Querschnitt ein Biegungsmoment M_b, so ergeben

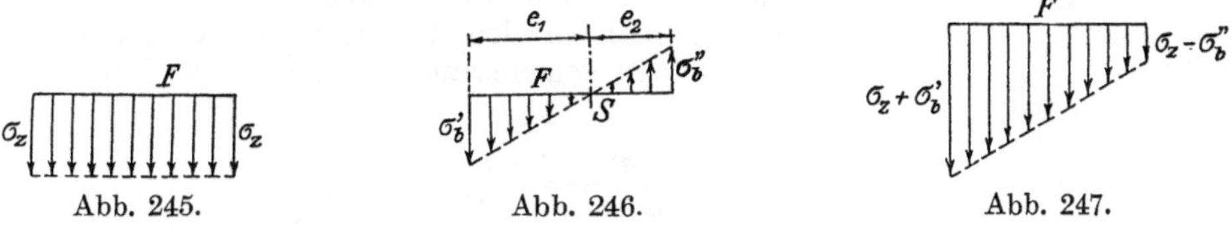

<table>
<tr><td>Abb. 245.</td><td>Abb. 246.</td><td>Abb. 247.</td></tr>
</table>

sich innerhalb der Elastizitätsgrenze die größten, in den äußersten Faserschichten auftretenden Beanspruchungen zu

$$\sigma_b' = \frac{M_b}{J} \cdot e_1 \quad \text{und} \quad \sigma_b'' = \frac{M_b}{J} \cdot e_2,$$

die bei einem zur Biegungsachse symmetrischen Querschnitt übergehen in die eine

$$\sigma_b = \frac{M_b}{J} \cdot e = \frac{M_b}{W}.$$

Die Verteilung der Spannungen bei unsymmetrischem Querschnitt enthält die Abb. 246.

Die algebraische Addition der an gleichen Stellen des Querschnittes vorhandenen Spannungen zeigt die Abb. 247. Demgemäß erhält man als größte Gesamtspannung

$$\sigma_{\max} = \frac{P}{F} + \frac{M_b}{J} \cdot e_1$$

und als kleinste

$$\sigma_{\min} = \frac{P}{F} - \frac{M_b}{J} \cdot e_2.$$

Oft ist das Biegungsmoment M_b dadurch entstanden, daß die um die Strecke a außerhalb des Querschnittschwerpunktes S angreifende Kraft P dorthin verschoben wurde, wodurch das Moment $P \cdot a$ zur Kraft P hinzukam. Man kann also auch ansetzen

$$\sigma_{\max} = \frac{P}{F} \cdot \left(1 + \frac{a \cdot e_1}{i^2}\right)$$

bzw.

$$\sigma_{\min} = \frac{P}{F} \cdot \left(1 - \frac{a \cdot e_2}{i^2}\right),$$

worin i der Trägheitsarm des Querschnittes ist (S. 113). Bei zur Biegungsachse **symmetrischem Querschnitt** gilt entsprechend

$$\sigma_{\max} = \frac{P}{F} \cdot \left(1 + \frac{a}{o}\right) \qquad \text{bzw.} \qquad \sigma_{\min} = \frac{P}{F} \cdot \left(1 - \frac{a}{o}\right),$$

worin $o = \dfrac{W}{F}$ die Kernweite des Querschnittes ist (S. 113).

Es wird $\sigma_{\min} = 0$, d. h. der Querschnitt erhält nur Spannungen von einer Richtung, wenn $a = o$ ist, d. h. die Wirkungslinie der exzentrischen Kraft durch die Begrenzung des Querschnittkernes geht. Wird $a > o$, so ergeben sich auf beiden Seiten des Querschnittes, wie bei der Biegung, entgegengesetzt gerichtete Spannungen, jedoch geht die Nullinie in diesem Fall nicht durch den Schwerpunkt (Abb. 248).

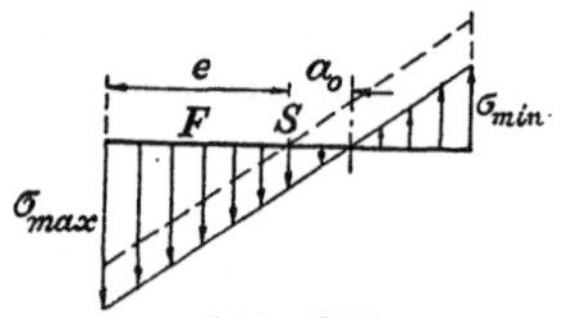

Bringt man in den Formeln die Klammerausdrücke auf den gemeinsamen Nenner o, so läßt sich schreiben:

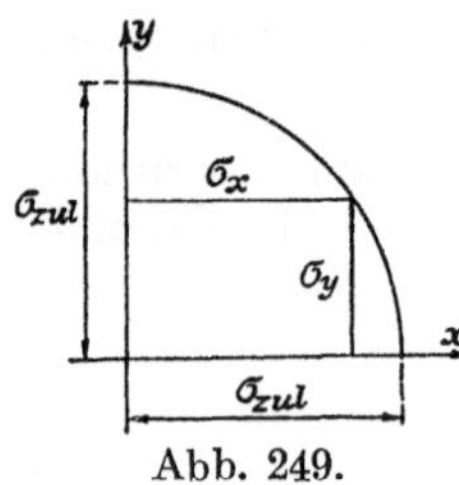

Abb. 248.

$$\sigma_{\substack{\max \\ \min}} = \frac{P \cdot (a \pm o)}{F \cdot o} = \frac{P \cdot (a \pm o)}{W} \,.$$

Hierin ist der Zähler das **auf die Kernbegrenzung bezogene Biegungsmoment** M_{k1} bzw. M_{k2}, womit die obigen Formeln in die übliche Biegungsgleichung (S. 115) übergehen.

2. Senkrecht aufeinanderstehende Normalspannungen.

Die an einem kleinen Teilchen eines Körpers angreifende Zugspannung σ_x ruft eine Verlängerung in Richtung der x-Achse hervor und eine Zusammenziehung in Richtung der dazu senkrechten y-Achse (S. 105). Wirkt auf das Teilchen außerdem noch eine Zugspannung σ_y, so läßt diese die Querzusammenziehung nicht zur vollen Ausbildung kommen, so daß das Gefüge des Materials eine gewisse Lockerung im Verhältnis zu dem Fall der einfachen Beanspruchung allein durch die Spannung σ_x erfährt.

Abb. 249.

Wirkt nur die Zugspannung σ_x, so ist die zulässige Beanspruchung gegeben durch eine Zahl σ_{zul}, die bei isotropem Material auch für den Fall der allein vorhandenen Zugspannung σ_y gilt. Bei geringer Querspannung ist ihr Einfluß zu vernachlässigen; bei größerer wird die Elastizitätsgrenze überschritten, schon ehe die in der x-Richtung wirkende Hauptspannung den Wert σ_{zul} erreicht hat. Die wenigen diesbezüglichen Versuche lassen schließen, daß die Grenzkurve für die zulässige Beanspruchung nach zwei aufeinander senkrechten Richtungen bei isotropem Stoff ein Kreis ist (Abb. 249), so daß der Zusammenhang gilt

$$\sqrt{\sigma_x^2 + \sigma_y^2} \le \sigma_{zul}\,.$$

Ist die eine der beiden Spannungen, und zwar die größere, σ_x eine Zugspannung und die andere σ_y eine Druckspannung, so ruft die letztere statt der Lockerung eine Zusammendrückung des Baustoffes hervor, so daß sogar eine etwas größere Zugbeanspruchung σ_{zul} zugelassen werden könnte als bei fehlendem σ_y. Doch ist nach den bisherigen Versuchen der Einfluß der Druckspannung σ_y nur gering, so daß sie besser außer acht bleibt.

Sind beides Druckspannungen, so ist die Festigkeit nicht größer als die bei nur in einer Richtung wirkender Spannung erhaltene.

3. Schubspannungen in derselben Ebene.

Die an einem Punkt eines Stabquerschnittes infolge der Einwirkung eines Drehmomentes und einer Querkraft gleichzeitig auftretenden Schubspannungen τ_d und τ_1 sind nach Richtung und Größe geometrisch zusammenzusetzen. Die algebraische Addition ist nur am Rande des Querschnittes zutreffend, wo beide Spannungen tangential verlaufen.

Da die größere Spannung gewöhnlich die Verdrehungsspannung ist, so ist im allgemeinen das letztere Verfahren zur Ermittlung der größten Gesamtspannung anzuwenden.

4. Normal- und Schubspannungen.

Auf ein kleines rechtwinkliges Teilchen eines Körpers von der Höhe dz senkrecht zur Zeichenebene, der Länge dx und der Breite dy (Abb. 250) wirken in der Fläche $dx \cdot dz$ die Normalspannungen σ_2, in der Fläche $dy \cdot dz$ die Normalspannungen σ_1. In der Diagonalfläche F ergeben sich zwei Seitenspannungen σ_x und σ_y, und zwar gilt

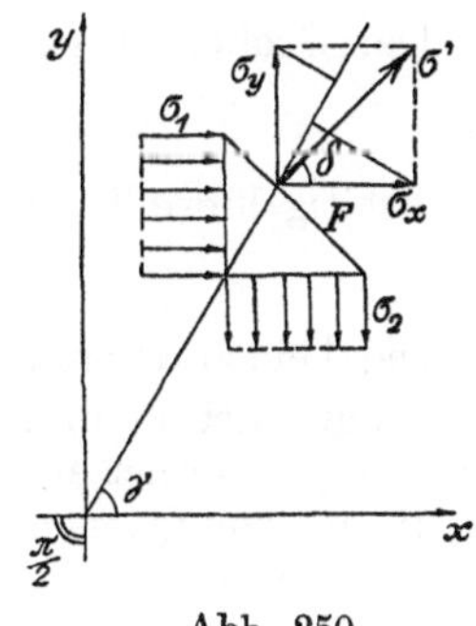

$$\sigma_x = \frac{dz \cdot dy \cdot \sigma_1}{F} = \frac{dz \cdot dy \cdot \sigma_1}{\dfrac{dz \cdot dy}{\cos \gamma}} = \sigma_1 \cdot \cos \gamma$$

und entsprechend

$$\sigma_y = \sigma_2 \cdot \sin \gamma\,.$$

Beide liefern zusammen die Spannung

$$\sigma' = \sqrt{\sigma_x^2 + \sigma_y^2} = \sqrt{\sigma_1^2 \cdot \sin^2 \gamma + \sigma_2^2 \cdot \cos^2 \gamma}\,,$$

Abb. 250.

deren Neigung gegen die x-Achse sich bestimmt aus

$$\operatorname{tg} \delta = \frac{\sigma_y}{\sigma_x} = \frac{\sigma_2}{\sigma_1} \cdot \operatorname{tg} \gamma\,.$$

Sie steht also im allgemeinen **nicht senkrecht zur Fläche** F.

Zerlegt man die beiden Seitenspannungen σ_x und σ_y parallel und senkrecht zur Fläche F, so erhält man die **Normalspannung**

$$\sigma = \sigma_x \cdot \cos \gamma + \sigma_y \cdot \sin \gamma = \sigma_1 \cdot \cos^2 \gamma + \sigma_2 \cdot \sin^2 \gamma$$

und die **Schubspannung**

$$\tau = \sigma_x \cdot \sin \gamma - \sigma_y \cdot \cos \gamma = (\sigma_1 - \sigma_2) \cdot \sin \gamma \cdot \cos \gamma\,.$$

Eine einfache zeichnerische Darstellung dieser Zusammenhänge zeigt die Abb. 251: Man trägt σ_1 und σ_2 auf den beiden senkrecht zueinander stehenden Bezugsachsen von ihrem Schnittpunkt O aus ab und schlägt damit Kreisbögen, die ein unter dem Winkel γ von O aus gezogener Strahl in C und D schneidet. Zieht man durch diese Schnittpunkte die Parallelen zu den Achsen, so schneiden sie sich in einem Punkt E, und es ist

$$\overline{OG} = \sigma_1 \cdot \cos\gamma = \sigma_x, \qquad \overline{OH} = \sigma_2 \cdot \sin\gamma = \sigma_y,$$

also

$$\overline{OE} = \sigma'.$$

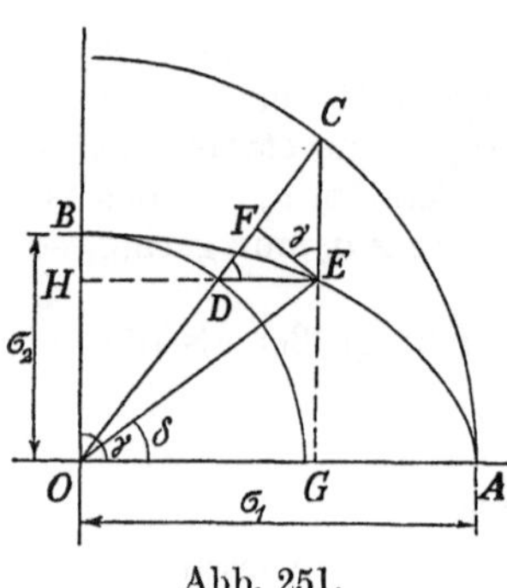

Abb. 251.

Ändert man γ, so bewegt sich der Endpunkt E von σ' auf einem Ellipsenbogen, der **Spannungsellipse**. Fällt man noch das Lot von E auf OC, so ergibt sich leicht

$$\overline{EF} = \tau \qquad \text{und} \qquad OF = \sigma.$$

Den Größtwert von σ erhält man demgemäß für $\gamma = 0$:

$$\sigma_{\max} = \sigma_1,$$

den Kleinstwert für $\gamma = \dfrac{\pi}{2}$:

$$\sigma_{\min} = \sigma_2.$$

In beiden Fällen ist

$$\overline{EF} = \tau = 0.$$

Der Größtwert von τ besteht bei $\overline{DF} = \overline{CF}$, also $\gamma = \dfrac{\pi}{4}$:

$$\tau_{\max} = \tfrac{1}{2} \cdot (\sigma_1 - \sigma_2).$$

Gleichzeitig hiermit tritt die Normalspannung auf

$$\sigma = \tfrac{1}{2} \cdot (\sigma_1 + \sigma_2).$$

Die beiden Grenzwerte der Normalspannung heißen die **Hauptspannungen.**

Umgekehrt kann man, wenn in einem Querschnitt F die dazu senkrechte Spannung σ_x, ferner eine zweite zu ihr senkrechte Normalspannung σ_y und schließlich die in den Querschnitt fallende Schubspannung τ gegeben wird, hieraus die beiden aufeinander senkrechten Hauptspannungen σ_1 und σ_2 nach Größe und Richtung bestimmen, für die dann die Darlegungen des Abschnittes 2 zutreffen. In dem Fall ist in die obige Gleichung für die Normalspannung $\sigma = \sigma_x$ zu setzen und ebenso $\sigma = \sigma_y$ gemäß Abb. 250, wenn jetzt statt γ der Winkel $\dfrac{\pi}{2} - \gamma$ geschrieben wird. Man erhält so für die drei Unbekannten σ_1, σ_2, γ drei Gleichungen, deren beide ersten lauten

$$\sigma_x = \sigma_1 + (\sigma_2 - \sigma_1) \cdot \sin^2\gamma,$$

$$\sigma_y = \sigma_1 + (\sigma_2 - \sigma_1) \cdot \cos^2\gamma.$$

Bringt man σ_1 auf die linken Seiten und multipliziert dann beide Gleichungen miteinander, so folgt

$$(\sigma_x - \sigma_1) \cdot (\sigma_y - \sigma_1) = (\sigma_2 - \sigma_1)^2 \cdot \sin^2\gamma \cdot \cos^2\gamma,$$

oder durch Ausmultiplizieren der linken Seite und Einsetzen der obigen Gleichung für die Schubspannung für die rechte Seite:

$$\sigma_1^2 - \sigma_1 \cdot (\sigma_x + \sigma_y) + \sigma_x \cdot \sigma_y - \tau^2 = 0.$$

Hieraus folgt die Hauptspannung

$$\sigma_1 = +\tfrac{1}{2} \cdot (\sigma_x + \sigma_y) \pm \sqrt{\tfrac{1}{4} \cdot (\sigma_x^2 + 2 \cdot \sigma_x \cdot \sigma_y + \sigma_y^2) - \sigma_x \cdot \sigma_y + \tau^2}$$

oder

$$\sigma_1 = \tfrac{1}{2} \cdot \left[\sigma_x + \sigma_y + \sqrt{(\sigma_x - \sigma_y)^2 + (2 \cdot \tau)^2}\,\right]$$

bzw. die zweite Hauptspannung

$$\sigma_2 = \tfrac{1}{2} \cdot \left[\sigma_x + \sigma_y - \sqrt{(\sigma_x - \sigma_y)^2 + (2 \cdot \tau)^2}\,\right].$$

Den Winkel γ, unter dem die Richtung von σ_1 gegen die Normale zur Fläche F' geneigt ist, erhält man durch Division der beiden Ausgangsgleichungen aus

$$\operatorname{tg} \gamma = \sqrt{\frac{\sigma_1 - \sigma_x}{\sigma_1 - \sigma_y}}.$$

Ist nur die eine Normalspannung σ senkrecht zum Querschnitt F' und die Schubspannung τ in der Querschnittsfläche vorhanden, so vereinfachen sich die vorstehenden Formeln in

$$\left.\begin{array}{c}\sigma_1\\ \sigma_2\end{array}\right\} = \frac{1}{2} \cdot (\sigma \pm \sqrt{\sigma^2 + (2 \cdot \tau)^2}).$$

Im allgemeinen sind nicht die Spannungen für die Bemessung von Maschinenteilen maßgebend, sondern die Formänderungen. Die Dehnung in Richtung der größeren Hauptspannung σ_1 ist nun nach Abschnitt 1

$$\varepsilon_1 = \alpha \cdot (\sigma_1 - \nu \cdot \sigma_2).$$

Setzt man hierin die Werte der Hauptspannungen ein, so ergibt sich

$$\frac{\varepsilon_1}{\alpha} = \sigma_i = \frac{1}{2} \cdot (1 - \nu) \cdot \sigma + \frac{1}{2} \cdot (1 + \nu) \cdot \sqrt{\sigma^2 + (2 \cdot \tau)^2}.$$

Die der größten an der Fläche F auftretenden Dehnung ε_1 entsprechende Spannung σ_1 heißt die **ideelle Spannung**; sie ist kleiner als die größte Hauptspannung σ_1.

Die vorstehende Formel muß für $\sigma = 0$ den dem jeweiligen Belastungsfall von τ entsprechenden Wert von σ_i ergeben, während tatsächlich herauskommt

$$\sigma_i = (1 + \nu) \cdot \tau.$$

Zur Beseitigung dieser Unstimmigkeit ist zu setzen

$$\sigma_i = \tfrac{1}{2} \cdot (1 - \nu) \cdot \sigma + \tfrac{1}{2} \cdot (1 + \nu) \cdot \sqrt{\sigma^2 + (2 \cdot \zeta \cdot \tau)^2}$$

mit

$$\zeta = \frac{1}{1 + \nu} \cdot \frac{\sigma_{\text{zul}}}{\tau_{\text{zul}}}.$$

Ist die die Normalspannung σ erzeugende Belastung ruhend und die die Schubspannung τ erzeugende schwellend, so muß der Schubspannung ein entsprechend größerer Einfluß gegeben werden, wenn mit der für ruhende Belastung geltenden Zahl von σ gerechnet wird. Dies geschieht, indem man in die Formel für σ_{zul} den für die ruhende Belastung geltenden Wert einsetzt und für τ_{zul} den für die schwellende Belastung geltenden. Die Vorschrift ist sinngemäß auch auf andere Beanspruchungsfälle anzuwenden.

Für Flußeisen und Stahl mit $\nu = 0{,}28$ lauten diese beiden Formeln

$$\sigma_i = \sigma \cdot \left[0{,}36 + 0{,}64 \cdot \sqrt{1 + \left(2 \cdot \zeta \cdot \frac{\tau}{\sigma}\right)^2} \right]$$

bzw.

$$\zeta = \frac{\sigma_{zul}}{1{,}28 \cdot \tau_{zul}} .$$

Beträgt τ weniger als 12 v. H. von σ, so kann es einfach vernachlässigt werden; ebenso σ, wenn es weniger als 20 v. H. von τ beträgt.

Bei **kreisförmigem** Querschnitt kann die Formel noch eine Abänderung erfahren, wenn die Normalspannung von einem Biegungsmoment M_b und die Schubspannung von einem Drehmoment M_d hervorgerufen wird. Es bestehen ja dann die Zusammenhänge

$$M_b = \frac{\pi}{32} \cdot d^3 \cdot \sigma_b \quad \text{und} \quad M_d = \frac{\pi}{16} \cdot d^3 \cdot \tau_d,$$

und man kann somit schreiben:

$$M_i = M_b \cdot \left[0{,}36 + 0{,}64 \cdot \sqrt{1 + \left(\zeta \cdot \frac{M_d}{M_b}\right)^2} \right] .$$

Mit diesem ideellen Biegungsmoment rechnet man nach der Formel $M_i = W \cdot \sigma_b$ weiter.

5. Die Knickbeanspruchung.

Reine Knickbeanspruchung tritt auf, wenn die Vorbedingungen für reine Druckbeanspruchung (S. 107) an einem nicht ganz geraden Stab erfüllt sind, dessen Querabmessungen mindestens nach einer Richtung im Verhältnis zur Länge klein sind.

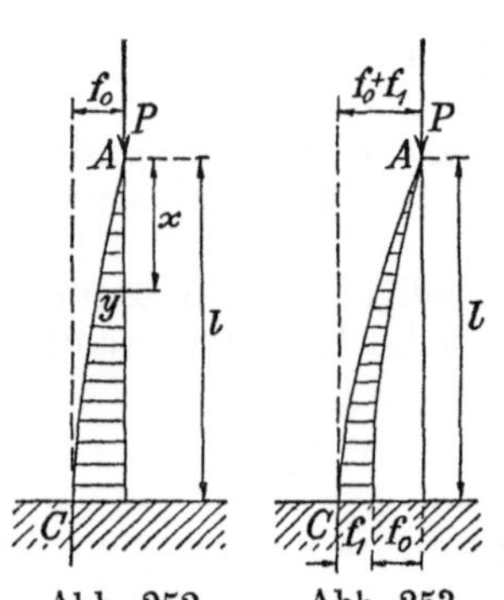

Abb. 252.   Abb. 253.

Der Augenschein bei einem Knickversuch mit einem Holzstab (Reißschiene) oder Draht lehrt, daß die Enden des Stabes von der Länge $2\,l$ gerade bleiben und die um f ausbiegende Mitte die größte Krümmung erfährt. Man kann so von vornherein annehmen, daß die Biegungslinie die Sinuslinie ist, deren Ordinaten im Verhältnis $\frac{f}{2\,l}$ verkleinert sind.

Betrachtet man jetzt den Stab bei C als lotrecht eingespannt und bezeichnet die Länge $\overline{CB}$ als l (Abb. 252), so tritt — bei wagerechter Lage durch das Eigengewicht, bei lotrechter durch zum Teil zufällige Verlagerungen — eine Ausbiegung des Endes B gegenüber C um den Betrag f_0 ein. Das Biegungsmoment der Kraft P an einer beliebigen Stelle im Abstande x von B ist dann $M_x = P \cdot y$. Die Momentenfläche ist die in Abb. 252 schraffierte, die die Ausbiegung

$$f_1 = \frac{\alpha}{J} \cdot \int_0^l M_x \cdot x \cdot dx$$

liefert.

Da nach der gemachten Annahme

$$y = f_0 \cdot \sin \gamma$$

ist, so wird

$$f_1 = \frac{\alpha}{J} \cdot P \cdot f_0 \cdot \int_0^l \sin\gamma \cdot x \cdot dx = \frac{\alpha}{J} \cdot P \cdot f_0 \cdot \left(\frac{l}{\frac{1}{2}\pi}\right)^2 \cdot \int_0^{\frac{\pi}{2}} \sin\gamma \cdot \gamma \cdot d\gamma,$$

da zwischen den Winkeln und den Längen der Zusammenhang besteht

$$\frac{x}{\gamma} = \frac{l}{\frac{\pi}{2}}.$$

Schreibt man hierin

$$\sin\gamma = \frac{\gamma}{1} - \frac{\gamma^3}{1\cdot 2\cdot 3} + \frac{\gamma^5}{1\cdot 2\cdot 3\cdot 4\cdot 5} - \cdots,$$

so ergibt sich

$$f_1 = \frac{\alpha}{J} \cdot P \cdot f_0 \cdot \left(\frac{l}{\frac{\pi}{2}}\right)^2 \cdot \left[\frac{\left(\frac{\pi}{2}\right)^3}{3} - \frac{\left(\frac{\pi}{2}\right)^5}{1\cdot 2\cdot 3\cdot 5} + \frac{\left(\frac{\pi}{2}\right)^7}{1\cdot 2\cdot 3\cdot 4\cdot 5\cdot 7} - \cdots \right]$$

oder nach Ausrechnung des Klammerwertes zu 1

$$f_1 = \frac{4}{\pi^2} \cdot \frac{\alpha}{J} \cdot P \cdot l^2 \cdot f_0.$$

Die so entstandene neue Biegungslinie stellt die Abb. 253 dar. Danach hat sich die Momentenfläche gegenüber der Abb. 252 um die schraffierte Fläche vergrößert, deren statisches Moment in bezug auf den Punkt B sich ergibt als

$$\frac{4}{\pi^2} \cdot l^2 \cdot [(f_1 + f_0) - f_0].$$

Es folgt damit eine weitere Vergrößerung der Durchbiegung um

$$f_2 = \frac{\alpha}{J} \cdot P \cdot \frac{4}{\pi^2} \cdot l^2 \cdot f_1$$

oder mit dem vorstehenden Wert von f_1

$$f_2 = \left(\frac{4}{\pi^2} \cdot \frac{\alpha}{J} \cdot P \cdot l^2\right)^2 \cdot f_0,$$

die ihrerseits ebenso eine Vergrößerung um

$$f_3 = \left(\frac{4}{\pi^2} \cdot \frac{\alpha}{J} \cdot P \cdot l^2\right)^3 \cdot f_0$$

nach sich zieht, usw.

Setzt man abkürzungsweise den in der Klammer stehenden Ausdruck gleich k, so beträgt die Gesamtausbiegung

$$f = f_0 \cdot (1 + k + k^2 + k^3 + \cdots).$$

Die hierin stehende geometrische Reihe kann nur dann einen endlichen Wert von f liefern, wenn $k < 1$ ist; anderenfalls wächst die Ausbiegung immer mehr, so klein auch die ursprüngliche f_0 war und so fest auch das Material des Stabes ist.

Aus $k = 1$ erhält man so die **Knickkraft**

$$P_K = \frac{\pi^2}{4} \cdot \frac{J}{\alpha \cdot l^2}.$$

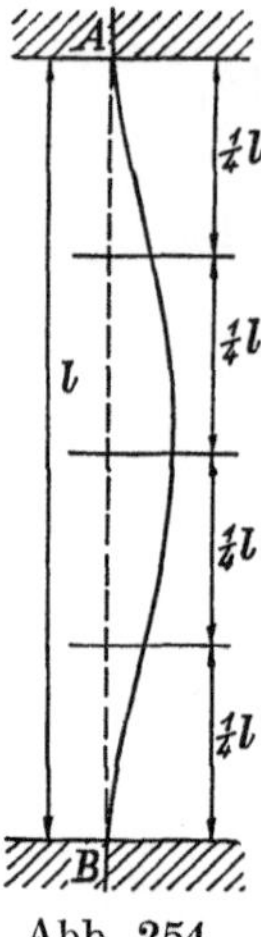

Abb. 254.

Sind beide Enden des Stabes frei, so ist die Gesamtlänge $l = 2\,l$ der Abb. 252. Damit wird

$$P_K = \frac{\pi^2 \cdot J}{\alpha \cdot l^2}.$$

Ist der Stab von der Länge l an beiden Enden eingespannt, so ergibt die in Abb. 254 angedeutete Zerlegung vier Stäbe von je $\frac{1}{4}\,l$ Länge. Danach ist die Knickkraft in diesem Fall

$$P_K = \frac{4 \cdot \pi^2 \cdot J}{\alpha \cdot l^2}.$$

Liegt der Stab mit seinen senkrecht zur Achse verlaufenden, hinreichend geraden Endflächen beiderseits an passenden Druckplatten an, so ist er nicht mehr frei beweglich, aber auch nicht fest eingespannt. Im Mittel kann man hierfür ansetzen

$$P_K = \frac{\pi^2 \cdot J}{0{,}56 \cdot \alpha \cdot l^2}.$$

Bei der praktischen Verwendung von Bauteilen muß naturgemäß die Belastung P immer wesentlich kleiner sein als die Knickkraft P_K:

$$P = \frac{P_K}{\mathfrak{S}},$$

worin $\mathfrak{S}$ der Sicherheitsgrad gegenüber Knicken ist.

Bei ruhender Belastung wird vorgeschrieben für

Flußeisen und Flußstahl . . . . $\mathfrak{S} = 5$,
Gußeisen . . . . $\mathfrak{S} = 8$,
Kiefernholz . . . . $\mathfrak{S} = 10$.

Bei wechselnd beanspruchten Kolben- und Schubstangen setzt man mit Rücksicht darauf, daß die schon vorhandene Durchbiegung durch die Knickbeanspruchung nur ganz unwesentlich erhöht werden soll, $\mathfrak{S} = 18 \div 22$. Nur wenn die Knickausbiegung senkrecht zu der vom Eigengewicht od. dgl. hervorgerufenen erfolgt, geht man bis $\mathfrak{S} = 7$ herunter.

Schreibt man jetzt in der obigen geometrischen Reihe

$$k = \frac{4}{\pi^2} \cdot \frac{\alpha}{J} \cdot P \cdot l^2 = \frac{P}{P_1} = \frac{1}{\mathfrak{S}},$$

so ergibt sich mit der Summenformel dafür

$$f = f_0 \cdot \frac{\left(\dfrac{1}{\mathfrak{S}}\right)^{\infty} - 1}{\dfrac{1}{\mathfrak{S}} - 1} = f_0 \cdot \frac{\mathfrak{S}}{\mathfrak{S} - 1}$$

als Durchbiegung unter der Last $P = \dfrac{P_K}{\mathfrak{S}}$.

6. Der gekrümmte Stab.

Ein prismatischer Stab mit **einfach** gekrümmter Mittellinie werde in der Ebene seiner Krümmung so belastet, daß ein bestimmter Querschnitt nur beansprucht wird durch eine Normalkraft P und ein Biegungsmoment M. Die Kraft P gilt als positiv, wenn sie den Querschnitt auf Zug beansprucht, das Biegungsmoment M, wenn es den Stab noch weiter krümmt.

Die Abb. 255 stellt zwei benachbarte ebene Querschnitte AB und CD des Stabes dar, die sich in der Krümmungsachse O schneiden und ursprünglich um den kleinen Winkel $d\gamma$ gegeneinander geneigt sind. Unter dem Einfluß der gleichförmig über die Querschnitte verteilten Kraft P dehnen sich die einzelnen Stabfasern um die Strecken CC_1, DD_1, SS_1 derart, daß die Ebene des verschobenen Querschnittes noch immer durch die Krümmungsachse O geht. Das positive Biegungsmoment vergrößert die Zugspan-

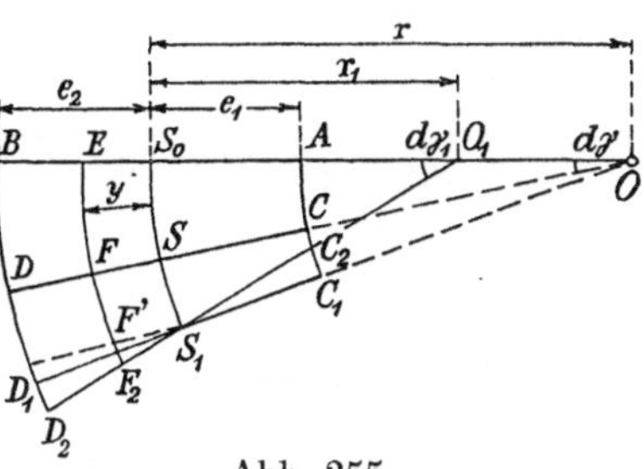

Abb. 255.

nungen auf der Außenseite der Krümmung und verkleinert sie auf der Innenseite derart, daß der Querschnitt die Lage $C_2S_1D_2$ annimmt. Dabei vergrößert sich der Winkel $d\gamma$ auf $d\gamma_1$ und verkleinert sich der Krümmungshalbmesser r auf r_1.

Die Dehnung der Schwerachse des Stabes ist

$$\varepsilon_0 = \frac{\overline{SS_1}}{\overline{S_0S}}$$

und die der davon um die Strecke y entfernten Faser

$$\varepsilon = \frac{\overline{FF_2}}{\overline{EF}} = \frac{\overline{FF'} + \overline{F'F_2}}{\overline{EF}} = \frac{\varepsilon_0 \cdot r \cdot d\gamma + y \cdot (d\gamma_1 - d\gamma)}{(r+y) \cdot d\gamma}$$

oder

$$\varepsilon = \frac{\varepsilon_0 + \dfrac{y}{r} \cdot \dfrac{d\gamma_1 - d\gamma}{d\gamma}}{1 + \dfrac{y}{r}}.$$

Setzt man abkürzungsweise

$$\frac{d\gamma_1 - d\gamma}{d\gamma} = \omega,$$

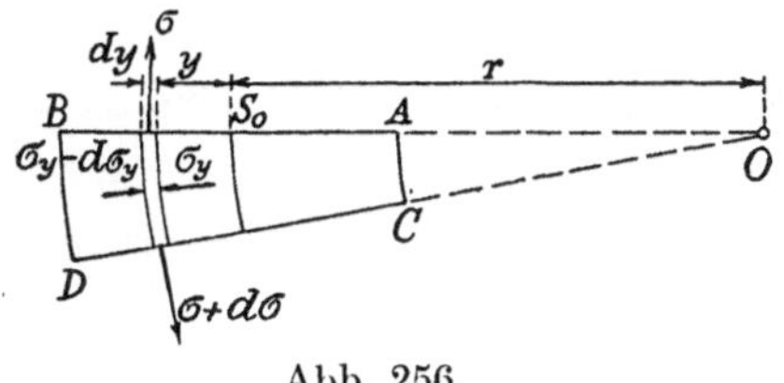

Abb. 256.

so kann man dafür schreiben

$$\varepsilon = \varepsilon_0 + (\omega - \varepsilon_0) \cdot \frac{y}{r+y}.$$

Solange die Dehnungen den Spannungen entsprechen, ist also die Spannung der betreffenden Faser

$$\sigma = \frac{\varepsilon}{\alpha} = \frac{1}{\alpha} \cdot \left[\varepsilon_0 + (\omega - \varepsilon_0)\frac{y}{r+y}\right].$$

Dabei wird, um eine erste, möglichst einfache Annäherung zu gewinnen, vernachlässigt, daß die an dem kleinen Stabteilchen von der Stärke dy und der Breite z wirkenden Normalspannungen σ und $\sigma \,(+\, d\sigma)$ nicht im Gleichgewicht sind, da sie miteinander den Winkel $d\gamma$ einschließen. Tatsächlich erfährt das Teilchen noch seitliche Spannungen σ_y und $\sigma_y - d\sigma_y$ gemäß Abb. 556.

Die Gleichgewichtsbedingungen ergeben nun mit Berücksichtigung der vorstehenden Gleichung für die Normalspannung σ

$$P = \int_{-e_1}^{+e_2} \sigma \cdot dF = \frac{\varepsilon_0}{\alpha} \cdot \int_{-e_1}^{+e_2} dF + \frac{\omega - \varepsilon_0}{\alpha} \cdot \int_{-e_1}^{+e_2} \frac{y}{r+y} \cdot dF,$$

$$M = \int_{-e_1}^{+e_2} \sigma \cdot dF \cdot y = \frac{\varepsilon_0}{\alpha} \cdot \int_{-e_1}^{+e_2} y \cdot dF + \frac{\omega - \varepsilon_0}{\alpha} \cdot \int_{-e_1}^{+e_2} \frac{y^2}{r+y} \cdot dF$$

und es ist

$$\int_{-e_1}^{+e_2} dF = F \text{ die ganze Querschnittsfläche,}$$

$$\int_{-e_1}^{+e_2} y \cdot dF = 0 \text{ als statisches Moment der Fläche in bezug auf die Schwerachse,}$$

ferner wird gesetzt

$$\int_{-e_1}^{+e_2} \frac{y}{r+y} \cdot dF = -\varkappa \cdot F,$$

$$\int_{-e_1}^{+e_2} \frac{y^2}{r+y} \cdot dF = \int_{-e_1}^{+e_2} dF \cdot \left(y - r \cdot \frac{y}{r+y} \right) = 0 + \varkappa \cdot F \cdot r.$$

Damit erhält man

$$P = \frac{F}{\alpha} \cdot \left[\varepsilon_0 - (\omega - \varepsilon_0) \cdot \varkappa \right], \quad \text{und} \quad M = \frac{F \cdot r}{\alpha} \cdot (\omega - \varepsilon_0) \cdot \varkappa.$$

Hieraus bestimmen sich die bis dahin unbekannten Werte

$$\omega - \varepsilon_0 = \frac{\alpha \cdot M}{\varkappa \cdot F \cdot r},$$

$$\varepsilon_0 = \frac{\alpha \cdot P}{F} + (\omega - \varepsilon_0) \cdot \varkappa = \frac{\alpha}{F} \cdot \left(P + \frac{M}{r} \right).$$

Werden beide Werte in die obige Spannungsgleichung eingesetzt, so folgt

$$\sigma = \frac{P}{F} + \frac{M}{F \cdot r} \cdot \left(1 + \frac{1}{\varkappa} \cdot \frac{y}{r+y} \right).$$

Die Gleichung vereinfacht sich, wenn etwa $M = -P \cdot r$ ist, also auf den Stab eine in der Krümmungsachse angreifende Kraft einwirkt, in

$$\sigma = -\frac{P}{\varkappa \cdot F} \cdot \frac{y}{r+y}.$$

Die Spannung hat dann in der Schwerachse $(y = 0)$ den Wert 0.

Setzt man hierin vorübergehend

$$r + y = y', \quad \text{also} \quad y = y' - r,$$

$$\sigma - \frac{P}{\varkappa \cdot F} = \sigma', \quad \text{also} \quad \sigma = \frac{P}{\varkappa \cdot F} + \sigma',$$

so geht die Gleichung über in

$$\frac{y' - r}{y'} = \left(\frac{P}{\varkappa \cdot F} + \sigma' \right) \cdot \frac{\varkappa \cdot F}{P}$$

oder

$$\sigma' \cdot y' = - \frac{P \cdot r}{\varkappa \cdot F}.$$

Die Spannungslinie ist eine gleichseitige Hyperbel, was auch für die allgemeine Gleichung gilt.

Die Größtwerte der Spannung werden erhalten für $y = -e_1$ bzw. $y = +e_2$, also

$$\sigma_1 = \frac{P}{F} - \frac{M}{W_1} \cdot \frac{o_1}{r} \cdot \left(\frac{\dfrac{1}{\varkappa}}{\dfrac{r}{e_1} - 1} - 1 \right), \qquad \sigma_2 = \frac{P}{F} + \frac{M}{W_2} \cdot \frac{o_2}{r} \cdot \left(\frac{\dfrac{1}{\varkappa}}{\dfrac{r}{e_2} + 1} + 1 \right),$$

worin $\varkappa = - \dfrac{1}{F} \displaystyle\int_{-e_1}^{+e_2} \frac{y}{r + y} \cdot dF$ ausschließlich von der Querschnittsform abhängig ist,

W_1 und W_2 die Widerstandsmomente des unsymmetrisch vorausgesetzten Querschnittes sind und o_1 bzw. o_2 die entsprechenden Kernweiten. Beide Formeln unterscheiden sich von den für gerade Stäbe geltenden durch die hinzugekommenen Faktoren des zweiten Gliedes.

Berücksichtigt man die Querspannungen (Pfleiderer, Z. d. V. d. I. 1907), so gehen die vorstehenden Gleichungen über in die Näherungsformeln

$$\sigma_1 = \frac{P}{F} - \frac{M}{W_1} \cdot \left(1 + \frac{\varphi_1'}{\dfrac{r}{e_1} - \varphi_1''} \right), \qquad \sigma_2 = \frac{F}{P} + \frac{M}{W_2} \cdot \left(1 - \frac{\varphi_2'}{\dfrac{r}{e_2} + \varphi_2''} \right),$$

Der Verlauf der Spannung zwischen diesen Grenzwerten entspricht genau genug einer gleichseitigen Hyperbel. Für die Zahlenwerte φ gilt die Zusammenstellung:

Querschnitt				
φ_1'	0,50	0,70	$0{,}2 \cdot \dfrac{e_2}{e_1} - 0{,}14$	0,60
φ_1''	0,84	0,78	$0{,}9 - 0{,}06 \cdot \dfrac{e_2}{e_1}$	0,88
φ_2'	0,46	0,58	$0{,}6 \cdot \dfrac{e_2}{e_1} - 0{,}14$	0,60
φ_2''	0	0,40	$0{,}16 \cdot \left(\dfrac{e_2}{e_1} - 1 \right) \cdot \left(13 - 4 \cdot \dfrac{e_2}{e_1} \right)$	0,20

Bezeichnet man die Klammerausdrücke der Hauptformeln abkürzend mit k_1 und k_2, so gilt für zusammengesetzte Querschnitte

$$\sigma = \frac{P}{\sum F} \pm \frac{M \cdot e}{\sum \dfrac{J}{k}} \ .$$

Bei Hohlflächen ist naturgemäß der fehlende Teil negativ zu nehmen.

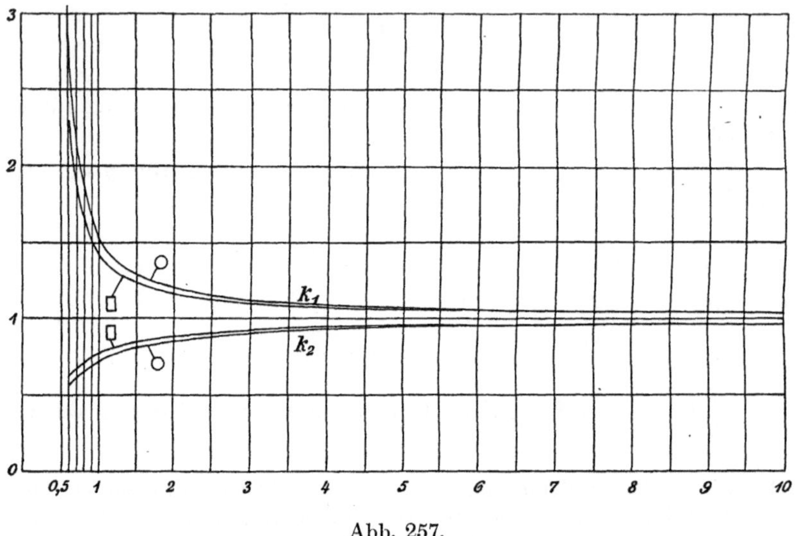

Abb. 257.

Für die beiden gebräuchlichsten Querschnitte ergibt sich die folgende Zusammenstellung, deren Auftragung die Abb. 257 zeigt.

Reckteck: $\frac{r}{h} =$	0,6	0,7	0,8	1	1,5	2	3	5	10	15	20
$k_1 =$	2,29	1,893	1,658	1,431	1,232	1,158	1,097	1,055	1,026	1,017	1,013
$k_2 =$	0,417	0,471	0,713	0,770	0,847	0,885	0,923	0,954	0,977	0,985	0,989
$k_1 =$	3,05	2,154	1,834	1,536	1,290	1,192	1,117	1,066	1,031	1,021	1,015
$k_2 =$	0,571	0,626	0,665	0,727	0,813	0,857	0,903	0,941	0,970	0,980	0,985
Kreis: $\frac{r}{d} =$	0,6	0,7	0,8	1	1,5	2	3	5	10	15	20

Geht man zurück auf die Ausgangsgleichung für die Spannung:

$$\alpha \cdot \sigma = \frac{\varepsilon_0 \cdot r + \omega \cdot y}{r + y} \ ,$$

so erhält man für die beiden äußersten Fasern

$$\varepsilon_0 \cdot r + \omega \cdot e_2 = \alpha \cdot \sigma_2 \cdot (r + e_2) ,$$
$$\varepsilon_0 \cdot r - \omega \cdot e_1 = \alpha \cdot \sigma_1 \cdot (r - e_1) .$$

Hieraus folgt durch Subtraktion

$$\omega = \frac{d\gamma_1 - d\gamma}{d\gamma} = \frac{\alpha}{h} \cdot [r\,(\sigma_2 - \sigma_1) + \sigma_1 \cdot e_1 + \sigma_2 \cdot e_2]$$

und mit den obigen Werten von σ_1 und σ_2

$$\omega = \alpha \cdot \left[M \cdot \left(\frac{k_2 \cdot e_2}{J} \cdot \frac{r + e_2}{h} + \frac{k_1 \cdot e_1}{J} \cdot \frac{r - e_1}{h} \right) + \frac{P}{F} \right].$$

Für einen gleichmäßig nach dem Halbmesser r gekrümmten, an einem Ende eingespannten prismatischen Stab ergibt sich so der **Neigungswinkel** des verbogenen freien Endes gegenüber seiner ursprünglichen Lage zu

$$\varphi = \frac{\alpha}{J} \cdot \int_0^\gamma d\gamma \cdot \left(M \cdot \frac{k}{h} + P \cdot i^2 \right),$$

worin

$$k = k_2 \cdot e_2 \cdot (r + e_2) + k_1 \cdot e_1 \cdot (r - e_1)$$

ein nur von den Abmessungen des Querschnittes abhängiger Wert ist.

Hiermit beträgt die **Ausbiegung** des freien Endes

$$f = r \cdot \varphi.$$

Die Dehnung der Mittellinie wird durch Addition der beiden Ausgangsgleichungen erhalten zu

$$\varepsilon_0 = \frac{\alpha}{2} \cdot \left[\sigma_2 \cdot \left(1 + \frac{e_2}{r} \right) + \sigma_1 \cdot \left(1 - \frac{e_1}{r} \right) \right].$$

Damit wird die **Verlängerung** des Stabes

$$\lambda = \int_0^\gamma r \cdot d\gamma \cdot \varepsilon_0 = \frac{\alpha}{2} \cdot \int_0^\gamma d\gamma \cdot \left[\frac{M}{J} \cdot (k_2 \cdot e_2 \cdot (r + e_2) - k_1 \cdot e_1 \cdot (r - e_1)) + \frac{P}{F} \cdot (2r + e_2 - e_1) \right].$$

III. Die Gefäßwandungen und Platten.

1. Die gewölbten Gefäßmäntel.

Ein kugelförmiges Gefäß, dessen Wandstärke s gegenüber dem Durchmesser D klein ist, stehe unter dem **inneren Druck** p. Der am meisten gefährdete Querschnitt des Körpers ist eine Symmetrieebene der Kugel, etwa AB der Abb. 258.

Senkrecht hierzu wirkt von der auf ein kleines Flächenteilchen des Umfanges ausgeübten Kraft

$$dP = p \cdot dF$$

die Seitenkraft

$$dP_1 = dP \cdot \sin\gamma = p \cdot (dF \cdot \sin\gamma).$$

Die über die Halbkugel erstreckte Summe liefert gemäß Abb. 258 die Gesamtkraft

$$P_1 = p \cdot \frac{\pi}{4} \cdot D^2.$$

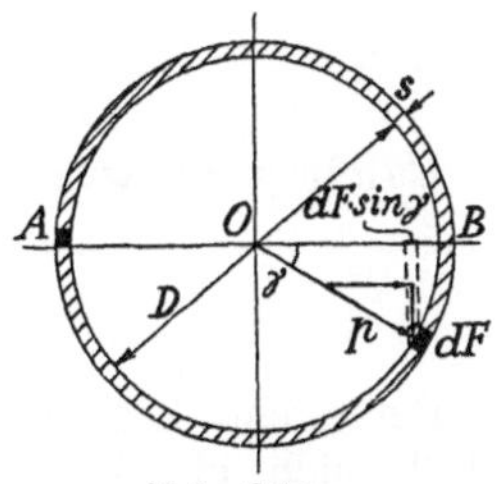

Abb. 258.

Aufgenommen wird diese Kraft durch die Summe aller Spannkräfte im Ringquerschnitt AB

$$P_1 = \pi \cdot D \cdot s \cdot \sigma_z.$$

Durch Gleichsetzen beider Ausdrücke folgt die in jeder Mittelebene wirkende Zugspannung

$$\sigma_z = \frac{D}{4 \cdot s} \cdot p.$$

An der Stelle A z. B. schneiden sich nun zwei aufeinander senkrechte Mittelebenen, so daß auf jedes kleine Teilchen der Wandung dieselbe Spannung in zwei senkrechten Ebenen wirkt.

Die **zulässige** Beanspruchung ist dann nach S. 131 bei homogenen Baustoffen

$$\sigma_{\mathrm{zul}} = \sqrt{\sigma_x^2 + \sigma_y^2}.$$

Im vorliegenden Fall mit $\sigma_x = \sigma_y$ gilt also

$$\frac{D}{4 \cdot s} \cdot p = \frac{\sigma_{\mathrm{zul}}}{\sqrt{2}}.$$

Faßt man die Abb. 258 als den senkrecht zur Gefäßachse stehenden Schnitt eines **zylindrischen** Gefäßes von der Länge l auf, so erhält man durch dieselbe Überlegung wie oben die Kraft, mit der die beiden Zylinderhälften in der Mittelebene AB auseinandergezogen werden, zu

$$P_1 = p \cdot D \cdot l,$$

der die Spannkraft im Querschnitt des Gefäßmantels das Gleichgewicht hält

$$P_1 = 2 \cdot l \cdot s \cdot \sigma_x.$$

Hieraus folgt als Zugspannung in jedem die Achse enthaltenden Mittelschnitt

$$\sigma_x = \frac{D}{2 \cdot s} \cdot p.$$

Auf den senkrecht zur Zylinderachse O stehenden Ringquerschnitt, den die Abb. 258 zeigt, wirkt nach jeder Seite der Bodendruck

$$P_2 = \frac{\pi}{4} \cdot D^2 \cdot p,$$

der aufgenommen wird von der Spannkraft

$$P_2 = \pi \cdot D \cdot s \cdot \sigma_y.$$

Hieraus folgt die Zugspannung in jedem Querschnitt senkrecht zur Zylinderachse

$$\sigma_y = \frac{D}{4 \cdot s} \cdot p.$$

Damit wird, wenn man, wie oben, die zulässige Beanspruchung einführt,

$$\frac{D}{2 \cdot s} \cdot p = \frac{\sigma_{\mathrm{zul}}}{\sqrt{1{,}25}}.$$

Bei einem **kegelförmigen** Gefäß, dessen Achsenschnitt die Abb. 259 zeigt, verhält sich ein kleines Randteilchen, das bei dem Durchmesser D herausgeschnitten gedacht wird, wie das Wandteilchen eines zylindrischen Gefäßes vom Halbmesser

$$r = \frac{D}{2} : \cos\gamma.$$

Nun ergibt die Abb. 259

$$\frac{1}{\cos\gamma} = \frac{\sqrt{l^2 + \left(\dfrac{D_1 - D_2}{2}\right)^2}}{l} = \sqrt{1 + \left(\frac{D_1 - D_2}{2 \cdot l}\right)^2};$$

damit wird die größte Zugspannung senkrecht zu einer Mantellinie des Kegels

$$\sigma_x = \frac{D_1}{2 \cdot s} \cdot p \cdot \sqrt{1 + \left(\frac{D_1 - D_2}{2\,l}\right)^2}.$$

Aus der Abb. 260 erhält man entsprechend die in der Richtung einer Mantellinie wirkende größte Zugspannung

$$\sigma_y = \frac{D_1}{4 \cdot s} \cdot p \cdot \sqrt{1 + \left(\frac{D_1 - D_2}{2 \cdot l}\right)^2}.$$

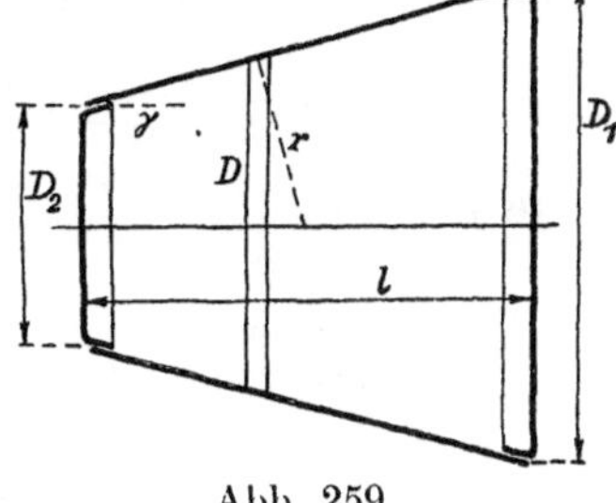

Abb. 259.

Zu berücksichtigen ist noch, daß durch die Niet-löcher der Materialquerschnitt verringert wird, so daß **alle** vorstehenden Formeln für die Spannungen noch auf der rechten Seite durch die Schwächungszahl φ zu dividieren sind.

Man kann i. M. ansetzen für

einreihige Überlappungsnietungen . . .	$\varphi \sim$ 0,56,
zweireihige „ . . .	0,70,
dreireihige „ . . .	0,75,
zweireihige Doppellaschennietungen . .	0,75,
dreireihige „ . .	0,80.

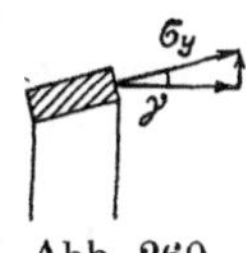

Abb. 260.

Bei geschweißten Gefäßmänteln ist ebenfalls zu rechnen mit $\varphi = 0,75$.

Bei Gefäßmänteln, die **von außen** Druck erfahren, wird jede kleine Abweichung der Wölbung von der mathematisch genauen Form durch den Druck vergrößert, so daß die Wandung schließlich eingebeult wird.

Dieselbe Rechnung wie oben liefert für ein **kugelförmiges** Gefäß die **Druck-spannung**, die in zwei aufeinander senkrechten Hauptebenen auftritt, zu

$$\sigma_d = \frac{D}{4 \cdot s} \cdot p = \frac{r}{2 \cdot s} \cdot p.$$

Die Versuche zeigen nun, daß die bei Beginn der Einbeulung erreichte Beanspruchung abhängt von dem Verhältnis $\dfrac{r}{s}$. Am besten entspricht ihnen die Gleichung

$$\sigma_d = \zeta_1 + \zeta_2 \cdot \sqrt{\frac{r}{s}}.$$

Damit man hinreichend weit von dem Beginn der Einbeulung entfernt bleibt, ist noch mit einer Sicherheit $\mathfrak{S}$ zu rechnen, und man erhält so

$$\zeta_1 + \zeta_2 \cdot \sqrt{\frac{r}{s}} = \mathfrak{S} \cdot \frac{r}{2 \cdot s} \cdot p,$$

worin, wie bei der Knickformel, die Beanspruchung nicht mehr vorkommt.

Es ist zu setzen für

Boden	ζ_1	ζ_2	$\mathfrak{S}$	σ_z
Flußeisen aus einem Stück . . .	2600	115	$4 \div 3$	$400 \div 600$
Flußeisen überlappt genietet . . .	2450	115	$4 \div 3$	$400 \div 600$
Kupfer gehämmert	2550	120	$3,5 \div 2,5$	$300 \div 400$

Bei **zylindrischen** Gefäßen unter **äußerem** Druck ist das Verhältnis der Länge des ganzen Zylinders oder des Abstandes zwischen zwei wirksamen Versteifungen zum Durchmesser einzuführen, und man erhält so

$$\sigma_d = \frac{D}{4 \cdot s} \cdot p \cdot \left(1 + \sqrt{1 + \frac{\zeta}{p} \cdot \frac{l}{l + D}}\right).$$

Hierin ist bei

	Überlappungsnietung	gelaschter oder geschweißter Naht
liegendem Rohr . . .	$\zeta = 100$	$\zeta = 80$
stehendem Rohr . . .	$\zeta = 70$	$\zeta = 50$

2. Ebene Wandungen.

Auch hier treten stets zweiachsige Spannungszustände auf mit je nach der Lage des betreffenden Teilchens sehr verschiedenen σ_x und σ_y. Die genaue Berechnung wird dadurch ziemlich umständlich; die nachstehenden einfachen Angaben führen zu den richtigen Endformeln, obwohl die dabei gemachten Voraussetzungen nicht zutreffen.

Eine **kreisförmige**, am Rande frei aufliegende Platte vom Halbmesser r und der gleichmäßigen Stärke s erfährt auf einer Seite den **Flüssigkeitsdruck** p (Abb. 261). Gefährdeter Querschnitt ist jeder Durchmesser, z. B. AB.

Das auf ihn einwirkende Biegungsmoment der Belastung ist

$$+ M_1 = + \frac{1}{2} P \cdot \frac{4\,r}{3\,\pi},$$

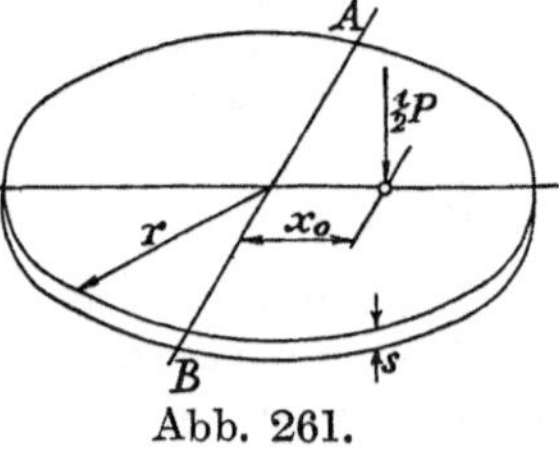

Abb. 261.

das Biegungsmoment der über den Rand gleichmäßig verteilten Auflagerkraft entsprechend

$$- M_2 = - \frac{1}{2} P \cdot \frac{2\,r}{\pi}.$$

Mit dem Wert für die Belastung

$$P = \varphi \cdot r^2 \cdot p$$

und dem Widerstandsmoment des Querschnittes

$$W = \tfrac{1}{6} \cdot 2\,r \cdot s^2$$

erhält man so die Biegungsbeanspruchung

$$\sigma_b = \frac{\pi \cdot r^2 \cdot p}{2} \cdot \frac{2\,r}{3\,\pi} : \frac{2\,r \cdot s^2}{6}$$

oder

$$\sigma_b = \left(\frac{r}{s}\right)^2 \cdot p \cdot \varphi,$$

worin φ ein Berichtigungsfaktor ist, der die Auflagerbedingungen und die Mängel des Ansatzes mit den Versuchsergebnissen in Übereinstimmung bringt.

Es ist bei

	Gußeisen	Flußeisen
Einspannung am Rande . . .	$\zeta = 0,8$	$\zeta = 0,5$
freier Auflagerung	$\zeta = 1,2$	$\zeta = 0,75.$

Die Unterschiede der beiden Stoffe rühren von ihren verschiedenen Dehnungsziffern her.

Erfolgt die Belastung P der Kreisplatte in der Mitte durch einen Stempel vom Halbmesser r_0, so ist für jeden beliebigen Durchmesser das Belastungsmoment der Plattenhälfte

$$+ M_1 = + \frac{1}{2} P \cdot \frac{\pi \cdot r_0}{3\pi}$$

und das Moment der Auflagerkräfte

$$- M_2 = - \frac{1}{2} \cdot P \cdot \frac{2r}{\pi}.$$

Somit ergibt die Biegungsgleichung, wenn sogleich die Berichtigungsziffer beigefügt wird,

$$\sigma_b = \frac{3}{\pi} \cdot \left(1 - \frac{2}{3} \cdot \frac{r_0}{r}\right) \cdot \frac{P}{s^2} \cdot \varphi.$$

Für Gußeisen ist bei freier Auflagerung am Rande

$$\varphi = 1,5 \quad \text{bei} \quad \frac{r_0}{r} \leqq \frac{1}{10};$$

die Zahl sinkt bis

$$\varphi = 1,2 \quad \text{bei} \quad \frac{r_0}{r} = 1.$$

Bei Einspannung am Rande ist entsprechend zwischen

$$\frac{1}{10} \geqq \frac{r_0}{r} \leqq 1 \quad 1 > \varphi > 0,8.$$

Bei einer **quadratischen** Platte sind die gefährdeten Querschnitte die Diagonalen, wie die Anschauung an einer durchgebogenen Platte lehrt.

Es ist wieder das Biegungsmoment der halben Belastung (Abb. 262)

$$+ M_1 = + \tfrac{1}{2} \cdot a^2 \cdot p \cdot \tfrac{1}{3} h$$

und das der Auflagerkräfte

$$- M_2 = - \tfrac{1}{2} \cdot a^2 \cdot p \cdot \tfrac{1}{2} h.$$

Hieraus ergibt sich mit $h = a : \sqrt{2}$ und dem Widerstandsmoment $W = \tfrac{1}{6} \cdot h \cdot s^2$

$$\sigma_b = \left(\frac{a}{2 \cdot s}\right)^2 \cdot p \cdot \varphi.$$

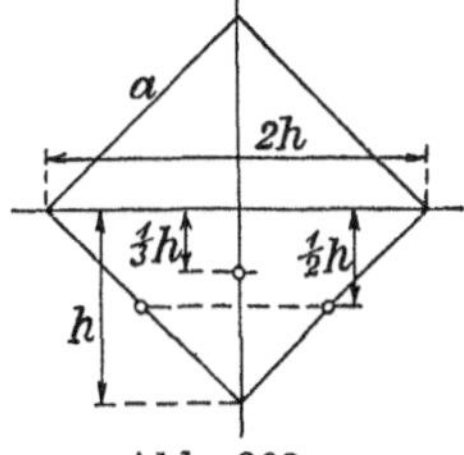

Abb. 262.

Es ist für

	Gußeisen	Flußeisen
Einspannung am Rande . . .	$\zeta = 0,75$	$\zeta = 0,47$
freie Auflagerung	$\zeta = 1,17$	$\zeta = 0,70.$

Bei einer **rechteckigen** Platte hat die Bruchlinie erfahrungsgemäß etwa den in Abb. 263 angegebenen Verlauf. Ihre Länge ist nur unwesentlich größer als die Diagonale, so daß diese zur Vereinfachung der Rechnung dafür genommen wird.

Es beträgt dann das Biegungsmoment der Belastung der einen Hälfte nach Abb. 263

$$+ M_1 = + \tfrac{1}{2} \cdot b \cdot h \cdot p \cdot \tfrac{1}{3} c$$

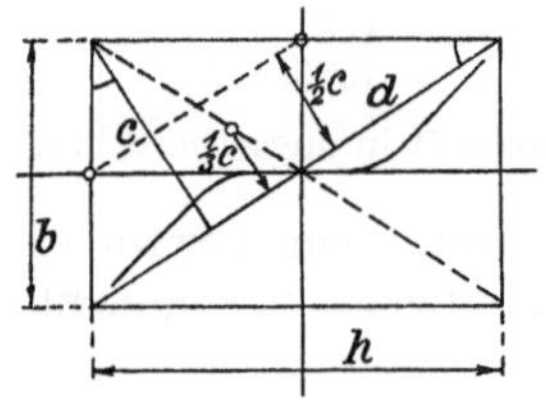

Abb. 263.

und das Moment der in der Mitte jeder Seite vereinigt gedachten Stützkräfte

$$- M_2 = - \tfrac{1}{2} \cdot b \cdot h \cdot p \cdot \tfrac{1}{2} c.$$

Mit dem Wert

$$c = b \cdot \frac{h}{d} = \frac{b \cdot h}{\sqrt{b^2 + h^2}}$$

erhält man so aus

$$\frac{1}{2} \cdot b \cdot h \cdot p \cdot \frac{1}{6} \cdot \frac{b \cdot h}{\sqrt{b^2 + h^2}} = \frac{1}{6} \cdot \sqrt{b^2 + h^2} \cdot s^2 \cdot \sigma_b,$$

wenn noch die Berichtigungsziffer ζ ebenso groß wie bei der quadratischen Platte eingeführt wird, die **größte Beanspruchung**

$$\sigma_b = \frac{1}{2} \cdot \left(\frac{b \cdot h}{s}\right)^2 \cdot \frac{p}{b^2 + h^2} \cdot \varphi.$$

Entsprechend geht man vor, wenn die Platte Versteifungsrippen besitzt, indem man das Widerstandsmoment des Diagonalquerschnittes bestimmt und als Biegungsmoment wie oben $M_1 - M_2$ ansetzt.

Für eine **elliptische** Platte mit den beiden Hauptachsen b und h gilt dieselbe Gleichung wie für die rechteckige. Der gefährdete Querschnitt liegt in der größeren Achse.

Die Berichtigungszahl ist hier bei

	Gußeisen	Flußeisen
Einspannung am Rande . . .	$\varphi = 0{,}75$	$\varphi = 0{,}47$
freier Auflagerung	$\varphi = 1{,}25$	$\varphi = 0{,}8.$

D. Die Flüssigkeiten.

I. Die Statik.

Die **nicht zähen** Flüssigkeiten, die allein für technische Anwendungen in Frage kommen, leisten einer Trennung oder Verschiebung ihrer einzelnen Teile keinen Widerstand; sie haben keine **innere** Reibung und es können in ihnen weder Zug- noch Schubspannungen auftreten.

Dagegen haben sie einen ganz bestimmten, nur bei Temperaturänderungen in geringem Maße veränderlichen Rauminhalt, der innerhalb der gebräuchlichen Drücke durch äußere Kräfte so wenig beeinflußt wird, daß sie als Körper unveränderlichen Rauminhalts aufgefaßt werden können.

Die auf die Flächeneinheit entfallende Druckkraft wird als Flüssigkeitsdruck bezeichnet.

Vorteilhaft mißt man die Kraft in t und die Fläche in m², also den Flüssigkeitsdruck in t/m².

$$1\,\frac{t}{m^2} = \frac{1000}{10\,000} = \frac{1}{10}\,\frac{kg}{cm^2}.$$

1. Das Gleichgewicht abgeschlossener Flüssigkeiten.

Begrenzt man an einer beliebigen Stelle im Innern einer Flüssigkeit ein sehr kleines Teilchen durch drei aufeinander senkrecht stehende Ebenen und eine vierte gegen die ersteren geneigte, so erfahren die gebildeten Flächen von den umgebenden Flüssigkeitsteilchen ausschließlich **senkrecht** zu den Flächen **stehende Druckspannungen.**

Zerlegt man die in der vierten Fläche ABC (Abb. 264) wirkende Kraft nach den Richtungen der drei anderen Kräfte, so ergeben die Gleichgewichtsbedingungen, wenn α, β, γ die Winkel sind, die p_4 mit den drei anderen Richtungen einschließt,

$$\Delta_1 \cdot p_1 = \Delta_4 \cdot p_4 \cdot \cos\alpha,$$
$$\Delta_2 \cdot p_2 = \Delta_4 \cdot p_4 \cdot \cos\beta,$$
$$\Delta_3 \cdot p_3 = \Delta_4 \cdot p_4 \cdot \cos\gamma.$$

Nun ist Δ_1 die Projektion der Fläche Δ_4 und der Neigungswinkel beider Flächen der von ihren Normalen gebildete Winkel α, so daß die Zusammenhänge bestehen

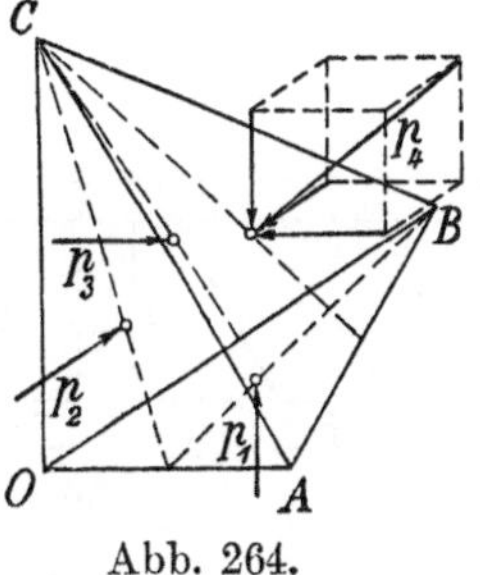

Abb. 264.

$$\Delta_1 = \Delta_4 \cdot \cos\alpha, \qquad \Delta_2 = \Delta_4 \cdot \cos\beta, \qquad \Delta_3 = \Delta_4 \cdot \cos\gamma.$$

Damit folgt

$$p_4 = p_1 = p_2 = p_3.$$

Da die Lage des Tetraeders ganz willkürlich gewählt war, so erhält man:

An jedem beliebigen Punkt einer **im Gleichgewicht befindlichen** Flüssigkeit ist der Flüssigkeitsdruck nach **allen Richtungen derselbe.**

Schneidet man aus einer Flüssigkeit, auf die durch Gefäßwände und Preß-
kolben ein Druck ausgeübt wird, demgegenüber ihr Eigengewicht verschwindet,
ein beliebiges Prisma mit senkrecht zur Prismenachse stehenden Endflächen F
heraus, auf die senkrecht die Flüssigkeitsdrücke p_1 bzw. p_2 einwirken, so ergeben
die Gleichgewichtsbedingungen für die Achsenrichtung

$$p_1 \cdot F = p_2 \cdot F.$$

In einer unter Druck stehenden, im Gleichgewicht befindlichen
Flüssigkeit pflanzt sich der Flüssigkeitsdruck nach **allen** Richtungen in
derselben Stärke fort.

Hat das mit Flüssigkeit vom Druck p gefüllte Gefäß zwei Kolben von den
Querschnitten F_1 bzw. F_2, so gilt für die darauf wirkenden Kräfte

$$P_1 = F_1 \cdot p \quad \text{und} \quad P_2 = F_2 \cdot p,$$

also

$$\frac{P_1}{P_2} = \frac{F_1}{F_2}.$$

Die Druckkräfte verhalten sich wie die zugehörigen Flächen (hydraulische Presse).

2. Das Gleichgewicht bei freier Oberfläche.

Da die einzelnen Flüssigkeitsteilchen ohne Reibung aneinander gleiten, so
stellt sich die Oberfläche einer **ruhenden** Flüssigkeit immer genau wagerecht ein.

Ist γ das Einheitsgewicht der Flüssigkeit, gemessen in $\dfrac{\text{t}}{\text{m}^3} = \dfrac{\text{kg}}{\text{dm}^3}$, so bestimmt sich der **Flüssigkeitsdruck** an einer beliebigen, h m lotrecht unter dem
Flüssigkeitsspiegel befindlichen Stelle aus der Gleichgewichtsbedingung

$$P = p \cdot F = F \cdot h \cdot \gamma$$

zu

$$\boldsymbol{p = h \cdot \gamma}.$$

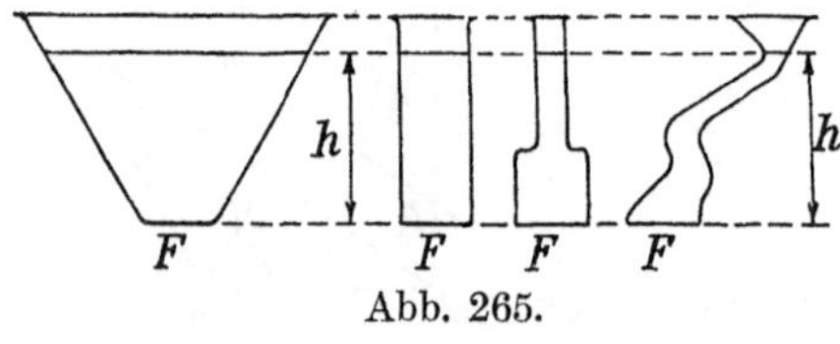

Abb. 265.

Ist in der vorstehenden Gleichung
F die Größe der Bodenfläche eines Gefäßes, das bis zur Höhe h mit Flüssigkeit gefüllt ist, so gibt die Gleichung
die auf den wagerechten, ebenen
Boden von der Flüssigkeit ausgeübte
Druckkraft an.

Sie ist unabhängig von der weiteren Form des Gefäßes und der Menge der
darin enthaltenen Flüssigkeit. Die gleichen Böden der in Abb. 265 dargestellten
Gefäße erfahren mithin die gleiche Druckkraft.

Die Druckkraft, die eine ebene **Seitenfläche** F (Abb. 266) erfährt, steht
senkrecht zur Fläche und hat die Größe

$$P = \gamma \cdot \int \boldsymbol{d}F \cdot h = \gamma \cdot F \cdot h_0,$$

worin h_0 der lotrechte Abstand vom Flüssigkeitsspiegel bis zum Schwerpunkt S
der Fläche ist.

Diese Kraft greift jedoch **nicht im Schwerpunkt** an, da die Einzelkräfte dP mit größerer Tiefe h zunehmen. Für die Bestimmung des **Druckmittelpunktes** D gilt die Momentengleichung in bezug auf den Flüssigkeitsspiegel

$$P \cdot h_1 = \int_0^{h_{max}} dP \cdot h$$

oder

$$\gamma \cdot F \cdot h_0 \cdot h_1 = \gamma \int_0^{h_{max}} \cdot dF \cdot h^2,$$

also

$$h_1' = \frac{J}{S}.$$

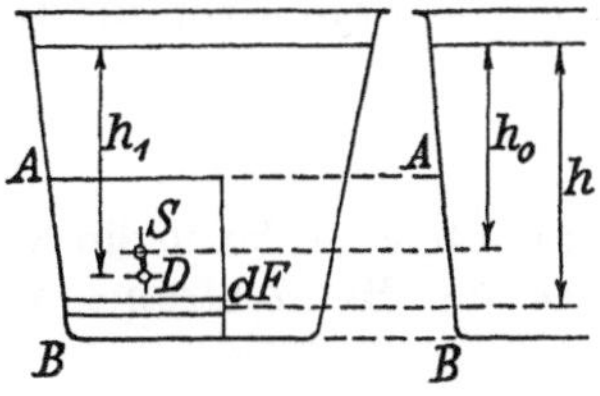

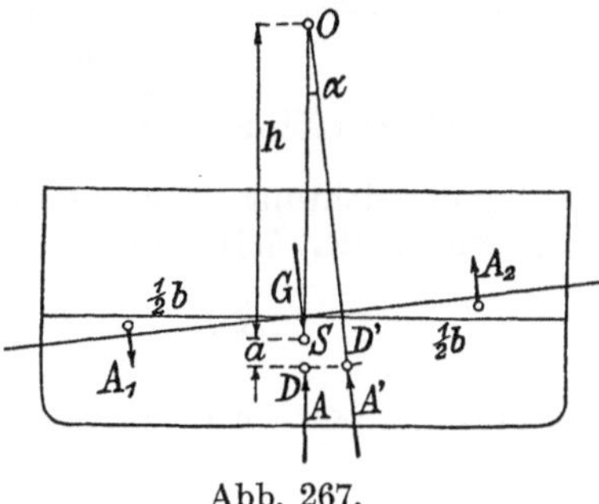

Abb. 266.

Der Druckmittelpunkt liegt um den Quotienten aus Trägheitsmoment und statischem Moment der Fläche in bezug auf den Flüssigkeitsspiegel unter dem letzteren.

3. Der Auftrieb.

Wird aus einer im Gleichgewicht befindlichen Flüssigkeit ein beliebiger Teil vom Rauminhalt V herausgeschnitten, so kann man sein Gewicht $G = V \cdot \gamma$, das lotrecht nach unten wirkt, im Schwerpunkt vereinigt denken. Es wird aufgehoben durch die gleich große, in dieselbe Wirkungslinie fallende Gegenkraft der übrigen Flüssigkeit.

Ersetzt man das betreffende Teil durch irgendeinen anderen Körper von gleicher Gestalt mit dem Einheitsgewicht $\gamma_1 > \gamma$, so wird sein Gewicht $G = V \cdot \gamma_1$ durch den ungeänderten **Auftrieb** $A = V \cdot \gamma$ der Flüssigkeit verringert:

Jeder in eine Flüssigkeit getauchte Körper verliert soviel an Gewicht als die von ihm verdrängte Flüssigkeit wiegt.

Ist $\gamma_1 \leq \gamma$, so schwimmt der Körper und es gilt $G = A = V' \cdot \gamma$, worin V' den Rauminhalt der verdrängten Flüssigkeitsmenge, aber nicht mehr des verdrängenden Körpers angibt:

Der Auftrieb ist gleich dem Gewicht des schwimmenden Körpers.

Sicheres Gleichgewicht zwischen Auftrieb und Gewicht besteht nur, wenn der Körperschwerpunkt S über dem Verdrängungsschwerpunkt D in derselben lotrechten Geraden liegt.

Entfernt sich der schwimmende Körper unter dem Einfluß irgend eines Kippmomentes M um einen kleinen Winkel α aus dieser Gleichgewichtslage, so verschiebt sich der Verdrängungsschwerpunkt D nach D', und die nach Größe und Richtung unverändert gebliebene Verdrängungskraft A' schneidet die Achse im Punkte O der Abb. 267.

Abb. 267.

Die erste Gleichgewichtsbedingung lautet jetzt

$$G = A' = A - A_1 + A_2:$$

Auch bei unsymmetrischer Form des Körpers sind die beiden aus- bzw. eintauchenden Keilkörper A_1 und A_2 einander gleich.

Die Momentengleichung in bezug auf den Schwerpunkt S ergibt

$$M = A' \cdot (h + a) \cdot \sin \alpha = A \cdot 0 + A_1 \cdot \frac{2}{3} \cdot \frac{b}{2} + A_2 \cdot \frac{2}{3} \frac{b}{2}.$$

Bei einem Prahm von überall gleichem Querschnitt und der Gesamtlänge l ist nun

$$A_1 = A_2 = \frac{1}{2} \cdot \frac{b}{2} \cdot \operatorname{arc} \alpha \cdot \frac{b}{2} \cdot l \cdot \gamma.$$

Hieraus folgt, solange $\sin \alpha \sim \operatorname{arc} \alpha$ gesetzt werden kann, der Abstand des Punktes O, des **Metazentrums**, vom Standpunkt S zu

$$h = \frac{\gamma}{12} \cdot \frac{b^3 \cdot h}{G} - a.$$

Bei kleinerem Ausschlag α hängt diese Länge nur von den Abmessungen des Prahmes bzw. Schiffes ab, so daß die Lage des Metazentrums unveränderlich ist. Ein Schiff ist um so stabiler, je größer die metazentrische Höhe h ist.

Ist das Kippmoment — etwa durch eine exzentrisch aufgebrachte Last — gegeben, so liefert die obige Ausgangsgleichung den kleinen Neigungswinkel zu

$$\operatorname{arc} \alpha = \frac{12 \cdot M}{\gamma \cdot b^3 \cdot l}.$$

4. Das Gleichgewicht bewegter Flüssigkeiten.

Wird ein Gefäß, dessen Flüssigkeitsinhalt eine freie Oberfläche hat, mit einer nach Größe und Richtung unveränderlichen Geschwindigkeit v bewegt, so heben sich die wagerechten Kräfte, Zugkraft und Bewegungswiderstand, gegenseitig auf und ebenso die lotrechten, Gewicht der Flüssigkeit und Gegenkraft des Gefäßbodens. Die Verhältnisse sind dieselben wie bei einer ruhenden Flüssigkeit, insbesondere bleibt der Flüssigkeitsspiegel eine wagerechte Ebene.

Erfährt das Gefäß eine nach Größe und Richtung bestimmte Beschleunigung q (Abb. 268), so steht jedes Flüssigkeitsteilchen unter dem Einfluß seines

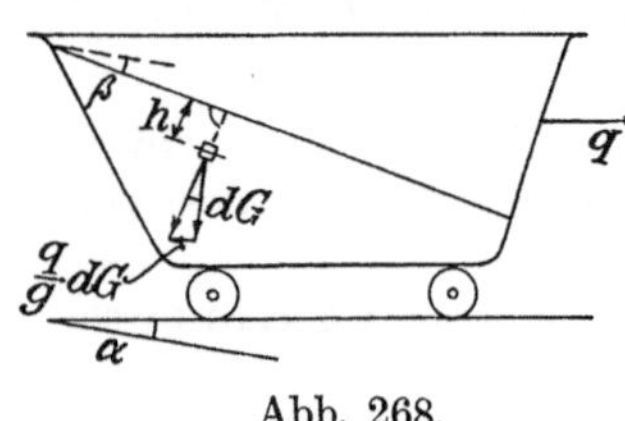

Abb. 268.

Eigengewichtes dG und der Trägheitskraft $dG \cdot \frac{q}{g}$, die entgegengesetzt zur Beschleunigungsrichtung wirkt. Beide Kräfte setzen sich nach Größe und Richtung zusammen zu der Mittelkraft

$$d R = d G \cdot \sqrt{1 + 2 \cdot \frac{q}{g} \cdot \cos \alpha + \left(\frac{q}{g}\right)^2},$$

die gegen die Lotrechte um den Winkel β geneigt ist:

$$\sin \beta = \sin \left(\frac{\pi}{2} + \alpha\right) \cdot \frac{\frac{q}{g} \cdot dG}{dR}$$

oder

$$\sin \beta = \frac{\cos \alpha}{\sqrt{1 + 2 \frac{q}{g} \cdot \cos \alpha + \left(\frac{g}{q}\right)^2}}.$$

Um denselben Winkel β ist der sich senkrecht zu dR einstellende Flüssigkeitsspiegel gegen die Wagerechte geneigt.

Da jetzt jedes Flüssigkeitsteilchen mit der Kraft dR senkrecht zum Flüssigkeitsspiegel wirkt, so ist der **Flüssigkeitsdruck** an jeder um h vom Flüssigkeitsspiegel entfernten Stelle

$$p = \gamma \cdot h \cdot \sqrt{1 + 2 \cdot \frac{q}{g} \cdot \cos \alpha + \left(\frac{q}{g}\right)^2}.$$

Bei einer **Drehung** der Flüssigkeit um eine lotrechte, feststehende Achse mit der Winkelgeschwindigkeit ω wirken auf ein beliebiges Flüssigkeitsteilchen im Abstande x von der Drehachse das Gewicht dG lotrecht nach unten und die Schleuderkraft $dZ = dG \cdot \dfrac{x \cdot \omega^2}{g}$ wagerecht nach außen. Die Mittelkraft beider bildet nach (Abb. 269)

$$dR = dG \cdot \sqrt{1 + \left(\frac{x \cdot \omega^2}{g}\right)^2}$$

mit der Lotrechten den Winkel α, der sich bestimmt aus

$$\operatorname{tg} \alpha = \frac{x \cdot \omega^2}{g}.$$

Für eine beliebige Stelle der Flüssigkeitsoberfläche ist nun $\operatorname{tg} \alpha = \dfrac{dy}{dx}$, und man erhält so mit den Bezeichnungen der Abb. 269

$$\int_0^h dy = \frac{\omega^2}{g} \cdot \int_0^r x \cdot dx,$$

also

$$h = \frac{\omega^2}{2g} \cdot r^2 = \frac{v^2}{2g}.$$

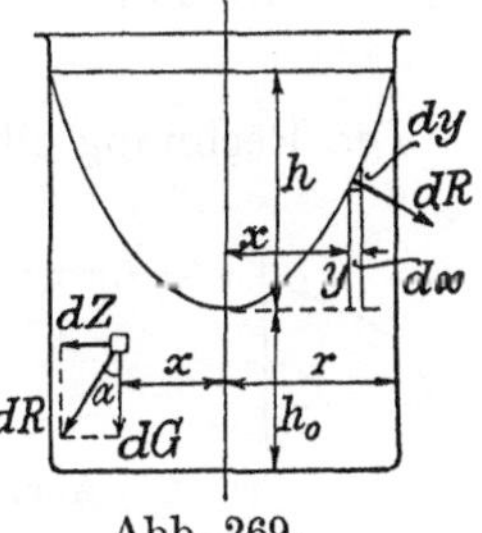

Abb. 269.

Diese Höhe heißt die **Geschwindigkeitshöhe.**

Für irgendeine andere Stelle gilt ebenso

$$y = \frac{\omega^2}{2g} \cdot x^2.$$

Die Oberfläche der Flüssigkeit bildet ein Umdrehungsparaboloid.

Der **Druck** auf die Flächeneinheit des Bodens ist am kleinsten in der Drehachse (Abb. 269)

$$p_0 = \gamma \cdot h_0$$

und steigt bis zum Gefäßrand parabolisch auf

$$p_r = \gamma \cdot (h_0 + h) = \gamma \cdot \left(h_0 + \frac{v^2}{2g}\right).$$

II. Die Dynamik der Flüssigkeiten.

1. Der Ausfluß aus Öffnungen.

Die Wandungen eines Gefäßes, dessen Flüssigkeitsspiegel durch geeigneten Zufluß dauernd auf derselben Höhe erhalten bleibt, laufen stetig nach einer Öffnung vom Querschnitt F zusammen, dessen Schwerpunkt um die Strecke h unter dem Flüssigkeitsspiegel liegt (Abb. 270). Die Flüssigkeit strömt dann mit der Geschwindigkeit v aus, und jedes Teilchen besitzt in der Öffnung F das Arbeitsvermögen

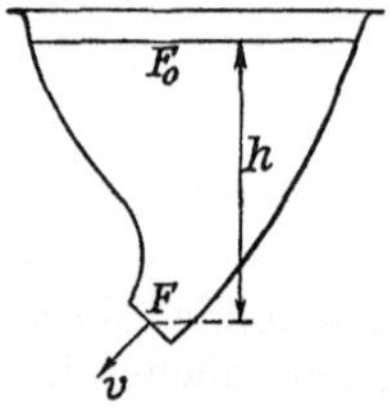

$$d\,A = \frac{1}{2} \cdot \frac{G}{g} \cdot v^2,$$

während das Arbeitsvermögen in dem gegenüber F sehr groß anzunehmenden Flüssigkeitsspiegel von der Fläche F_0 0 ist. Auf dem Wege h leistet das Teilchen die Arbeit

$$d\,A = d\,G \cdot h,$$

Abb. 270.

und man erhält durch Gleichsetzen wieder

$$h = \frac{v^2}{2g},$$

also die ideelle **Ausflußgeschwindigkeit** — die wirkliche ist kleiner —

$$v = \sqrt{2 \cdot g \cdot h}.$$

Ist das Gefäß oben abgeschlossen und befindet sich der Flüssigkeitsspiegel unter einem **Flüssigkeits-** bzw. **Luft-** oder **Gasdruck** p, so wird letzterer in **Flüssigkeitshöhe** umgerechnet (S. 148)

$$h_0 = \frac{p}{\gamma},$$

und es wird dann

$$v = \sqrt{2g \cdot (h_0 + h)}.$$

Die Rechnung gilt nur, solange die Abmessungen der Öffnung F klein sind im Verhältnis zur Höhe h.

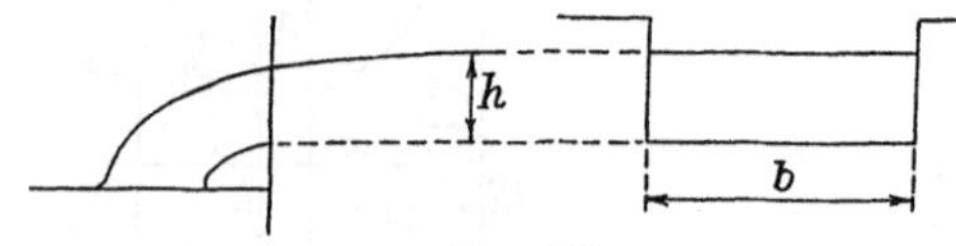

Abb. 271.

Bei einem **rechteckigen Überfallwehr** nach Abb. 271 wird die mittlere **Ausflußgeschwindigkeit** bestimmt aus

$$F \cdot v_m = \int_0^h b \cdot d\,h' \cdot \sqrt{2g \cdot h'}$$

oder

$$b \cdot h \cdot v_m = b \cdot \sqrt{2g} \cdot \int_0^h h'^{\frac{1}{2}} \cdot d\,h' = b \cdot \sqrt{2g} \cdot \frac{h^{\frac{3}{2}}}{\frac{3}{2}}$$

zu

$$v_m = \tfrac{2}{3} \cdot \sqrt{2g \cdot h}.$$

Sinkt der Flüssigkeitsspiegel in Abb. 270 entsprechend dem Ausfluß aus der Öffnung, so verkleinert sich die Ausflußgeschwindigkeit v mehr und mehr. Hat das Gefäß bis zur Ausflußöffnung überall **denselben** Querschnitt F_0, so gilt, da die **Ausflußmenge** gleich dem Gefäßinhalt ist,

$$Q = F_0 \cdot h = \int_0^h F \cdot v \cdot d\,t.$$

bzw. für einen kurzen Augenblick, wo die Flüssigkeitshöhe h' beträgt,

$$d\,Q = F_0 \cdot d\,h' = F \cdot \sqrt{2g \cdot h'} \cdot d\,t.$$

Hieraus ergibt sich die **Ausflußzeit**

$$t = \int_0^h \frac{F_0 \cdot dh'}{F \cdot \sqrt{2g} \cdot h'^{\frac{1}{2}}} = \frac{F_0}{F} \cdot \frac{1}{\sqrt{2g}} \cdot \int_0^h h'^{-\frac{1}{2}} \cdot dh',$$

also

$$t = \frac{F_0}{F} \cdot \frac{h^{\frac{1}{2}}}{\frac{1}{2} \cdot \sqrt{2g}} = \frac{2 \cdot F_0 \cdot h}{F \cdot \sqrt{2g} \cdot h} = \frac{2 \cdot Q}{F \cdot v_{\max}}.$$

Die zur Entleerung eines prismatischen Gefäßes erforderliche Zeit ist doppelt so groß als die zur Lieferung derselben Flüssigkeitsmenge bei gleichbleibendem Wasserstand nötige.

In Gefäßen, deren Wandungen sich nach der Ausflußöffnung stetig zusammenziehen, strömen die einzelnen Flüssigkeitsteilchen mindestens im oberen Teil, wo die Geschwindigkeit klein ist, in parallelen Schichten fast widerstandslos. Man hat hier die **Schichten-** oder laminare **Strömung.**

Bei größerer Geschwindigkeit wirbeln jedoch die einzelnen Flüssigkeitsteilchen durcheinander, und ein kleiner Teil der Gesamtarbeit wird für die Erzeugung dieser **Wirbel-** oder turbulenten **Strömung** gebraucht. Infolgedessen sinkt die Ausflußgeschwindigkeit von v auf $\mu_1 \cdot v$, worin μ_1 die Geschwindigkeitsziffer ist.

Sie hängt etwas von der Druckhöhe ab derart, daß bei kleinem h $\mu_1 = 0,96$ und bei großem h $\mu_1 = 0,99$ beträgt. I. M. kann man $\mu_1 = 0,97$ einsetzen.

Befindet sich die **Öffnung in einer großen ebenen Wand,** wie etwa Abb. 272 darstellt, so fließen ihr im Gegensatz zu Abb. 273 die einzelnen Flüssigkeitsteilchen von verschiedenen Seiten zu. Die an der Wand entlang kommenden Teilchen können nun nicht plötzlich um 90° umbiegen, wozu eine sehr große Beschleunigungskraft gehörte, die nicht vorhanden ist, sondern sie fließen in einem Bogen um die Kante herum. Die einzelnen **Strom-** **fäden** verlaufen erst in einiger Entfernung von der Öffnung parallel und ihr Gesamtquerschnitt ist $\mu_2 \cdot F$, worin μ_2 die **Einschnürungsziffer** ist.

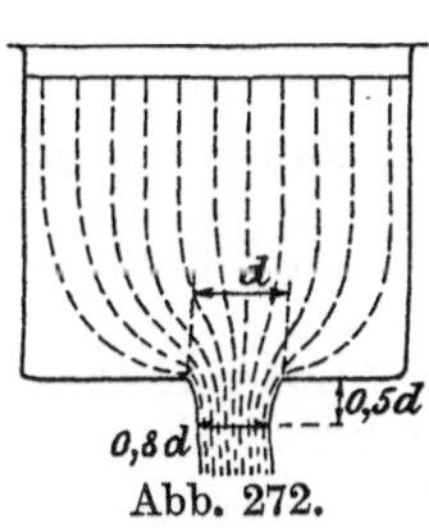

Abb. 272.

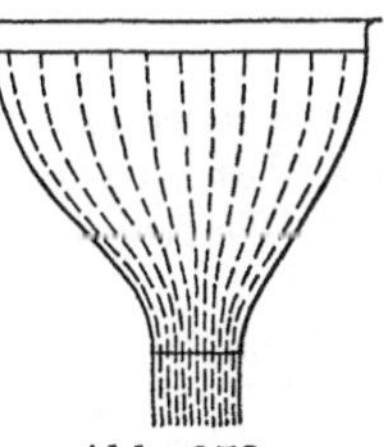

Abb. 273.

Die **wirkliche** in der Zeit t ausfließende Menge, gemessen in t, ist demnach

$$Q = (\mu_2 \cdot F) \cdot (\mu_1 \cdot v) \cdot \gamma \cdot t = \mu \cdot F \cdot \gamma \cdot \sqrt{2g \cdot h} \cdot t,$$

worin $\mu = \mu_1 \cdot \mu_2$ die **Ausflußziffer** ist.

Bei kreisrunder und rechteckiger Öffnung mit scharfem Rand gelten für die Einschnürung die Angaben der Abb. 272, demnach ist dafür $\mu_2 = 0,64$. Dagegen liefert ein Ansatz nach Abb. 274 $\mu_2 = 1$.

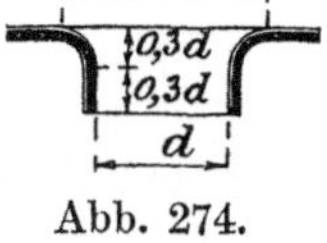

Bei der Ausführung nach Abb. 275 gilt für μ

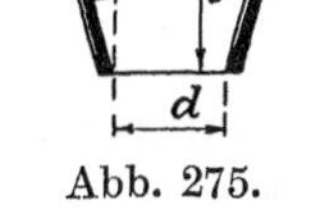

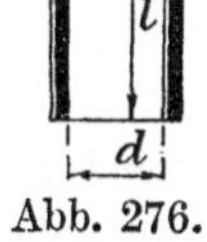

Abb. 274.

Abb. 275.

Abb. 276.

Winkel δ:	0	$5\frac{3}{4}$	$11\frac{1}{4}$	$22\frac{1}{2}$	45	$67\frac{1}{2}$	90°
Kante scharf, $l = 3\,d$:	0,83	0,94	0,92	0,85			
Kante rund, $l = 2,6\,d$:	0,97	0,95	0,92	0,88	0,75	0,68	0,63

Bei der Ausführung nach Abb. 276 ist

Kante scharf . . . $l = d$, $\mu = 0{,}88$; $l = 2\,d \div 3\,d$, $\mu = 0{,}82$; $l = 12\,d$, $\mu = 0{,}77$;
Kante schwach rund $l \sim 3\,d$, $\mu = 0{,}90$;
Kante stark rund $l = 3\,d$, $\mu = 0{,}97$.

2. Die Kraftwirkung beim Ausfluß.

Auf eine beliebig herausgegriffene Wandfläche F eines Gefäßes, deren Schwerpunkt um die Strecke h unter dem Flüssigkeitsspiegel liegt, wird die statische Kraft ausgeübt

$$P_0 = \gamma \cdot h \cdot F.$$

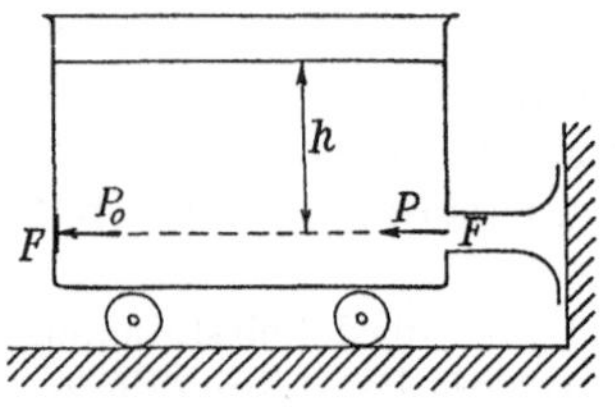

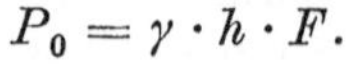

Befindet sich an der Stelle eine Öffnung von der Größe F (Abb. 277), so ist die in der Zeit t bei gleichbleibendem Flüssigkeitsspiegel ausströmende Flüssigkeitsmenge

$$Q = \mu \cdot F \cdot \gamma \cdot v \cdot t,$$

und es gilt nach dem Satz vom Antrieb (S. 85)

$$P \cdot t = \frac{Q}{g} \cdot (\mu_1 \cdot v).$$

Abb. 277.

Hieraus folgt die dynamische Kraft, die der ausströmende Flüssigkeitsstrahl auf eine entgegenstehende, zu ihm senkrechte Wand ausübt, bzw. die Gegenkraft, mit der er auf das Gefäß entgegengesetzt zur Ausströmungsrichtung einwirkt,

$$P = \frac{\mu \cdot F \cdot \gamma \cdot \mu_1 \cdot v^2}{g} = 2 \cdot \mu \cdot \mu_1 \cdot F \cdot \gamma \cdot h.$$

Die dynamische Kraft bei der Ausströmung ist das $2 \cdot \mu \cdot \mu_1$-fache der statischen.

Die Darlegung gilt jedoch nur für den Fall, daß das Gefäß bzw. die Wand feststeht.

Weicht etwa das Gefäß mit der Geschwindigkeit c nach der Seite von P aus (Abb. 277), so lautet der Satz vom Antrieb, da die Geschwindigkeit der ausströmenden Flüssigkeit gegenüber der festen Wand jetzt $\mu_1 \cdot v - c$ ist,

$$P \cdot t = \frac{\mu \cdot F \cdot \gamma \cdot v \cdot t}{g} \cdot (\mu_1 \cdot v - c).$$

Daraus folgt die Kraft

$$P = \frac{\gamma}{g} \cdot F \cdot \mu \cdot v \cdot (\mu_1 \cdot v - c).$$

Die Leistung, die zur Bewegung des Gefäßes gebraucht wird, ist (S. 82)

$$N = P \cdot c = \frac{\gamma}{g} \cdot F \cdot \mu \cdot v \cdot c \cdot (\mu_1 \cdot v - c).$$

Sie wird 0 für $c = 0$, bei stillstehendem Gefäß, und auch wieder 0 für $c = \mu_1 \cdot v$, bei durchgehendem Gefäß.

Bildet man

$$\frac{dN}{dc} = \frac{\gamma}{g} \cdot F \cdot \mu \cdot v \cdot (\mu_1 \cdot v - c - c) = 0,$$

so erhält man als Geschwindigkeit, bei der die größte Leistung erzielt wird,

$$c = \tfrac{1}{2} \cdot \mu_1 \cdot v,$$

also

$$N_{max} = \frac{\gamma}{g} \cdot F \cdot \frac{\mu \cdot \mu_1^2}{4} \cdot v^3.$$

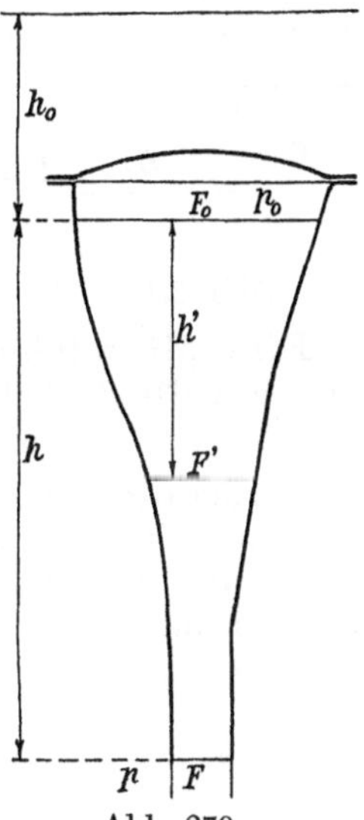

Dieselbe Überlegung gilt naturgemäß, wenn das Gefäß feststeht und die vom Strahl getroffene ebene Wand
ausweicht. Man verdoppelt die Wirkung, indem man die Wand so ausführt,
daß der Strahl in entgegengesetzter Richtung zurückfließt (Abb. 278).

Die größte Geschwindigkeit einer durchgehenden Strahlmaschine ist
doppelt so groß als die günstigste.

3. Die Bewegung in Rohrleitungen.

Bei einer ruhenden Flüssigkeit, deren Oberfläche F_0 unter dem Druck p_0
bzw. der Druckhöhe der Flüssigkeit $h_0 = \dfrac{p_0}{\gamma}$ steht, ist der statische Druck im
Querschnitt F der Abb. 279

$$p = p_0 + \gamma \cdot h$$

bzw. im Querschnitt F'

$$p' = p_0 + \gamma \cdot h'.$$

Bei einer sonst widerstandslos strömenden Flüssigkeit,
die mit der Geschwindigkeit

$$\mu_1 \cdot v = \mu_1 \cdot \sqrt{2\,g \cdot (h + h_0)}$$

aus dem Querschnitt $\mu_2 \cdot F$ ausfließt, ist der Flüssigkeitsdruck in diesem Querschnitt gleich dem der Umgebung,
in die die Flüssigkeit ausströmt, und es gilt mit der Geschwindigkeitshöhe

$$h_v = \frac{(\mu_1 \cdot v)^2}{2\,g}$$

der Zusammenhang

$$p_0 + \gamma \cdot h - p = \gamma \cdot h_v.$$

In einem beliebigen anderen Querschnitt F' ist die
Geschwindigkeit der stetigen Raumerfüllung wegen

$$v' = \mu_1 \cdot v \cdot \frac{\mu_2 \cdot F}{F'} = \mu \cdot v \cdot \frac{F}{F'}.$$

Abb. 279.

Damit wird der hydraulische Druck, weil ein ganz bestimmter Teil der statischen
Druckhöhe zur Erzeugung dieser Geschwindigkeit verbraucht wird (S. 152)

$$p' = p_0 + \gamma \cdot h' - \gamma \cdot \frac{v'^2}{2\,g}.$$

Bei der Anordnung nach Abb. 279 wird der hydraulische Druck p' an der
Stelle F' erheblich größer sein als etwa der Druck p der umgebenden Luft. Setzt
sich an das Gefäß unten ein hinreichend langes zylindrisches Rohr an und ist
$F' < F$, so kann jedoch $p' < p$ werden, d. h. der Flüssigkeitsstrahl wird durch

einen dort angebrachten offenen Rohransatz Luft ansaugen. Der kleinste Wert, den der Druck p' annehmen kann, entspricht dem Druck des sich aus der Flüssigkeit bei der betreffenden Temperatur entwickelnden Dampfes. Wird die Geschwindigkeit v' so weit erhöht, daß die vorstehende Formel diesen Wert angibt, so reißt die Flüssigkeitssäule ab.

Findet der Übergang von einem Querschnitt F_1 auf einen größeren F_2 unvermittelt statt (Abb. 280), so trifft die schneller mit der Geschwindigkeit v_1 strömende Flüssigkeit, der Natur der Flüssigkeiten entsprechend, mit unelastischem Stoß auf die langsamer mit der Geschwindigkeit v_2 fließende. Der dabei auftretende Verlust an Arbeitsvermögen beträgt nach S. 94

$$A = \frac{1}{2\,g} \cdot \frac{G_1}{1 + \dfrac{G_1}{G_2}} \cdot (v_1 - v_2)^2.$$

Hierin ist das Gesamtgewicht G_2 der langsam fließenden Flüssigkeit im Verhältnis zu dem kleinen eben auftreffenden Gewicht G_2 der schnelleren sehr groß anzunehmen, also $\dfrac{G_1}{G_2} \backsim 0$.

Andererseits kann mit der dem Stoßverlust entsprechenden Druckhöhe der Flüssigkeit h_s geschrieben werden

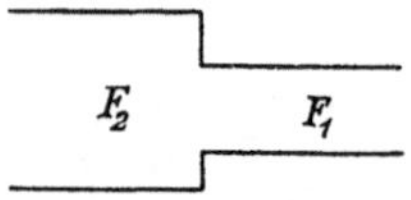

$$A = G_1 \cdot h_s.$$

Durch Gleichsetzung erhält man

$$h_s = \frac{(v_1 - v_2)^2}{2\,g}:$$

Abb. 280.

Eine plötzliche Querschnittsvergrößerung verringert die Druckhöhe um die Geschwindigkeitshöhe der relativen Stoßgeschwindigkeit.

Bei der plötzlichen Querschnittsverringerung von F_2 auf F_1 (Abb. 280) tritt zuerst hinter der Öffnung in der Wand, die mit der Geschwindigkeit v' durchströmt wird, die Einschnürung auf den Querschnitt $\mu_2 \cdot F_1$ ein. Die Zusammenhangsgleichung lautet somit

$$F_1 \cdot v_1 = \mu_2 \cdot F_1 \cdot v',$$

also

$$v' = \frac{v_1}{\mu_2}.$$

Nun findet ein Stoß der mit der größeren Geschwindigkeit v' strömenden Flüssigkeit auf die mit v_1 abfließende statt, und es gilt

$$h_s = \frac{(v' - v_1)^2}{2\,g} = \frac{v_1^2}{2\,g} \cdot \left(\frac{1}{\mu_2^2} - 1 \right)$$

oder mit der **Eintrittsziffer**

$$\zeta_e = \frac{1}{\mu_2^2} - 1$$

der **Druckhöhenverlust**

$$h_s = \zeta_e \cdot \frac{v_1^2}{2\,g}.$$

Die Eintrittsziffer ist abhängig von dem Verhältnis $\frac{F_1}{F_2}$. Bei scharfer Einflußkante ist

$$\frac{F_1}{F_2} = 0{,}01 \quad 0{,}1 \quad 0{,}2 \quad 0{,}4 \quad 0{,}6 \quad 0{,}8 \quad 1$$
$$\zeta_e = 0{,}50 \quad 0{,}50 \quad 0{,}42 \quad 0{,}33 \quad 0{,}25 \quad 0{,}15 \quad 0$$

Beim **wirbelnden** Durchströmen eines prismatischen Rohres oder auch eines offenen Kanales macht sich die Reibung der Flüssigkeitsteilchen an den Wänden und aneinander, ihre Zähigkeit, deutlich bemerkbar. Sie ist unabhängig von dem Flüssigkeitsdruck (bei Gasen besteht jedoch Abhängigkeit vom Gasdruck) und entspricht der gesamten benetzten Oberfläche O.

Die in einer Leitung auftretende Widerstandskraft, ebenfalls in t gemessen, läßt sich nach allen Versuchen darstellen durch

$$W = \frac{O \cdot \gamma}{1000} \cdot (\zeta_1 \cdot v^2 + \zeta_2 \cdot v).$$

Setzt man hierin ein

$$O = U \cdot l,$$

Fläche gleich benetztem Umfang des Querschnittes mal Länge des Rohres oder Kanals,

$$W = \gamma \cdot h_r \cdot F,$$

worin h_r der Druckhöhenverlust auf der Länge l,
F der Flüssigkeitsquerschnitt ist,

ferner

$$\frac{F}{U} = R,$$

dem hydraulischen Halbmesser des Rohres oder Kanals, so folgt

$$h_r = \frac{l \cdot v^2}{1000 \cdot R} \cdot \left(\zeta_1 + \frac{\zeta_2}{v} \right).$$

Beispielsweise ist der hydraulische Halbmesser für ein vollständig gefülltes Rohr von Kreisquerschnitt

$$R = \frac{\frac{\pi}{4} \cdot d^2}{\pi \cdot d} = \frac{d}{4},$$

für eine rechteckige Lutte

$$R = \frac{b \cdot h}{2 \cdot (b + h)}.$$

Es ist nun einzusetzen (Biel, Z. d. V. d. I. 1908)

$$\zeta_1 = \zeta_0 + \frac{f}{\sqrt{R}}, \qquad \zeta_2 = \frac{\zeta' \cdot z}{\sqrt{R \cdot \gamma}}.$$

Hierin ist

$\zeta_0 = 0{,}12$ ein unveränderlicher Betrag,
f die Rauhigkeitsziffer der Wandung,
ζ' die Zähigkeitsziffer der Flüssigkeit,
z die Zähigkeit der Flüssigkeit.

Temperatur	0°		5°	10°	20°	30°	100°
Wasser	$z =$	0,01775	0,01515	0,0131	0,0101	0,00805	0,00298
Rüböl	$z =$	25,3	6,27	3,7	1,8	0,99	
Luft (p in at) .	$1000\,z \cdot p =$	0,1714	0,173	0,176	0,188	0,186	0,2113

Rauhigkeitsgrad	Wandmaterial	f	ζ'
I	blank gezogene Metallrohre, glattes Glasrohr, sorgfältig behobeltes und gefirnistes Holz	0,0064	0,95
II	verzinktes oder verzinntes Eisenblech, geschweißtes Gasrohr, gehobeltes Holz	0,018	0,71
III	Gußeisenrohr, hölzerne Grubenlüftungsrohre, ebene Wandungen aus glatt gestampftem Zement	0,036	0,46
IV	rauhe Bretter, glatte Backsteine gut ausgefugt, Beton	0,054	0,27
V	gewöhnliche Backsteine, behauene Quadern	0,072	0,27

Wählt man als Mittelwert der Geschwindigkeit im zweiten, weniger Einfluß habenden Glied des Klammerdruckes für h_r

$v = 0,5$ m/sk für Wasser von $12°$,

     $6,5$ m/sk für Luft von gewöhnl. Spannung,

     65 m/sk für Wasserdampf,

so kann geschrieben werden

$$h_r = \frac{l}{1000} \cdot \frac{v^2}{2g} \cdot \frac{\lambda}{R}.$$

Die zugehörigen Werte von λ enthalten die Kurven der Abb. 281.

Schichtenströmung tritt in Rohren vom Durchmesser d ein unterhalb der Grenzgeschwindigkeit

$$v_g = \frac{\zeta_g \cdot z}{\gamma \cdot \sqrt{d}}.$$

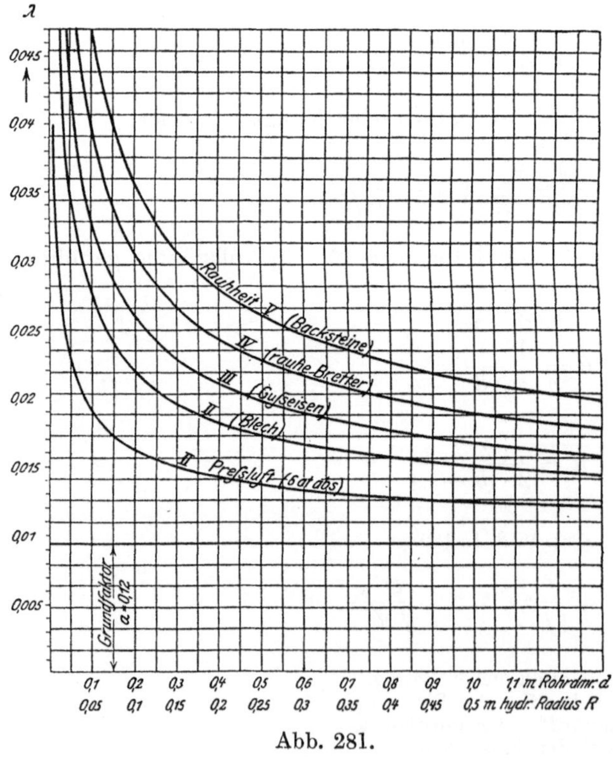

Abb. 281.

Auch dafür gilt die letztere Formel von h_r.

Rauhigkeit	ζ_g	λ
I	17	$0{,}0244 + \dfrac{0{,}000504}{\sqrt{R}}$
II	11,2	$0{,}026 + \dfrac{0{,}00142}{\sqrt{R}}$
III	5,6	$0{,}0315 + \dfrac{0{,}00283}{\sqrt{R}}$

4. Die Einwirkung auf feste, in der strömenden Flüssigkeit befindliche Körper.

Ein Teil der mit der Geschwindigkeit v den Kanal durchströmenden Flüssigkeit wird von der vorderen Wand mit der benetzten Fläche F des darin ruhenden Körpers (Abb. 282) seitlich abgelenkt, wobei ein Anstau um die Höhe h_1 stattfindet. An den Seiten des Körpers ist wegen der vergrößerten Reibung die Flüssigkeitsgeschwindigkeit etwas kleiner als der Kanalverengung entspricht, so daß dort die Oberfläche um den kleinen Betrag h_2 höher steht als hinten, wo der Abfluß wieder die Geschwindigkeit v hat.

Die von der strömenden Flüssigkeit auf den prismatischen Körper ausgeübte **Druckkraft** ist

$$P = P_1 + P_2,$$

worin eingesetzt wird

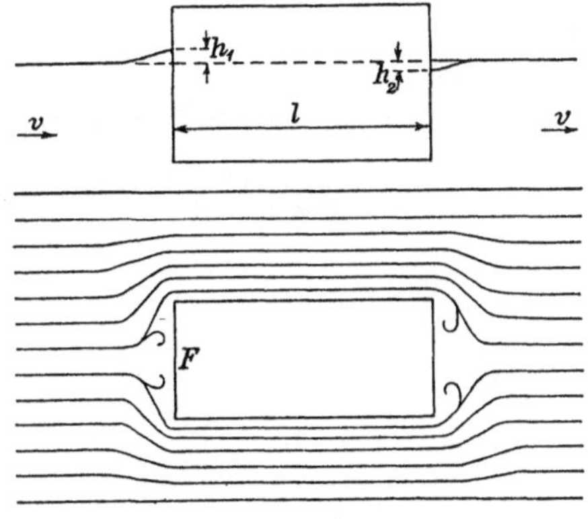

Abb. 282.

$$P_1 = \gamma \cdot h_1 \cdot F \quad \text{und} \quad P_2 = \gamma \cdot h_2 \cdot F.$$

Man kann weiter umrechnen

$$h_1 = \zeta_1 \cdot \frac{v^2}{2\,g} \quad \text{und} \quad h_2 = \zeta_2 \cdot \frac{v^2}{2\,g}$$

und erhält so

$$P = \gamma \cdot F \cdot \frac{v^2}{2\,g} \cdot (\zeta_1 + \zeta_2) = \gamma \cdot F \cdot \frac{v^2}{2\,g} \cdot \zeta.$$

Für ein Prisma mit ebener, senkrecht zu v stehender Kopffläche in $\zeta_1 = 1$, die Stauhöhe gleich der Geschwindigkeitshöhe.

Bei prismatischen Körpern, die bis auf den Grund des Kanals reichen, gilt

$\dfrac{l}{\sqrt{F}} =$	0,03	1	2	3	6
$\zeta_2 =$	0,86	0,46	0,35	0,33	0,33
$\zeta =$	1,86	1,46	1,35	1,33	1,33

Bei schwimmenden prismatischen Körpern ist

$\dfrac{l}{\sqrt{F}} =$	0,03	1	3	6
$\zeta_2 =$	0,43	0,17	0,10	0,10
$\zeta =$	1,43	1,17	1,10	1,10

Ist das Prisma vorn **keilförmig zugeschärft** (Abb. 283), so ist in die obige Formel $v' = v \cdot \sin\alpha$ einzusetzen und $F' = \dfrac{F}{2 \cdot \sin\alpha}$. Damit ergibt sich wie oben

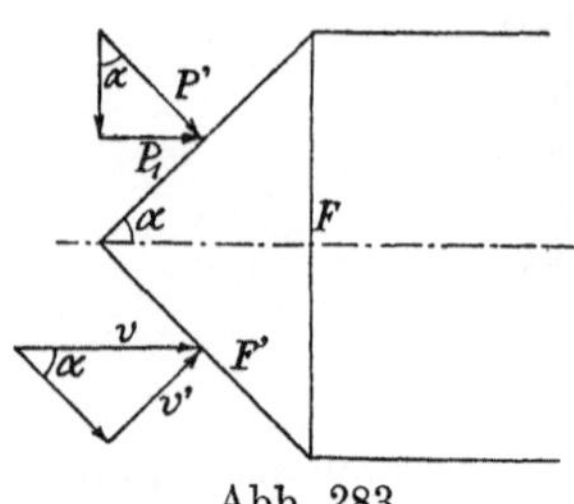

$$P' = \zeta_1 \cdot \gamma \cdot \frac{F}{2 \cdot \sin\alpha} \cdot \frac{(v \cdot \sin\alpha\,)^2}{2\,g}$$

und ferner die in Richtung der Strömung wirkende Gesamtkraft gemäß Abb. 282

$$P_1 = 2 \cdot P' \cdot \sin\alpha = \zeta_1 \cdot \gamma \cdot F \cdot \frac{v^2}{2\,g} \cdot \sin^2\alpha ,$$

also erheblich kleiner.

Abb. 283.

Dasselbe trifft bei Zuschärfung am hinteren Teil für P_2 zu.

Bewegt sich der Körper in der strömenden Flüssigkeit mit der Eigengeschwindigkeit $\pm c$, so ist in die obigen Gleichungen die Relativgeschwindigkeit $v \pm c$ einzusetzen.

Es gilt für

gut gebaute Flußdampfer	$\zeta =$	$0{,}16 \div 0{,}20$
„ „ Kanalschiffe		$0{,}21 \div 0{,}27$
gewöhnliche Elbkähne		$0{,}35 \div 0{,}40$
Zillen u. dgl.		$0{,}4 \ \div 0{,}5.$

Druck der Spamerschen Buchdruckerei in Leipzig.

Die technische Mechanik des Maschineningenieurs

mit besonderer Berücksichtigung der Anwendungen

Von

Dipl.-Ing. **P. Stephan**

Regierungsbaumeister, Professor

In 4 Bänden

Erster Band:

Allgemeine Statik

Mit 300 Textfiguren. 1921. Gebunden GZ. 4

Zweiter Band:

Die Statik der Maschinenteile

Mit 276 Textfiguren. 1921. Gebunden GZ. 7

Dritter Band:

Bewegungslehre und Dynamik fester Körper

Mit 264 Textfiguren. 1922. Gebunden GZ. 7

Vierter Band:

Die Elastizität gerader Stäbe

Mit 255 Textfiguren. 1922. Gebunden GZ. 7

Aus den zahlreichen Besprechungen:

... Stephan tritt auf den Boden der Wirklichkeit; er bringt den Lehrsatz so kurz wie möglich und fängt an Hand praktischer Beispiele sofort an, das Gesetz anzuwenden und Rechnungen mit Zahlen durchzuführen. Für den Anfänger ist das als Ergänzung zum Unterricht von unschätzbarem Werte; denn die Schule versagt im allgemeinen nicht bei der Aufstellung und Begründung der Lehrsätze, sondern bei ihrer Anwendung, bei der Auffindung des Ansatzes bei praktischen Aufgaben. Das Buch ist auch für den in der Praxis stehenden Techniker, der mit ungenügendem Können die Schule verlassen hat, zur Ergänzung von Bildungslücken sehr zu empfehlen. Stephan versucht den Mann heranzubilden, den die Praxis braucht, den Mann, der mit seinen Kenntnissen zu arbeiten versteht.

„Mitteilungen des Vereins deutscher Maschinenbauanstalten.“

Springer-Verlag Berlin Heidelberg GmbH

Lehrbuch der technischen Mechanik. Von Prof. **M. Grübler** in Dresden.

Erster Band: **Bewegungslehre.** Zweite, verbesserte Auflage. Mit 144 Textfiguren. 1921. GZ. 5

Zweiter Band: **Statik der starren Körper.** Zweite, berichtigte Auflage. (Unveränderter Neudruck.) Mit 222 Textfiguren. 1922. GZ. 7,5

Dritter Band: **Dynamik starrer Körper.** Mit 77 Textfiguren. 1921. GZ. 5

Aufgaben aus der technischen Mechanik. Von Prof. Ferd. Wittenbauer, Graz.

Erster Band: **Allgemeiner Teil.** 843 Aufgaben nebst Lösungen. Vierte, vermehrte und verbesserte Auflage. Mit 627 Textfiguren. Unveränderter Neudruck 1921. Gebunden GZ. 5,5

Zweiter Band: **Festigkeitslehre.** 611 Aufgaben nebst Lösungen und einer Formelsammlung. Dritte, verbesserte Auflage. Mit 505 Textfiguren. Unveränderter Neudruck 1922. Gebunden GZ. 6,4

Dritter Band: **Flüssigkeiten und Gase.** 634 Aufgaben nebst Lösungen und einer Formelsammlung. Dritte, vermehrte und verbesserte Auflage. Mit 433 Textfiguren. Unveränderter Neudruck. Erscheint im Frühjahr 1923

Graphische Dynamik. Ein Lehrbuch für Studierende und Ingenieure. Mit zahlreichen Anwendungen und Aufgaben. Von Prof. **Ferdinand Wittenbauer †**, Graz. Mit 745 Textfiguren. Erscheint im Frühjahr 1923

Leitfaden der Mechanik für Maschinenbauer. Mit zahlreichen Beispielen für den Selbstunterricht. Von Prof. Dr.-Ing. **Karl Laudien** in Breslau. Mit 229 Textfiguren. 1921. GZ. 5,6

Technische Elementar-Mechanik. Grundsätze mit Beispielen aus dem Maschinenbau. Von Dipl.-Ing. **Rudolf Vogdt,** Prof. an der Staatlichen Höheren Maschinenbauschule in Aachen, Regierungsbaumeister a. D. Zweite, verbesserte und erweiterte Auflage. Mit 197 Textfiguren. 1922. GZ. 2,5

Lehrbuch der technischen Mechanik für Ingenieure und Studierende. Zum Gebrauche bei Vorlesungen an Technischen Hochschulen und zum Selbststudium. Von Prof. Dr.-Ing. **Th. Pöschl** in Prag. Mit 206 Textabbildungen. Erscheint im Frühjahr 1923

Ed. Autenrieth, Technische Mechanik. Ein Lehrbuch der Statik und Dynamik für Ingenieure. Neu bearbeitet von Dr.-Ing. **Max Ensslin** in Eßlingen. Dritte, verbesserte Auflage. Mit 295 Textabbildungen. 1922. Gebunden GZ. 15

Theoretische Mechanik. Eine einleitende Abhandlung über die Prinzipien der Mechanik. Mit erläuternden Beispielen und zahlreichen Übungsaufgaben. Von Prof. **A. E. H. Love,** Oxford. Autorisierte deutsche Übersetzung der zweiten Auflage von Dr.-Ing. **Hans Polster.** Mit 88 Textfiguren. 1920. GZ. 12; gebunden GZ. 14

Technische Schwingungslehre. Ein Handbuch für Ingenieure, Physiker und Mathematiker bei der Untersuchung der in der Technik angewendeten periodischen Vorgänge. Von Privatdozent Dipl.-Ing. Dr. **Wilhelm Hort,** Oberingenieur, Berlin. Zweite, völlig umgearbeitete Auflage. Mit 423 Textfiguren. 1922. Gebunden GZ. 20